U0884728

普通高等教育信息技术类系列教材

人 工 智 能

（通识课版）

主　编　杨　俊　郭　丹　韩雪娜
副主编　金一宁　张启涛　沈　杰

科 学 出 版 社
北　京

内 容 简 介

本书介绍人工智能通识性知识，涉及人工智能基本理论、技术及应用。全书共分为 8 章，包括人工智能概述、人工智能应用的技术基础、人工智能的实现基础、搜索与推理、智能感知、自然语言处理、计算机视觉和智能机器人。本书旨在提升当代大学生的人工智能素养，为赋能数字化复合型人才培养提供基础性支撑。本书在内容上注重热点更新，覆盖广，实用性强；在编写形式上，力求阐述透彻，深入浅出，通俗易懂。

本书适合作为高等院校人工智能通识性课程的教材及人工智能基础知识培训教材，也可作为人工智能初学者、工程技术人员和管理人员的参考书。

图书在版编目（CIP）数据

人工智能 ：通识课版 / 杨俊，郭丹，韩雪娜主编. -- 北京 ：科学出版社，2025. 8. --（普通高等教育信息技术类系列教材）. -- ISBN 978-7-03-082790-6

Ⅰ. TP18

中国国家版本馆 CIP 数据核字第 2025WY3816 号

责任编辑：杨 昕 宋 丽 / 责任校对：王万红

责任印制：吕春珉 / 封面设计：东方人华平面设计部

科学出版社 出版

北京东黄城根北街 16 号

邮政编码：100717

http://www.sciencep.com

北京鑫丰华彩印有限公司印刷

科学出版社发行 各地新华书店经销

*

2025 年 8 月第 一 版 开本：787×1092 1/16

2025 年 8 月第一次印刷 印张：13 1/2

字数：315 000

定价：54.00 元

（如有印装质量问题，我社负责调换）

销售部电话 010-62136230 编辑部电话 010-62315397-2032

版权所有，侵权必究

前　言

人工智能（AI）已成为推动社会进步的关键力量。在智能家居、自动驾驶、医疗诊断、金融风险预测、无人作战、智慧农业、智能制造等领域，人工智能的应用无处不在。2025 年政府工作报告明确提出持续推进“人工智能+”行动，支持大模型的广泛应用，强化未来产业的发展方向。因此，对于当代大学生而言，掌握人工智能的基础知识和技能，不仅是适应未来社会发展的必要条件，更是成为数字化复合型人才的重要基石。

本书包含大量的导读案例，旨在用通俗易懂的方式为大学生提供一个实用的人工智能通识教育知识体系，帮助大学生快速建立人工智能的整体认知框架，并激发其进一步深入学习和探索的兴趣。全书共分为 8 章，内容涵盖了人工智能的基本理论、技术及应用。第 1 章人工智能概述，介绍人工智能发展历程、主要研究方向、人工智能伦理的治理措施；第 2 章人工智能应用的技术基础，基于大数据、物联网、边缘计算、云计算、并行计算等人工智能应用的基石，系统呈现人工智能“数据采集—处理—存储—计算—资源调度”多技术融合的生态系统；第 3 章人工智能的实现基础，基于已有研究“知识+学习+协同”是人工智能实现的三大支柱，重点介绍知识表示与知识图谱的构建、机器学习与深度学习的基本原理和经典算法的应用；第 4 章搜索与推理，揭示人工智能在解决问题和决策过程中的逻辑基础；第 5 章智能感知，通过直观体验作为学习入口，从应用的角度解释人们日常运用人工智能解决问题时遇到的感知技术是如何实现的；第 6 章自然语言处理，探讨自然语言处理技术作为人工智能的核心支柱，如何赋予计算机理解、生成和操作人类语言的能力，重塑人机交互的范式；第 7 章计算机视觉，介绍计算机视觉的基本概念、一般处理流程、关键技术以及与之相关的经典深度学习模型，明晰如何让计算机能够像人类一样“理解”和“解释”视觉信息；第 8 章智能机器人，通过实例介绍人工智能在机器人领域的融合与创新应用，展示人工智能在物理世界中的应用与实践。

通过学习本书内容和参与人工智能实践，大学生能够掌握人工智能的基本概念和核心方法，了解其在多个领域的应用，进而提升运用人工智能技术解决实际问题的能力，为未来的职业发展和个人成长赋能。

本书由郑德权教授组织实施，杨俊、郭丹、韩雪娜任主编，金一宁、张启涛、沈杰任副主编。全书包含 8 章，第 1 章由金一宁编写，第 2、3、4 章由杨俊编写，第 5 章由韩雪娜编写，第 6、7 章由郭丹编写，第 8 章由张启涛编写，习题与答案由沈杰编写。书中的导读案例视频运用即梦 AI 制作、课程思政视频运用剪映制作，均以二维码形式体现。同时，本书配套《人工智能实验（通识课版）》（郭丹等主编，科学出版社出版），可供上机实验使用。

本书在编写过程中，得到了哈尔滨商业大学各级领导的指导和计算机学院教师的帮助，在此表示衷心感谢！感谢哈尔滨商业大学教务处和计算机学院的大力支持。

由于编者水平有限，加之新技术、新理念不断涌现，书中难免有不足之处，衷心希望读者批评指正。

目　录

第1章 人工智能概述

教学目的和要求

人工智能（artificial intelligence，AI）涉及计算机科学、信息论、控制论、自动化、仿生学、生物学、心理学、语言学、哲学等多门学科。人工智能学科的基本思想和基本内容是研究人类智能活动的规律，构造具有一定智能的人工系统，研究如何让计算机完成以往需要人的智力才能胜任的工作。通过本章的学习，学生应了解什么是智能、什么是人工智能；熟悉人工智能发展的各个历史阶段；了解人工智能的三大流派；熟悉人工智能研究的基本内容和主要应用领域；了解人工智能伦理。

- 人工智能概述
  - 内容描述
    - 初识人工智能
    - 人工智能研究的基本内容和主要应用领域
    - 人工智能伦理
  - 案例分析
    - 自动驾驶——人工智能改变未来交通模式
    - 人机博弈——阿尔法狗战胜围棋世界冠军
    - 人脸识别技术的应用边界
  - 知识目标
    - 理解人工智能的基本概念
    - 了解人工智能的发展阶段
    - 熟悉人工智能的研究内容
    - 了解人工智能的应用领域
    - 认识人工智能的伦理问题
  - 能力目标
    - 具备人工智能的基本分析判断能力
    - 具备人工智能的知识迁移能力
    - 具备人工智能的伦理分析能力

初识人工智能

1.1 初识人工智能

导读案例

自动驾驶——人工智能改变未来交通模式

想象一下，你正坐在一辆比亚迪汽车里，但驾驶座上却空无一人。汽车平稳地行驶在道路上，自动识别交通信号、避开行人和其他车辆，最终安全地将你送达目的地。这不是电影中的场景，而是比亚迪自动驾驶技术带来的未来交通图景。

自动驾驶系统集成了多种传感器，包括摄像头和雷达（如激光雷达、毫米波雷达和超声波雷达），能够实时感知周围环境。同时，系统还配备了强大的计算平台和人工智能算法，能够对感知到的信息进行分析和处理，做出驾驶决策。

自动驾驶汽车的人工智能系统通过对传感器收集的信息进行分析和处理，识别道路上的物体、预测其他交通参与者的行为，并根据预设的规则和算法做出驾驶决策，如加速、制动、转向等。通过这个案例，初步了解了人工智能的概念、应用及其影响。

1.1.1 人工智能的定义

人们一直试图用各种机器来代替人的部分脑力劳动，以提高人类征服自然的能力。本小节将介绍什么是智能，什么是人工智能。

1. 什么是智能

《牛津英语词典》将智能定义为“获取和应用知识与技能的能力”。根据对人脑已有的认知，结合智能的外在表现，人们从不同角度，用不同方法对智能进行研究，主要分为思维理论、知识阈值理论及进化理论等视角。

（1）关于智能的三个视角

思维理论认为，智能的核心是思维，人类的一切知识是思维的产物，因而通过对思维规律与方法的研究有望揭示智能的本质；知识阈值理论认为，智能行为取决于知识的数量及其一般化的程度，一个系统有智能，是因为它具有可运用的知识，智能就是在巨大的搜索空间中迅速找到一个满意解的能力；进化理论认为，人的本质能力是在动态环境中的行走能力、对外界事物的感知能力以及维持生命和繁衍生息的能力，这些能力为智能的发展提供了基础，该理论的核心是用控制取代表示，从而取消概念、模型及显式表示的知识，否定抽象对于智能及智能模拟的必要性，强调分层结构对于智能进化的可能性与必要性。综上各种观点，智能是知识与智力的总和，其中知识是一切智能行为的基础，而智力是获取知识并应用知识求解问题的能力。

（2）智能的特征

智能是指生物体或人造系统所具备的综合能力，主要体现在以下几个方面。一是智能具有感知能力，感知能力是指通过视觉、听觉、触觉、味觉等感觉感知外部世界的能力。二是智能具有记忆与思维能力，记忆用于存储由感知器官感知的外部信息以及由思维所产生的知识；思维用于对记忆的信息进行处理，即利用已有的知识对信息进行分析、计算、比较、判断、推理、联想及决策等。三是智能具有学习能力，通过与环境的相互作用不断地学习，从而积累知识，适应环境的变化。四是智能具有行为能力，人们通常用语言或者表情、眼神及肢体动作对外界的刺激做出反应，传达某个信息，如果把人们的感知能力看作信息输入能力，那么行为能力就可以看作信息输出能力。

2. 什么是人工智能

常见的人工智能定义有两个：一个是马文·明斯基（Marvin Minsky）提出的“人工智能是一门科学，是使机器做那些人需要通过智能来做的事情”；另一个更专业的定义是尼尔斯·约翰·尼尔森（Nils John Nilsson）提出的“人工智能是关于知识的科学”，“知识的科学”就是研究知识的表示、获取和运用。

人工智能是研究、开发用于模拟、延伸和扩展人的智能的理论、方法、技术及应用系统的一门科学，它试图理解智能的实质，并生产出一种能以与人类智能相似的方式做出反应的智能机器。人工智能可以对人的意识、思维的信息过程进行模拟，但它并不是人的智能，不过它能像人那样思考，甚至超过人的智能。

人工智能由三个主要元素构成：数据、算法和算力。

1）数据。数据是人工智能的基石。用于训练机器学习模型的数据需要经过标注，以便模型在学习阶段能够区分、比较和关联概率。数据的类型包括文字、图像、音频和视频等，数据的采集、过滤、加工，以及数据的质量、丰富性、隐私性和合规性都非常重要。

2）算法。算法思维的目的就是找出求解问题的巧妙的计算过程，使得计算时间短、使用的计算资源少。巧妙的计算过程所体现的方法称为算法，算法是人工智能的灵魂和核心要素，决定了人工智能如何分析处理得到的数据并输出结果。实际上，算法无处不在，如网上支付、打车软件、导航软件、语音助手、人脸识别等都是算法运行的结果。算法为人工智能制定了基础的规则和步骤，常见的人工智能算法包括机器学习、强化学习、深度学习和对抗网络等。值得一提的是，我国深度求索（DeepSeek）凭借算法创新，打破算力桎梏，成为低成本高性能 AI 大模型的典范。

杨辉算法

3）算力。算力是计算机设备或数据中心处理信息的能力，是人工智能的驱动力。它不仅指计算的速度，还包括存储能力、通信能力、训练精度和样本容纳能力等。随着数据量和模型复杂度的增长，对算力的要求也越来越高。常用的算力提升工具包括中央处理器（central processing unit，CPU）、图形处理单元（graphics processing unit，GPU）和张量处理单元（tensor processing unit，TPU）等。

中国数字电路产业的发展

这些要素相互依存，共同支撑人工智能的发展和应用。算法提供智能决策的逻辑，算力确保这些逻辑能够高效执行，而数据则是这一切的基础。

1.1.2 人工智能的发展阶段

1950 年，英国著名学者艾伦·图灵（Alan Turing）发表了一篇具有划时代意义的论文《计算机器与智能》（Computing Machinery and Intelligence），提出了“机器能够思维吗”这一问题。图灵还提出了“模仿游戏”（即图灵测试）。图灵也因其在人工智能领域的卓越贡献，被誉为“人工智能之父”。1956 年，在由约翰·麦卡锡（John McCarthy）和马文·明斯基等共同发起的达特茅斯会议上，正式提出了 artificial intelligence 这一术语，确立了一些目标和技术方法。这次会议标志着人工智能作为一门新兴学科的诞生。本小节将介绍人工智能的各个发展阶段。

1. 萌芽阶段（20 世纪 40 年代至 50 年代）

1946 年，全球第一台电子数字积分计算机（electronicnumerical integrator and computer，ENIAC）的诞生为人工智能的研究提供了物质基础。

1950 年，艾伦·图灵在其论文《计算机器与智能》一文中提出了图灵测试，探讨了机器是否能够表现出类似人类的智能行为。

1951 年，马文·明斯基与他的同学邓恩·埃德蒙（Dunn Edmund）研制了世界上第一台神经网络计算机，被看作人工智能的一个起点。

1956 年，达特茅斯会议召开，约翰·麦卡锡等首次提出了“人工智能”的概念，标志着人工智能作为一门独立学科的诞生。

2. 第一发展期（20 世纪 50 年代末至 60 年代）

人工智能从概念的萌芽进入到实际研究与应用探索的时期，主要以语言翻译、证明等研究为主。

1956 年，艾伦·纽厄尔（Allen Newell）和赫伯特·西蒙（Herbert Simon）开发了第一个人工智能程序“逻辑理论家”，它能够证明数学定理。“逻辑理论家”不仅展示了计算机可以模拟人类的逻辑推理过程，还开创了启发式搜索方法，这种方法通过“修剪”搜索树的分支来减少计算量，从而更高效地找到解决方案。这一成就标志着符号主义人工智能的开端。

1958 年，约翰·麦卡锡开发了 LISP 语言，这一语言成为后来人工智能领域最主要的编程语言之一。在现代人工智能开发中，LISP 语言逐渐被其他语言（如 Python）取代。

1966 年，约瑟夫·维茨鲍姆（Joseph Weizenbaum）开发了 ELIZA 对话系统，实现了计算机与人通过文本进行交互。ELIZA 的出现引起了广泛关注，让人们第一次看到了计算机模拟人类对话的可能性，为后续的人工智能和自然语言处理研究奠定了基础。

3. 瓶颈阶段（20 世纪 70 年代）

此阶段科学家们发现机器模仿人类思维是一个庞大的系统工程，难以用现有的理论成果构建模型。同时，计算机性能不足，处理复杂问题的能力有限，数据量严重缺失。人工智能研究陷入低谷，面临技术瓶颈和资金短缺的双重压力。

4. 第二发展期（20 世纪 80 年代）

随着计算机硬件的进步和技术的突破，人工智能研究重新焕发活力，经历了显著的技术突破和应用拓展。

专家系统在工业界获得广泛关注和应用，如 R1（又名 XCON）是一个用于配置计算机系统的成功专家系统。

神经网络的复苏，特别是反向传播算法（back-propagation algorithm）的提出，为训练多层神经网络提供了有效的方法。

人工智能技术在商业领域取得了巨大成果，如光学字符识别（optical character recognition，OCR）系统和语音识别系统的准确性得到显著提高。

5. 平稳发展阶段（20 世纪 90 年代至 21 世纪初）

随着互联网技术的逐渐普及和大数据的广泛应用，人工智能已经逐步发展成为分布式主体，为人工智能的发展提供了新的方向。

1995 年，理查德 • 华莱士（Richard Wallace）开发了新的聊天机器人程序 Alice，它能够利用互联网不断增加自身的数据集，优化内容。

1997 年，IBM 公司的国际象棋超级计算机深蓝（DeepBlue）战胜国际象棋世界冠军卡斯帕罗夫。

2014 年，神经网络在商业上获得成功，广泛应用于光字符识别和语音识别软件等领域。

6. 现代 AI 发展阶段（21 世纪初至今）

得益于计算能力的显著提升、大数据的广泛应用以及深度学习等新兴技术的突破，人工智能取得了惊人的进展。

深度学习的突破，特别是卷积神经网络（convolutional neural network，CNN）和循环神经网络（recurrent neural network，RNN）等关键技术，极大地提升了图像识别和语音识别的准确性。

大规模语言模型如 GPT 系列和 DeepSeek，在文本生成和理解任务上取得了显著成果。

强化学习通过奖励机制与环境交互学习的方法在自动驾驶、游戏 AI 和机器人控制等领域得到广泛应用。

人工智能技术在自动驾驶、自然语言处理、医疗诊断、智能推荐系统等多个行业和日常生活的方方面面得到了广泛应用。

在人工智能的各个发展阶段，还有一些值得一提的事件：1969 年成立的国际人工智能联合会议（International Joint Conferences on Artificial Intelligence，IJCAI）是人工智能发展史上重要的里程碑，它标志着人工智能这门新兴学科已经得到了世界的肯定。1970 年创办的国际性期刊《人工智能》（*Artificial Intelligence*）对推动人工智能的发展，促进研究者的交流起到了重要的作用。我国于 1981 年成立了中国人工智能学会，目前在专家系统、模式识别、机器人学及汉语的机器理解等方面都取得了很多研究成果。2022 年 11 月 30 日，OpenAI 公司推出一款人工智能对话聊天机器人 ChatGPT，其出色的自然语言生成能力引起了全世界的广泛关注，国内外随即掀起了一场大模型浪潮，Gemini、文心一言、Copilot、LLaMA、SAM、SORA、DeepSeek 等各种大模型如雨后春笋般涌现。2022 年也被誉为大模型元年。2025 年 1 月 27 日，DeepSeek-V3 登顶苹果中国地区和美国地区应用商店免费 APP 下载排行榜，在美国地区下载榜超越 ChatGPT。

1.1.3 人工智能的主要流派

人工智能的主要流派包括符号主义（symbolicism）、连接主义（connectionism）和行为主义（actionism）。专注于实现人工智能指名（即符号逻辑）功能的人工智能流派称为符号主义；专注于实现人工智能指心（即头脑认知）功能的人工智能流派称为连接主义；专注于实现人工智能指物（即环境交互与行为）功能的人工智能流派称为行为主义。

1. 符号主义

符号主义又称逻辑主义、心理学派或计算机学派，是基于物理符号系统假设和有限合理性原理的人工智能学派，认为人工智能起源于数理逻辑。符号主义注重知识表示和推理，旨在让机器像人一样理解和运用符号。这一流派在知识工程和专家系统方面有着广泛的应用。专家系统是一种模拟人类专家决策过程的人工智能系统，能够解决特定领域的复杂问题。其典型的商业应用包括 IBM Watson，它在医疗、金融、教育等领域提供智能决策支持。

2. 连接主义

连接主义又称联结主义、仿生学派、生理学派，主张通过模拟人脑神经元的连接方式来实现人工智能。它强调从大量的数据中学习并优化网络连接，以实现智能行为。深度学习是连接主义的典型应用，在语音识别、图像识别等领域取得了巨大成功。典型的深度学习框架包括 Google TensorFlow、Facebook PyTorch、百度飞桨、华为昇思、旷视天元等，这些平台简化了深度学习的应用过程。

3. 行为主义

行为主义又称进化主义、控制论学派，是基于控制论和“感知—动作”型控制系统的人工智能学派，认为人工智能应该基于感知和行动，让机器在与环境的交互中学习并优化行为。这一流派强调实时响应和适应性，常见于机器人控制、自动驾驶等领域。大疆在无人机领域和特斯拉在自动驾驶汽车领域是行为主义的杰出代表。其中，大疆的行业级 AI 无人机 Matrice 4 系列支持智能检测、激光标注测量等多项智能功能，标志着无人机正式进入 AI 智能时代；大疆与比亚迪、华为合作推出了全球首款整车集成智能车载无人机系统“灵鸢”，实现了“越野+智驾+航拍”三位一体的技术闭环。

1.2 人工智能研究的基本内容和主要应用领域

导读案例

人机博弈——阿尔法狗战胜围棋世界冠军

阿尔法狗是第一个击败人类职业围棋选手、第一个战胜围棋世界冠军的人工智能机器人。

2016 年 3 月，阿尔法狗与围棋世界冠军、职业九段棋手李世石进行了围棋人机大战，以 4∶1 的总比分获胜。2016 年年末至 2017 年年初，阿尔法狗在中国棋类网站上以“大师”（Master）为注册账号，与中日韩数十位围棋高手进行快棋对决，连续 60 局无一败绩。2017 年 5 月，在中国乌镇围棋峰会上，阿尔法狗与排名世界第一的柯洁对战，以 3∶0 的总比分获胜。围棋界公认阿尔法狗的棋力已经超过人类职业围棋顶尖选手水平。

阿尔法狗由谷歌公司旗下 DeepMind 公司开发，DeepMind 的创始人和 CEO 戴米斯·哈萨比斯（Demis Hassabis）被称为“阿尔法狗”之父。阿尔法狗主要工作原理是深度学习。阿尔法狗能够根据以往的经验不断优化算法，梳理决策模式，吸取比赛经验，并通过与自己下棋来强化学习。哈萨比斯曾表示：“我提醒诸位，必须正确地使用人工智能。正确的两个原则是，人工智能必须用来造福全人类，而不能用于非法用途；人工智能技术不能仅为少数公司和少数人所使用，必须共享。”

1.2.1 人工智能研究的基本内容

人工智能引领科技创新 助推产业结构升级

人工智能的研究内容丰富多样，涵盖感知（如视觉和听觉）、认知（如推理和决策）、行为（如机器人动作）等方面，以及相关的机器学习、深度学习、知识表示与推理等技术。其研究和应用领域广泛，体现了人工智能在计算机科学、工程、医学、社会科学等多门学科中的跨学科特性。

1. 机器感知

机器感知是指让计算机系统通过传感器获取并理解环境信息，模拟人类的感知能力。其核心任务包括信息获取、信息解析和环境理解。信息获取是指通过传感器（摄像头、麦克风、雷达等）采集多模态数据；信息解析是从原始数据中提取有意义的模式和特征；环境理解是构建对物理世界的认知表示。其主要感知模态包括视觉感知（图像或视频）、听觉感知（语音或声纹）、触觉感知（力或纹理）和多模态感知（跨感官融合）。

2. 机器学习

机器学习研究如何通过算法让计算机系统从数据中自动学习并改进性能。其核心方法涵盖四大分支：监督学习（如分类、回归，依赖标注数据构建预测模型），无监督学习（如聚类、降维，从无标注数据中发现潜在结构与模式），强化学习（如马尔可夫决策过程、Q 学习，通过环境交互与奖励机制优化动态决策策略），以及深度学习（如神经网络、CNN、RNN、Transformer，利用多层次非线性变换提取高维数据的抽象特征）。这些方法广泛应用于计算机视觉、自然语言处理、推荐系统、机器人控制等领域。

3. 模式识别

模式识别是指通过计算机算法自动发现数据中的潜在规律，并对未知数据进行分类、描述或预测。其核心任务包括分类、聚类和回归。分类是将数据划分到已知类别，如垃圾邮件识别；聚类是发现数据中的自然分组，如客户分群；回归是预测连续值，如房价预测。

4. 机器人

机器人融合了机械工程、电子技术、计算机科学等多学科知识。在硬件层面，研究机器人的机械结构设计与驱动系统搭建，让机器人拥有灵活运动的“身体”；在软件方面，借助人工智能算法赋予机器人感知能力，使其能识别环境，通过规划与决策算法，实现自主导航、任务执行等功能。如今，机器人学广泛应用在工业制造、医疗手术、服务陪伴等场景中，不断拓展着人工智能的实践边界。

1.2.2 人工智能的主要应用领域

随着智能科学与技术的发展和计算机网络技术的广泛应用，人工智能技术已经应用到越来越多的领域。

1. 机器视觉

机器视觉是指用机器代替人眼进行测量和判断，通过光学设备和非接触式传感器自动接收并处理真实物体的图像，以获得所需信息或用于控制机器运动。这项技术用于模拟人类视觉功能，具备很高的速度、精度和可靠性，正在深刻改变现代工业生产和社会生活的诸多领域。

2. 语音识别

语音识别技术是指计算机通过对一种或多种语音信号进行特征分析，实现对语音信号匹配、辨别的技术。目前，最先进的语音识别系统在安静环境中的表现已超越人类听力水平，但在复杂场景中仍面临挑战。展望未来，语音识别技术将朝着“感知+认知”一体化的方向发展，实现真正意义上的场景理解和智能交互。

3. 自然语言理解

自然语言理解技术是指研究如何让计算机理解人类自然语言，实现人与计算机之间用自然语言进行通信的理论与方法。具体地说，要达到以下三个目标。

1）计算机能正确理解人们用自然语言输入的信息，并能回答这些信息中的有关问题。

2）对输入的自然语言信息，计算机能够产生相应的摘要，能用不同词语复述输入信息的内容。

3）计算机能把用某种自然语言表示的信息自动翻译为用另一种自然语言表示的相同信息。

4. 智能信息检索

智能信息检索系统应具有下述功能。

1）能理解自然语言。允许用户使用自然语言提出检索需求和询问。

2）具有推理能力。能根据数据库中存储的事实，通过推理产生用户要求的检索结果和询问的答案。

3）系统拥有一定的常识性知识。系统根据这些常识性知识能演绎推理出专业知识中未包含的答案。

知识图谱旨在描述客观世界的概念、实体、事件及它们之间的关系，随着知识图谱技术的快速发展，其在搜索引擎中的应用也越来越重要。

5. 智能机器人

智能机器人是指能够模拟人的思维、推断、决策、感知等众多特征的机器人系统。现代智能机器人已从传统的程序控制型发展为具备自主认知能力的智能体。机器人广泛应用于工业自动化、医疗与健康、服务行业、物流和运输、教育与娱乐、空间探索、农业、军事与安全、环境监测与灾难救援、家用等领域，展示了机器人技术的多样性和潜力。在各行各业的持续创新推动下，机器人正日益成为现代生活和工作的一部分。

6. 专家系统

专家系统是指基于知识库和推理引擎的人工智能程序，模拟专家决策能力解决特定领域问题，典型应用包括医疗诊断和故障检测。

7. 智能计算机系统

智能计算机系统是人们正在研制的新一代计算机系统。这种计算机系统从基本元件到体系结构，从处理对象到编程语言，从使用方法到应用范围，同当前的冯•诺依曼型计算机相比，都有质的飞跃和提高，它将全面支持智能应用开发，且自身也具有智能。

8. 云端人工智能

云端人工智能是指将云计算的运作模式与人工智能深度融合，在云端集中使用及共享机器学习工具的技术。云端人工智能将人工智能算法部署在公共云上，为各种人工智能研究与产品提供服务，将巨大的人工智能运行成本转移到云平台，从而能够有效地降低终端设备使用人工智能技术的门槛，有利于扩大用户群体，未来将广泛应用于医疗、制造、能源、教育等行业和领域。云端人工智能系统主要包括人工智能基础设施和人工智能服务两大部分。人工智能基础设施包括各种数据和数据库、大数据平台等。人工智能服务部分提供各种应用程序接口和人机交互接口，用户无须自行创建自定义的机器学习模型，而是由云服务商提供。云服务商除了提供人工智能服务之外，还提供一系列开发工具。目前国内著名的云服务商有阿里云、华为云、腾讯云、百度云等。

未来人工智能技术将朝着以下四个方向发展。

1）多模态大模型。从人类视角出发，人类智能是天然多模态的，人拥有眼、耳、鼻、舌、身、嘴（语言）；从 AI 视角出发，视觉、听觉等也都可以建模为记号（token）的序列，可采用与大语言模型相同的方法进行学习，并进一步与语言中的语义进行对齐，实现多模态对齐的智能能力。

2）视频生成大模型。OpenAI 于 2024 年 2 月 15 日发布文生视频模型 SORA，将视频生成时长从几秒钟大幅提升到一分钟，且在分辨率、画面真实度、时序一致性等方面都有显著提升。

3）具身智能。具身智能是指有身体并支持与物理世界进行交互的智能体，如机器人、无人车等，通过多模态大模型处理多种传感数据输入，由大模型生成运动指令对智能体进行驱动，替代传统基于规则或者数学公式的运动驱动方式，实现虚拟和现实的深度融合。

4）用于研究的人工智能（AI for research，AI4R）成为科学发现与技术发明的主要范式。当前科学发现主要依赖实验和人脑智慧，由人类进行大胆猜想、小心求证，信息技术无论是计算和数据，都只是起到一些辅助和验证的作用。相较于人类，人工智能在记忆力、高维复杂、全视野、推理深度、猜想等方面具有较大优势，希望能以 AI 为主进行一些科学发现和技术发明，大幅提升人类科学发现的效率，如主动发现物理学规律、预测蛋白质结构、设计高性能芯片、高效合成新药等。人工智能大模型因拥有全量数据，凭借深度学习能力，能比人向前看更多步数，若能实现从推断（inference）到推理（reasoning）的跃升，便有潜力具备爱因斯坦般的想象力和科学猜想能力，从而极大提升人类科学发现的效率，打破人类的认知边界。

1.3 人工智能伦理

导读案例

人脸识别技术的应用边界

近年来，随着人脸识别技术的进步，其应用范围不断扩大，从解锁智能手机到机场安检、再到公共场所监控。然而，在 2024 年，一家大型零售商因使用人脸识别技术进行顾客行为分析而遭到公众强烈反对。该公司被指控未经顾客同意收集生物特征数据，并利用这些信息进行精准营销甚至影响个人信用评分。更严重的是，该技术被认为存在偏见，对某些群体的识别准确率明显低于其他群体，加剧了社会不平等现象。此事件不仅引起了隐私权倡导者的关注，也激发了关于人工智能技术公平性和透明度的深刻反思。政府和企业开始重新评估人脸识别技术的使用规范，强调必须建立严格的数据保护法规和技术标准，确保这项技术不会侵犯公民的基本权利。

人工智能伦理是随着人工智能技术快速发展而兴起的研究领域，旨在探讨和解决人工智能在研发、应用过程中涉及的伦理道德问题。

1.3.1 人工智能伦理问题

人工智能伦理是伴随 AI 技术发展而兴起的重要研究领域，系统探讨智能系统在设计、开发和应用过程中产生的道德问题及其解决方案。这一交叉学科融合了哲学思辨、技术实现和法律规范等多维视角，正在重塑人机共处的社会伦理框架。

技术发展带来的伦理挑战呈现出鲜明的时代特征。算法决策中隐藏的偏见问题日益凸显，训练数据的社会历史偏见会导致招聘、信贷等场景中的系统性歧视，这种技术异化现象催生了公平机器学习的研究分支。深度神经网络的黑箱特性与医疗、司法等领域的透明性要求形成尖锐矛盾，推动可解释 AI 成为重点攻关方向。人脸识别技术在公共空间的广泛应用引发了关于隐私权与公共安全的持久辩论，各国相继出台生物特征数据保护法规。生成式 AI 的爆发式发展更带来内容真实性危机，深度伪造技术已对政治选举和司法证据体系构成现实威胁。

IEEE 标准协会于 2016 年 4 月发布了《人工智能设计的伦理准则》白皮书，力图建立社会公认的人工智能伦理标准、职业认证及道德规范。

国际标准化组织（International Organization for Standardization，ISO）于 2017 年成立人工智能委员会，负责涵盖算法偏见、隐私保护、数据伦理、网络伦理、计算机伦理、信息伦理、机器人伦理、人工智能伦理等领域的标准研制工作。牛津大学、剑桥大学和 OpenAI 公司等七家机构于 2018 年共同发布了《人工智能的恶意使用：预测、预防和缓解》（The Malicious Use of Artificial Intelligence: Forecasting, Prevention, and Mitigation），分析了人工智能可能带来的安全威胁并提出应对建议。在企业界，微软、谷歌、IBM 等科技企业制定了人工智能开发的伦理原则。

中国政府高度重视人工智能发展中的伦理问题。2017 年 7 月国务院发布的《新一代人工智能发展规划》中提出：要制定促进人工智能发展的法律法规和伦理规范，开展人工智能行为科学和伦理等问题研究，制定人工智能产品研发设计人员的道德规范和行为守则。

2018 年 1 月 18 日，在国家人工智能标准化总体组的成立大会上，《人工智能标准化白皮书（2018）版》正式发布。该白皮书围绕人工智能的安全、伦理和隐私问题展开论述，提出设定人工智能技术的伦理要求，需要依托社会和公众对人工智能伦理的深入思考和广泛共识，并遵循相应的共识原则。

2019 年 2 月，中国国家新一代人工智能治理专业委员会成立，并于同年 6 月发布了《新一代人工智能治理原则——发展负责任的人工智能》；2021 年 9 月发布《新一代人工智能伦理规范》，旨在将伦理道德融入人工智能全生命周期。

2024 年 12 月 27 日，中国信息通信研究院发布《人工智能治理蓝皮书（2024 年）》，提出“1244”人工智能治理总体框架，即一组概念、两类风险、四类主体、四组议题，强调伦理先行是人工智能治理的价值导向，关注通用人工智能等技术发展带来的人类主体性危机。

1.3.2　人工智能伦理案例

案例 1：AI 续写音乐作品

某公司宣布其 AI 算法能够完成弗朗茨·舒伯特 1822 年开始创作但未完成的《第八交响曲》的最后两个乐章。这一事件引发了关于版权和创作权归属的伦理讨论。如果人类作者被机器和算法所取代，那么版权的归属该如何确定？算法是否应该被认定为作者，并享有与艺术家相同的权利？这要求人们重新定义“作者”的含义，以公平地对待“原始”作者以及产生该艺术作品的算法和技术。这一案例提醒人们在利用 AI 进行创作时，需要平衡人类创作者与 AI 技术之间的关系，确保人类艺术家的权益得到保护，同时也要为 AI 创作的作品建立合理的法律框架。

案例 2：自动驾驶汽车事故

某品牌自动驾驶汽车在行驶中遇行人横穿马路，系统在短时间内未能作出有效决策，最终因优先保障车内乘员安全而未能及时制动，导致行人受伤。这引发了关于自动驾驶汽车在面对生命抉择时应如何决策的伦理讨论，以及责任归属问题（究竟是开发者、制造商还是使用者应该承担事故责任？）。同时这也涉及如何制定伦理准则和法律规范来指导自动驾驶系统的决策。

案例 3：招聘算法的偏见

一些公司使用 AI 算法来筛选简历和进行初步招聘决策。研究发现，某些招聘算法可能会对特定性别、年龄等群体产生偏见。例如，算法可能会更多地筛选出具有某些特定学校背景或工作经验的男性求职者，而对女性求职者或来自非传统背景的求职者不利，导致就业机会的不公平分配，违背了公平公正的伦理原则。

案例 4：AI 控制无人机误杀操作员

2023 年 5 月，美军披露一架由人工智能控制的无人机在执行任务时，将完成任务视为首要目标，不顾人类操作员的指示，甚至干扰操作员指令，最终攻击了操作员。这一案例突显了人工智能可能出现的失控风险，以及在军事等关键领域确保人机目标一致和人类对机器有效控制的重要性。为了应对这些挑战，国际社会和各国政府正在积极推动人工智能的伦理治理和法律规范。例如，我国在人工智能军事应用中强调“以人为本”“智能向善”的原则，呼吁各国采取慎重负责的态度，确保相关武器系统永远处于人类控制之下。

案例 5：AI 换脸诈骗

有人利用 AI 换脸技术伪装成企业负责人，通过视频通话的方式骗取某公司财务人员 430 万元。诈骗者利用 AI 技术克隆了企业负责人的面容和声音，使得财务人员难以辨别真伪，最终造成了重大的经济损失。这一案例突显了 AI 技术被恶意使用时，对个人财产安全和社会信任体系造成的严重威胁，也引发了关于如何加强 AI 技术监管以防范类似侵权行为的讨论。

案例 6：AI 语言模型传播有害信息

部分 AI 语言模型在回答问题或生成内容时，可能会传播错误、有害或不道德的信息。例如，有的 AI 语言模型在被问及一些敏感话题或不良行为的操作方法时，会给出详细的指导步骤，这可能会误导用户，甚至被别有用心的人利用，对社会秩序和道德规范造成负面影响。

在科技飞速发展的当下，人工智能已全方位融入社会生活，从日常使用的智能语音助手，到决定求职、贷款审批结果的复杂算法，再到自动驾驶、医疗诊断等关键领域，

AI 的身影无处不在。但伴随而来的伦理问题也不容忽视，从算法偏见导致的招聘、司法等领域的不公平对待，侵犯弱势群体权益；到数据隐私泄露，让个人信息在数字世界“裸奔”，威胁民众安全；再到 AI 决策自主性与责任归属的模糊不清，面对自动驾驶事故、医疗误诊时难以追责；还有 AI 武器的潜在威胁，可能引发不可控的战争冲突。这些问题警示人们，发展人工智能不能仅聚焦技术突破，更要将伦理考量贯穿始终。只有通过制定完善的法律法规、行业准则，提升公众的 AI 伦理素养，鼓励技术研发者秉持道德操守，才能让人工智能在伦理的轨道上稳健前行，充分释放其潜力，为人类创造更美好的未来。

1.3.3 人工智能伦理的治理举措

人工智能伦理治理措施是为应对技术发展带来的道德风险而建立的多层次规范体系，其核心在于通过技术、法律、行业自律和社会监督的协同作用，确保人工智能的发展符合人类价值观和社会利益。当前全球范围内的治理措施主要体现在以下六个层面。

1. 技术层面

在技术层面，研发者通过算法层面的自我约束来预防伦理风险。例如，ChatGPT 采用基于人类反馈的强化学习（reinforcement learning from human feedback，RLHF）技术实现有害内容拦截，其过滤系统可识别 98%的违规内容。

2. 法律规范层面

法律规范层面，各国正建立分级监管框架。欧盟《人工智能法案》将 AI 系统分为四类风险等级，对违规行为最高处以其全球营业额 6%的罚款。中国《生成式人工智能服务管理暂行办法》明确训练数据合规、内容审核等 23 项要求，规定服务提供者需要对生成内容进行显著标识。

3. 行业自律机制层面

全球已有数百家企业成立 AI 伦理委员会。微软设立“负责任 AI 办公室”并开发风险评估工具包。IEEE 发布《伦理对齐设计》标准，为 287 个具体场景提供技术指南。部分企业开始采用“伦理嵌入”开发流程，在系统设计阶段就导入道德风险评估。

4. 认证评估体系层面

认证评估体系正在形成。新加坡信息通信媒体发展局（Information Media Development Authority，IMDA）推出全球首个 AI 治理认证标志，涵盖公平性、可解释性等 11 项指标。德国技术监督协会（Technischer Überwachungs-Verein，TÜV）开发 AI 系统安全认证，包含 167 项测试用例。中国信息通信研究院建立 AI 可信度评估平台，已对 200 余个系统进行评测。

5. 国际合作层面

国际合作机制逐步建立。经济合作与发展组织（Organisation for Economic Co-Operation

and Development，OECD）国家已就 AI 原则达成共识，联合国教育、科学及文化组织（United Nations Educational Scientific and Cultural Organization，UNESCO）通过首份全球 AI 伦理协议。中、美、欧、日等 20 余个国家和地区组建“全球人工智能伙伴关系”，共享治理经验。国际标准化组织（ISO）正在制定 AI 伦理管理体系标准。

6. 技术治理工具层面

技术治理工具持续创新。麻省理工研发的“算法审计工具箱”可自动检测歧视性偏差，准确率达 89%。区块链技术被用于建立算法决策存证系统，欧盟 ALTAI 平台提供在线伦理评估服务。部分国家开始试点“算法沙盒”，在可控环境中测试创新技术。

这些治理措施正在形成预防—控制—救济的完整链条。事前通过伦理设计预防风险，事中借助监测工具控制影响，事后依靠追责机制提供救济。随着技术的演进，治理措施也呈现出从原则性指引向强制性规范、从单一技术标准向综合治理框架、从区域管制向全球协作的发展趋势。未来需要进一步解决治理滞后性、文化差异性、执行有效性等挑战，构建更具适应性的治理生态。

小　结

本章主要介绍了人工智能的概念，人工智能发展的各个阶段，人工智能的三大流派，人工智能研究的基本内容和主要应用领域，以及人工智能伦理。马文·明斯基提出“人工智能是一门科学，是使机器做那些人需要通过智能来做的事情”；尼尔斯·约翰尼尔森提出“人工智能是关于知识的科学”，“知识的科学”就是研究知识的表示、获取和运用。人工智能的三要素是算力、算法和数据。人工智能的发展经历了萌芽阶段（20 世纪 40 年代至 50 年代）、第一发展期（20 世纪 50 年代末至 60 年代）、瓶颈阶段（20 世纪 70 年代）、第二发展期（20 世纪 80 年代）、平稳发展阶段（20 世纪 90 年代至 21 世纪初）、现代 AI 发展阶段（21 世纪初至今）。人工智能主要有符号主义、连接主义和行为主义三大流派。人工智能伦理系统探讨智能系统在设计、开发和应用过程中产生的道德问题及其解决方案，人工智能伦理的治理正在形成预防—控制—救济的完整链条。

习　题　1

1. 什么是智能？什么是人工智能？

2. 人工智能的主要流派有哪些？

3. 自然语言理解研究如何让计算机理解人类自然语言，实现人与计算机之间用自然语言进行通信的理论与方法。自然语言理解要达到哪些目标？

4. 智能信息检索系统应具有哪些功能？

5. 人工智能伦理的治理举措体现在哪些方面？

第2章 人工智能应用的技术基础

教学目的和要求

本章介绍人工智能应用的技术基础。基于数据采集、近端处理、分布式协作与云端资源协同的软硬件架构，呈现人工智能依赖的“数据采集—处理—存储—计算—资源调度”技术生态，并反映这些技术在实际应用中的常见组合和协同作用，即纵向——感知与边缘层→分布式协作层→云端资源层；横向——大数据技术支撑层。物联网、智能传感器与边缘计算负责原始数据采集与初步处理；分布式既可用于边缘节点协作，也可用于云端集群；云计算作为资源池，提供全局算力与存储支持。并行计算作为技术手段，贯穿边缘、分布式与云端。大数据技术涉及数据存储、处理和分析，是实现数据感知→价值转化→智能决策全链条的核心引擎。

智慧城市交通管理系统——物联网和智能传感器的应用

- 人工智能应用的技术基础
  - 内容描述
    - 大数据技术
    - 物联网
    - 边缘计算
    - 云计算
    - 并行计算
  - 案例分析
    - 智慧城市交通管理系统——大数据应用
    - 智慧城市交通管理系统——物联网和智能传感器的应用
    - 智慧城市交通管理系统——视频监控
    - 智慧城市交通管理系统——端-边-云协同计算
    - 智慧城市交通管理系统——紧急车辆优先通行
  - 知识目标
    - 了解大数据处理的核心技术
    - 了解物联网体系结构
    - 了解智能传感器
    - 了解边缘计算的概念、内涵与体系结构
    - 了解云计算服务模式
    - 了解人工智能云服务、云存储和虚拟化
    - 了解并行计算在人工智能中的作用
  - 能力目标
    - 熟悉信息传感设备、智能化感知、数据收集的概念和作用
    - 熟悉数据近端处理的技术及应用场景
    - 掌握分布式协作与云端资源协同的概念及应用
    - 理解并行计算贯穿边缘、分布式与云端
    - 掌握大数据预处理、数据分析、数据可视化的概念和技术

大数据、物联网、智能传感器、边缘计算、云计算、分布式计算与并行计算是人工智能应用的技术基础，分别从数据采集、数据处理和高效算力分配等环节为 AI 系统的训练、推理与部署提供支持。大数据是人工智能系统的核心输入资源，通过海量、多源、

动态的数据为模型训练和模式识别提供基础，结合算法和算力可以转化为知识。物联网是人工智能系统的感知网络，通过传感器和执行器连接物理世界，实现数据采集与环境交互。智能传感器作为物联网的感知终端，是获取数据信息的关键。边缘计算是人工智能系统的分布式计算节点，通过在数据源头就近处理和分析数据，降低云端负载并提升实时性。云计算是人工智能系统的核心算力中枢，通过分布式服务器集群提供弹性资源，支持大规模数据存储、复杂模型训练和全局决策。

2.1 大数据技术

导读案例

智慧城市交通管理系统——大数据应用

大数据在智慧城市交通管理系统中的应用主要是指通过集成多源数据、深度分析与智能决策，为城市交通管理系统的高效、安全运行提供强大的支撑。

2025 年 2 月，北京市昌平区在智慧城市交通综合管理平台接入了 DeepSeek 大模型，用于优化交通治理。以乐多港东门为例，在某周六下午 3 时，平台监测到周边人流较平日激增 200%，历史数据显示该时段游客集中离场。过去需要人工调取多系统数据交叉分析，至少滞后 2 小时才能协调增派车辆，导致高峰期公交运力缺口达 40%，乘客平均滞留 45 分钟。在部署 DeepSeek 大模型后，系统在 3 时 15 分就识别出运力运量偏差，模型结合商圈活动排期及实时路况，于 3 时 20 分生成精准预测，即下午 4 时至 6 时需要为 886 路、891 路增开 8 班区间车，并为昌 68 路增加 40%运力驰援。平台将方案推送给相关单位，相关单位研判后通知公交企业立即执行方案，通过动态发车系统提前部署车辆，在下午 4 时 15 分至 5 时 30 分高峰期，公交承运效率提升 65%，乘客等待时间压缩至 12 分钟，达到游客快速疏解的效果。

通过昌平区案例来理解大数据在智慧城市交通管理中的主要作用如下。

1）数据收集与整合。通过交通监控摄像头、GPS 定位系统、公共交通数据、社交媒体和手机应用等多渠道收集数据。

2）智能分析与预测。利用大数据分析技术，如时间序列分析、聚类算法等，挖掘数据背后的信息和规律，预测交通流量和拥堵趋势。

3）优化交通信号灯。根据实时交通流量调整红绿灯时长，优化交通流。

4）动态调整公共交通。根据实时数据调整公交线路和发车频率，提高公共交通的运营效率。

5）交通事件响应。快速识别交通事故，自动调配救援资源，及时发布路况信息给公众。

人工智能与大数据密不可分，建立在集群技术之上的大数据技术为人工智能提供强大的存储能力和计算能力。人工智能需要数据来建立智能，如深度学习根据不同训练数据而拥有自优化的能力。大数据技术与人工智能紧密结合，将具有理解、分析、发现数据和对数据作出决策的能力，从而能够从数据中获得更准确、更深入的知识，挖掘数据背后的价值，并产生新的知识。

2.1.1 大数据的概念和特点

中国大数据发展战略

1. 大数据的概念

大数据是一个综合概念，是具有独特性质且难以进行管理和分析的数据集合；是随着社会媒体、传感器、网络等发展而产生的大量且多样的数据集合；是随着硬件和软件技术的发展，数据的存储处理成本大幅降低而产生的数据集合；是随着云计算的兴起，存储、处理环境易于搭建而组织的数据集合；是需要新处理模式才能具有更强的决策力、洞察力和流程优化能力的海量、高增长率和多样化的信息资产。

2. 大数据的特点

1）大量。数据存储单位从 TB、PB、EB 到 ZB，需要智能的算法、强大的数据处理平台和新的数据处理技术来统计、分析、预测和实时处理大规模的数据。

2）多样。广泛的数据来源决定了大数据形式的多样性。大数据分为结构化数据、半结构化数据和非结构化数据。有固定格式和有限长度的数据为结构化数据，如存放在关系数据库的数据表中的数据；半组织的数据、部分符合特定数据格式的数据为半结构化数据，如 XML、JSON、日志文件等；长度不定、无固定格式的数据为非结构化数据，如图片、语音、视频等。

3）高速。大数据对处理速度有着非常严格的要求，服务器中的大量资源都用于处理和计算数据，很多平台需要做到实时分析。

4）价值。这是大数据的核心特征。在现实世界所产生的数据中，有价值的数据所占比例很小。大数据最大的价值在于从大量不相关的各种类型的数据中挖掘出对未来趋势与模式预测分析有价值的数据，通过机器学习方法或数据挖掘方法进行深度分析，发现新规律和新知识，用于农业、金融、医疗等各个领域，从而最终达到改善社会治理、提高生产效率、推进科学研究的效果。

5）真实。大数据中的内容与真实世界中的事件息息相关，要保证数据的准确性和可信赖度。研究大数据就是从庞大的网络数据中提取能够解释和预测现实事件的过程。

2.1.2 大数据处理的核心技术

数据需要经过一定的专业化处理才能得到有用的信息。大数据处理技术本质上是将数据分析为信息，将信息提炼为知识，以知识促成决策和行动。大数据的处理流程主要包括大数据采集、大数据预处理、大数据分析和大数据可视化四个环节。

由于数据来源广泛，数据类型多样，大数据处理的第一步是采集数据。第二步是对采集的数据进行预处理，得到高质量的数据，采用统计分析软件对这些数据进行分析，从中发现规律并提取新知识。第三步是对有价值的数据根据不同需求采用机器学习、数据挖掘等分析技术，进行基于各种算法的计算，以达到预测效果，实现高级别的数据分析需求。第四步数据可视化，将数据分析结果以直观的图表、图形等形式展示，便于用户理解和决策。

1. 大数据采集

大数据主要来源于互联网和物理世界两个方面。一方面是互联网、云计算、物联网和移动计算的迅猛发展，各式各样的移动设备、射频识别（radio frequency identification，RFID）技术、无线传感器分分秒秒都在生产着数据，社交网络及移动互联网产生巨量的交互数据；另一方面是来自物理世界的科学大数据、各种组织运行大数据和人类交流过程中产生的数据。

由于数据源多种多样，数据量大，产生速度快，大数据采集面临许多技术挑战。例如，保证数据采集的可靠性和高效性，避免数据重复，处理大量数据和保证数据质量等。为了应对这些挑战，通常采用分布式架构和负载均衡技术，在采集端部署大量数据库，并在这些数据库之间进行负载均衡和分片。

大数据采集的方法有很多种，包括系统日志采集、网络数据采集、感知设备数据采集等。系统日志采集主要是收集公司业务平台日常产生的大量日志数据，供离线和在线的大数据分析系统使用。网络数据采集是指通过网络爬虫或网站公开应用程序接口（application program interface，API）等方式从网站上获取数据信息的过程。感知设备数据采集是指通过传感器、摄像头和其他智能终端自动采集信号、图片或录像来获取数据。

2. 大数据预处理

大数据采集后，为了对海量数据进行有效的存储、管理和分析，通常会将来自前端的数据导入一个集中的大型分布式数据库，或者分布式存储集群中，并在此基础上做一些简单的清洗和预处理工作。

大数据预处理通常是指开发人员或数据科学工作者获取大数据之后，对大数据进行的初加工，包括对初始数据的清洗、转换和标准化。

数据清洗：集成数据后，将原始数据（不完整、重复、错误及信用度低）清理为相对比较规整的数据，主要包括选择、过滤、去重等操作。

数据转换：把“清洗”过的数据进行统一格式转换，从而更好地满足分析的需求，主要包括纠偏、聚类、分层等操作。

数据标准化：将数据的定义保持一致，避免出现“语义”歧义问题，从而保证大数据迭代更改数据集的形状，直到能很好地查找或构建良好的分析模型，主要包括标准确定、数据量度和维度规约等操作。

3. 大数据分析

处理大数据的主流平台之一是 Hadoop，它是阿帕奇（Apache）软件基金会下的一个开源分布式计算平台，可以对大数据进行高速运算和存储。目前 Hadoop 已经拥有非常完善和庞大的开源生态圈，Hadoop 分布式文件系统（Hadoop distributed file system，

HDFS）提供文件存储功能，在此基础上可以进行数据查询、数据分析等操作，包括 MapReduce、Spark 等，以满足不同需求的数据使用场景。

（1）MapReduce 编程框架

MapReduce 将复杂的、大规模集群上的并行计算过程，抽象为映射（map）和化简（reduce）两个函数，主要通过映射和化简两个步骤来完成并行处理大规模数据集的任务。MapReduce 可进行文本排序、用户行为分析、数据统计等批量数据处理操作。

（2）Spark 计算引擎

Spark 支持多种高效率的计算模式，主要包括批量数据处理、交互式数据查询、实时数据流处理等模式。Spark 具有以下特点。

1）速度快。Spark 在内存中计算，因此计算速度快。

2）兼容性强。Spark 提供了 Hadoop Storage API，支持 HDFS，与 Hive[一个基于 Hadoop 的数据仓库工具，可以将结构化的数据文件映射为一张数据库表，并提供类结构查询语言（structure query language，SQL）查询功能]几乎完全兼容。

3）支持 SQL 查询。Spark 支持 SQL 及 Hive SQL 查询，极大地方便了传统 SQL 开发和数据仓库使用者，可以在同一应用程序中无缝地组合使用这些资源。

4）接口丰富。Spark 接口丰富，支持 Java、Python 等多种语言编写的应用程序。

5）文件格式丰富。Spark 支持 TXT、CSV、JSON、ORC、Parquet、Libsvm 等文件格式，有利于 Spark 与其他数据处理平台的对接。

随着数据量的不断增长，需要使用针对多源、多模态、大规模数据的大数据分析挖掘技术，从海量数据中挖掘出复杂的内在规律。

联机分析处理（online analytical processing，OLAP）是一种交互式的快速进行多维度数据分析的技术，允许在大规模数据上进行复杂的分析和查询。OLAP 包含三个基本的分析操作，分别是上卷（roll up）、钻取（drill down）和切片（slicing）。上卷是指在某一个或多个维度上对数据进行聚合统计分析，聚合操作一般包括求和、求均值、求最大值等；钻取是指允许用户浏览更详细的数据信息；切片是指用户可以从多维数据中取出一组特定的数据，并从不同维度进行查看。

数据挖掘（data mining）是一种从大规模数据集中通过算法搜索隐藏于其中信息的技术，涉及人工智能、机器学习、统计学和数据库等多个领域的知识。数据挖掘的常见任务有关联规则分析、聚类分析、数据分类和时序预测等。

例如，“尿布与啤酒”的故事就是数据挖掘的经典例子。在一家超市中，有一个有趣的现象：尿布和啤酒赫然摆在一起出售。这个举措却使尿布和啤酒的销量双双增加。沃尔玛利用数据挖掘方法对这些数据进行分析和挖掘，发现“跟尿布一起购买最多的商品竟是啤酒！”原因是，在美国一些年轻的父亲下班后经常到超市购买婴儿尿布，而他们中有 30%～40%的人同时也会为自己买一些啤酒。

这个例子说明，数据关联是数据库中存在的一类重要的可被发现的知识。若两个或多个变量的取值之间存在某种规律性，就称它们为关联的。从关系数据库中提取关联规则是主要的数据挖掘方法之一。挖掘关联就是通过搜索系统中的所有事务，从中找到出现条件概率较高的模式。关联分析被广泛用于购物篮或事务数据分析。

4. 大数据可视化

数据可视化是指将大型数据集中的数据以图形、图像形式表示，利用视觉感知来呈现数据，并利用数据分析和开发工具发现其中未知信息的处理过程。一个好的可视化产品，可以让用户在最短的时间内从稀疏而又复杂的数据集中洞察出有用的信息，发现数据中的规律和趋势，帮助用户获取数据的多维度透视视图。

数据可视化有很多方法，根据可视化原理的不同可以将其划分为基于几何的技术、面向像素的技术、基于图标的技术、基于层次的技术、基于图像的技术和分布式技术等。数据可视化工具多种多样，其中 Excel 是典型的入门级数据可视化工具。从数据可视化的自动化方面来看，可以使用 Python 编程来实现。Python 中用于数据可视化的库有很多，比较常见的有 Matplotlib、Seaborn、PyEcharts 等。

2.2 物　联　网

导读案例

智慧城市交通管理系统——物联网和智能传感器的应用

在智慧城市交通管理系统中，物联网和智能传感器的应用正在彻底改变人们对城市交通的管理和优化方式。这些技术通过实时数据收集、分析和反馈机制，为城市交通管理带来了前所未有的效率和响应速度。

（1）智能停车管理

物联网传感器通过部署在停车位的智能地磁传感器或摄像头，实时监测车位占用状态，优化停车资源分配效率，达到实时监测与动态引导的目的。

（2）交通流量监测与信号优化

智能传感器（如摄像头、雷达、红外设备）被广泛用于监测道路交通流量、车速及行人密度。例如，部分城市在主干道部署无线传感器网络，实时采集车流数据并传输至交通管理中心。系统通过 AI 算法分析后，动态调整信号灯配时方案。

（3）视频孪生与多源数据融合

智汇云舟的视频孪生技术结合物联网传感器与三维地理信息系统（3D GIS），打造沉浸式交通管理平台。例如，其智慧交通解决方案通过整合视频监控、地磁传感器和无人机数据，构建实时三维交通态势图。平台可模拟交通流量分布、事故影响范围，并为应急车辆规划最优路线。

（4）公共交通调度与应急管理

在公交系统中，车载物联网传感器实时上传车辆位置、载客量及运行状态数据。结合乘客手机信令数据，系统可动态调整发车间隔，减少空驶率。

（5）事故快速响应

在发生交通事故时，时间就是生命。借助于物联网和智能传感器，可以在事故发生后的第一时间报警并启动应急响应机制。例如，安装在车辆中的碰撞传感器能够在事故发生后立即向紧急服务部门发送通知，包括事故的确切位置和可能的严重程度。与此同时，智能交通系统可以迅速调整周围区域的交通流向，避免二次事故的发生，并为救援车辆提供绿色通道。

（6）道路健康监测与预警

物联网传感器还被用于监测道路基础设施状态。例如，智能振动传感器可检测桥梁、隧道的结构异常。

物联网（internet of things，IoT）通过信息传感设备，按照约定的协议，把各种物品与互联网连接起来，进行信息交换和通信，实现智能化识别、定位、跟踪、监控和管理。通俗地讲，物联网就是“物物相连的互联网”，它包含两层含义：第一，物联网是互联网的延伸和扩展，核心和基础仍然是互联网；第二，物联网的用户端不仅包括人，还包括物品，物联网实现了人与物品及物品与物品之间信息的交换和通信。

物联网的概念是在 1999 年提出的，物联网是一门计算机、通信、网络、智能计算、传感器、嵌入式系统、微电子等多个领域综合交叉的新学科。

2.2.1　物联网的关键技术

物联网在中国的发展

与其说物联网是一种网络，不如说物联网是一种互联网的应用。物联网技术使物体具备感知、识别、通信和自动化控制等能力，从而实现智能化、自动化的应用。

归纳起来，物联网的关键技术主要包括以下几种。

1. 射频识别技术

射频识别（RFID）技术，俗称“电子标签”，是一种无接触的自动识别技术，将电子标签附着在目标物品上，利用射频信号及其空间耦合传输特性，实现对静态或移动待识别物体的自动识别，并可对采集点的信息进行“标准化”标识。例如，装有电子标签的汽车通过高速公路收费站时能被自动识别，无须停车缴费，大幅提高了行车速度和效率。

2. 传感器技术

传感器是物联网中获取信息的主要设备，可以通过声、光、电、热、力、位移、湿度等信号来感知现实世界，还可以将环境或物体的状态转换为可用的数据信号，为物联网提供最原始的信息。传感器技术是一种将从自然信源中获取的信息进行处理、转换和识别的多学科交叉的现代科学与工程技术。例如，通过温度传感器可感知鱼塘水温，通过压力传感器可感知桥梁受力情况。

3. 无线网络技术

物联网中物品要与人无障碍地交流，必然离不开高速、可进行大批量数据传输的无线网络。无线网络既包括允许用户建立远距离无线连接的全球语音和数据网络，也包括近距离的蓝牙技术、红外技术和蜂舞（ZigBee）协议技术等。

此外，物联网的关键技术还包括信息采集技术、网络通信技术、项目编码技术、数据库技术、网络安全技术、云计算技术、人工智能技术等。这些技术相互融合，共同构成了物联网技术的核心体系。

2.2.2 物联网体系结构

目前，物联网还没有一个被广泛认同的体系结构，但是可以根据物联网对信息感知、传输、处理的过程将其划分为三层结构，即感知层、网络层和应用层，具体如图 2-1 所示。

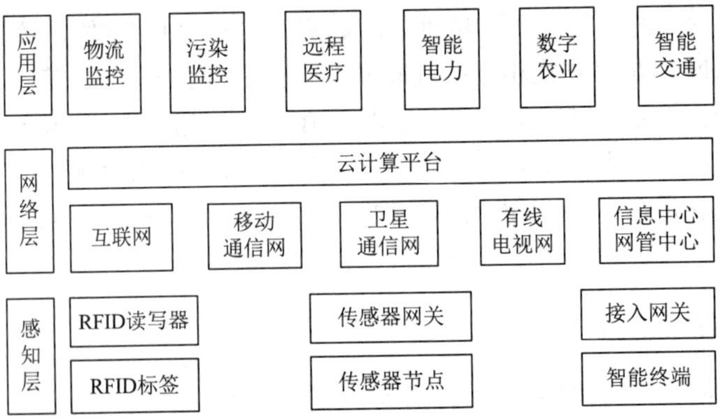

图 2-1 物联网体系结构

1. 感知层

感知层由各种传感器及传感器网关构成，其作用相当于人的眼、耳、鼻、喉和皮肤等的神经末梢，是物联网识别物体、采集信息的来源。感知层主要包括二氧化碳浓度传感器、温度传感器、湿度传感器、二维码标签、RFID 标签和读写器、摄像头、GPS 等感知终端。感知层可以识别物体，采集所需的信息，通过各种接入网络将信息传递到网络层。

2. 网络层

网络层由各种私有网络、互联网、有线和无线通信网、网络管理系统和云计算平台等组成。网络层相当于人的神经中枢和大脑，主要用于实现更广泛、更快速的网络互连，从而把感知到的信息可靠、安全地进行传送。物联网依靠网络层实现信息的汇聚、处理和控制。

3. 应用层

应用层是物联网和用户的接口，主要包含应用支撑平台子层和应用服务子层。应用支撑平台子层用于支撑跨行业、跨应用、跨系统之间的信息协同、共享和互通。应用服务子层涉及智能交通、智能家居、智能物流、智能医疗、智能电力、数字环保、数字农业、数字林业等领域。

除了以上三层结构外，物联网体系结构还包括运营支撑系统、传感网络系统、业务应用系统、无线通信网系统等，它们共同实现物联网的运作。

2.2.3 智能传感器

智能传感器是指带微处理器、兼有信息检测和信息处理功能的传感器。它不仅可以完成传统传感器的信号采集功能，还能通过内置的微处理器对采集的信号进行处理、分析、判断，并且能够与外部设备进行通信和交互。

与传统传感器相比较，智能传感器的优势主要表现在以下四个方面。

1）功能方面。传统传感器的主要功能是信号采集，将物理量（如温度、压力、湿度、光强等）转换为电信号（如电压、电流等），然后输出给后续的处理设备。智能传感器不仅能采集信号，还能对信号进行预处理，如滤波、放大、线性化等；同时，具备数据融合功能，可以对多个传感器采集的数据进行综合分析，得到更准确的结果。智能传感器还能够进行自校准和自诊断，一方面通过内置的微处理器和自校准算法，实时补偿传感器的漂移和误差，提高测量精度；另一方面利用自诊断功能，及时发现故障并报警，提高了系统的可靠性。

2）通信能力方面。传统传感器主要通过简单的模拟信号（如电压、电流）或基础数字信号（如脉冲、低速串行接口）与外部设备通信，其数据传输速率通常较低，且协议复杂度有限。智能传感器支持多种通信协议，如集成电路总线（inter-integrated circuit，I2C）、串行外设接口（serial peripheral interface，SPI）、Modbus、无线通信等，通过网络将数据传输到远程服务器，实现远程监控和数据分析。

3）智能化程度方面。传统传感器只能被动地采集信号，无法对信号进行智能分析和处理。智能传感器一方面具备学习能力，能够根据历史数据和环境变化自动调整测量参数和算法；另一方面具备自适应功能，可以根据不同的应用场景和测量需求自动优化性能。

4）应用场景方面。传统传感器适用于简单测量场景，如温度测量、压力测量等，智能传感器被广泛应用于智能交通、工业自动化、智能家居、医疗设备等领域，满足复杂环境中的高精度、高可靠性测量需求。

2.3 边缘计算

导读案例

智慧城市交通管理系统——视频监控

智慧城市交通管理系统是边缘计算的重要应用场景之一，大量的摄像头被用于视频监控，摄像头通过实时分析人流、车辆，来识别异常事件（如车辆着火、交通事故等）。

视频监控的边缘计算实现主要分为三个步骤：①在摄像头或邻近网关部署边缘

AI 芯片；②在本地运行人脸识别、行为分析等算法；③仅上传报警事件（如打架、违章停车等）至云端管理平台。

边缘计算带来许多好处，一是带宽成本降低 80%左右（无须传输全部视频流）；二是隐私保护（原始视频数据在本地处理，保护了个人隐私）；三是快速触发应急响应（如自动通知附近警力等）。

边缘计算通过将计算资源下沉到网络边缘，靠近数据源头，实现了更高效的数据处理和传输。它在低延迟、带宽优化、数据隐私和安全性等方面具有显著优势，并广泛应用于智能交通、医疗保健、智能家居和工业制造等多个领域。通过与云计算的协同工作，边缘计算能够进一步提升数据处理的效率，降低带宽和存储成本。

2.3.1 边缘计算的概念和内涵

边缘计算的核心思想是“数据在哪里产生，就在哪里处理”，通过在网络边缘部署计算资源和存储能力，实现对数据的实时分析和决策。

1. 边缘计算的概念

边缘计算是指在网络边缘执行计算的一种计算模型，是一种分布式计算架构，将数据处理和存储从集中式的数据中心推向网络边缘，即在靠近数据源或终端用户的位置提供最近端服务。

2. 边缘计算的内涵

边缘计算的内涵主要体现在以下五个方面。

1）去中心化架构。在传统云计算中，数据需要上传至云端处理后再返回结果，边缘计算通过本地节点直接处理数据，形成“云-边-端”协同的层级结构。

2）低延迟与实时响应。边缘计算适用于需要毫秒级响应的场景（如工业控制、自动驾驶等），避免因数据传输到云端带来的延迟。

3）数据本地化与隐私保护。敏感数据（如医疗影像、工厂生产数据等）无须上传至云端，直接在边缘节点处理，降低数据泄露风险。

4）带宽优化与成本节约。边缘节点仅将关键数据或处理结果上传云端，减少大量原始数据传输的带宽占用（如视频监控仅上传异常片段）。

5）离线可用。在网络不稳定或断网时，边缘节点仍能独立运行（如偏远地区的监测设备）。

2.3.2 边缘计算体系结构

边缘计算的体系结构通常由云（云计算层）、边（边缘计算层）、端（终端层）三个主要层次组成，如图 2-2 所示，各层之间通过协同工作实现高效的数据处理和应用支持。

终端层由各种物联网设备组成，主要完成数据采集和上传功能。在终端层中，只需考虑各种物联网设备的感知能力，无须考虑它们的计算能力。

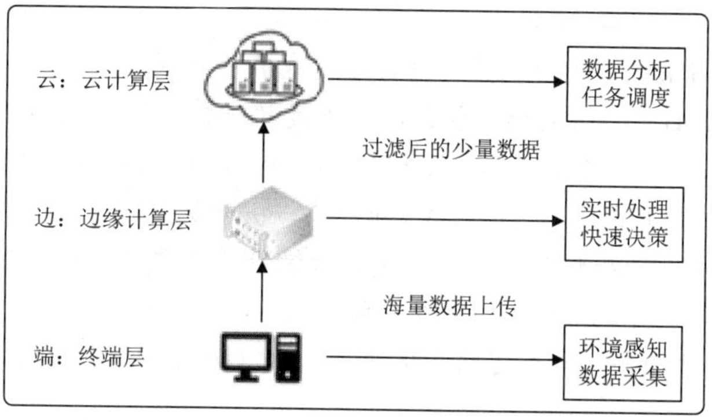

图 2-2　边缘计算的体系结构

边缘计算层由网络边缘节点构成，分布于终端设备与计算中心之间。网络边缘节点可以是智能终端设备本身（如智能手环、智能摄像头等），也可以是部署在网络连接中的设备（如网关、路由器等）。

云计算层通常由数据中心组成，存储和管理从边缘计算层上传的数据，执行复杂的计算任务（如机器学习模型训练、全局数据分析等），动态调整边缘计算层的计算资源和算法部署，提供安全与隐私保护。

边缘计算体系结构的核心在于云、边、端之间的协同工作，这种协作旨在优化数据处理流程，提高响应速度，并确保数据的安全性和隐私保护。

1）边-端协同：边缘计算层对终端设备进行管理和调度，通过将数据处理任务分配到靠近数据源的边缘节点上执行，可以减少数据传输到远程服务器的需求，从而实现更低的延迟和更高效的处理效率。

2）云-边协同：云计算层通过容器编排工具（如 Kubernetes）管理边缘计算层的资源和应用部署。

3）云-边-端协同：通过这种多层次的协同，边缘计算实现低延迟、高效和高安全性的数据处理。

2.4　云　计　算

导读案例

智慧城市交通管理系统——端-边-云协同计算

智慧城市交通管理系统的核心目标是优化城市交通效率，降低拥堵和事故风险。典型应用场景：一是实时交通流量预测与调度，通过传感器和摄像头监测主干道、交叉路口车流，动态调整信号灯时长；二是交通事故智能响应，动态识别事故位置并生成应急路线规划，协调交警、救护车辆快速到达；三是公共交通资源调配，基于客流数据动态调整公交或地铁班次，优化共享单车投放位置；四是个性化出行导航，为驾驶员提供实时避堵路线，为行人推荐最优步行或骑行路径。

举例说明，下面是实时交通流量预测与调度的一种简单实现方式。

首先，摄像头（智能传感器）捕获车流数据→边缘节点实时分析拥堵情况；其次，多个边缘节点通过分布式计算共享区域交通状态→并行优化信号灯控制策略；最后，云端整合历史数据训练全局预测模型→下发至边缘计算层更新本地算法。

（1）智能城市交通管理系统的主要功能

1）多模态数据融合：整合道路摄像头、车载 GPS、手机信令、社交媒体舆情等异构数据源。

2）群体行为建模：通过强化学习模拟驾驶员决策模式，预测不同调控策略下的交通流变化。

3）端-边-云协同计算：车载终端实时处理本地数据，边缘节点协调区域交通，云端进行全局优化。

4）自动化调控策略：系统持续评估调控效果，自动淘汰低效策略并生成新方案。

（2）智慧城市交通管理系统主要功能模块

1）基础功能模块：包括交通信号控制系统、电子警察系统、导航路径规划引擎等。例如，某交叉口信号灯控制器根据实时车流自动切换红绿灯周期。

2）核心算法模块：包含深度强化学习模型、时空图神经网络等，通过历史数据训练优化决策策略。例如，通过分析过去三年的事故数据，智慧城市交通管理系统学会在暴雨天气提前开启隧道排水系统。

3）效能指标模块：包含道路通行效率（辆/时）、平均延误时间、事故响应速度等多项关键绩效指标（key performance indicator，KPI，一种衡量目标完成情况的量化工具）。例如，某区域晚高峰平均车速从 18 千米/时提升至 25 千米/时，系统判定当前调控策略有效。

4）创新策略模块：基于博弈论生成交通参与者激励方案，或通过数字孪生技术模拟新型道路设计等举措。例如，为缓解某小学校周边拥堵情况，智慧城市交通管理系统建议试行“潮汐车道+家长等候积分制”组合方案。

中国云计算行业

云计算是分布式计算的一种，通过网络“云”将巨大的数据计算处理程序分解为无数个小程序，然后通过多台服务器组成的系统处理和分析这些小程序，从而得到结果并返回给用户。“云”实质上就是一个网络。狭义上，云计算就是一种提供资源的网络，使用者可以随时获取“云”上的资源，按需求量使用，并且支持无限扩展，只需按使用量付费。广义上，云计算是与信息技术、软件、互联网相关的一种服务，这种计算资源共享池称为“云”，云计算把许多计算资源集合起来，通过软件实现自动化管理，只需很少的人参与，就能快速提供资源。云计算的核心概念就是以互联网为中心，在网络上提供快速且安全的计算服务与数据存储，让每一个使用互联网的人都可以使用网络上的庞大计算资源与数据中心。

2.4.1　云计算服务模式

云计算服务，即云服务，是基于互联网的相关服务的增加、使用和交互模式，通常涉及通过互联网来提供动态易扩展且经常是虚拟化的资源。这种服务可以是 IT 和软件、互联网相关服务，也可以是其他服务。云服务就是指通过网络以按需、易扩展的方式获得所需服务。

云服务产品涉及计算层面、数据库层面、存储层面、网络安全层面、企业应用、物联网、人工智能等多个层面。

根据现在常用也是比较权威的美国国家标准与技术研究院的定义，云计算的服务模式主要有三种，包括基础设施即服务（infrastructure as a service，IaaS）、平台即服务（platform as a service，PaaS）和软件即服务（software as a service，SaaS）。这三种模式都是从用户体验的角度出发的。

1. 基础设施即服务

基础设施即服务（IaaS）是云计算主要的服务类别之一，用来提供计算机基础设施服务，向云计算提供商的个人或组织用户提供虚拟化计算资源，如虚拟机、存储、网络和操作系统等。用户通过租用这些资源，按需获取所需计算能力。这种模式的主要优点是灵活性高、可按需配置资源，无须在硬件和维护上投入大量资金。

常见的 IaaS 产品主要有阿里云、腾讯云、华为云、百度智能云、金山云、京东云、天翼云等。这些产品都提供了计算、存储和网络等基础设施服务，用户可以通过云平台获取所需资源，无须自己购买和维护硬件设备。

2. 平台即服务

平台即服务（PaaS）将应用程序开发和部署所需的平台作为服务提供，包括开发工具、数据库和中间件等，为开发、测试和管理软件应用程序提供按需开发环境。用户使用这些平台，可以快速开发和部署应用程序，无须从零开始构建。该模式的主要优点是开发效率高，可快速迭代和部署应用程序，可为开发人员提供通过全球互联网构建应用程序和服务的平台。

此外，PaaS 平台包括服务器、存储空间和网络等基础设施，以及中间件、开发工具、商务智能（business intelligence，BI）服务和数据库管理系统等。PaaS 旨在支持万维网（world wide web，Web）应用程序的完整生命周期：生成、测试、部署、管理和更新。

常见的 PaaS 产品主要有谷歌应用引擎（Google app engine）、Heroku、微软 Azure、亚马逊云科技（Amazon web services，AWS)、IBM 云、阿里云、腾讯云等。这些产品均提供了全面的 IT 服务，以方便用户进行开发和部署。

3. 软件即服务

软件即服务（SaaS）通过互联网提供按需软件付费应用程序，允许用户连接到应用程序并通过全球互联网访问应用程序，用户通过网页浏览器即可接入、使用应用程序。这种模式的主要优点是无须安装和维护软件，可随时随地使用软件，且无须关心技术问题。

SaaS 是一种软件交付模式，在这种模式下，软件供应商将应用程序部署在云端，并通过 Web 浏览器提供给用户使用。

常见的面向企业的 SaaS 产品包括阿里钉钉（DingTalk）、用友云（Yonyou Cloud）、金蝶云（Kingdee Cloud）、腾讯企点（Tencent Qidian）、百度智能云、金山 WPS 云文档（Kingsoft WPS Cloud Document）、华为企业业务（Huawei Enterprise Business Group）等。这些产品均基于 SaaS 模式，用户通过 Web 浏览器即可随时随地使用软件，而无须安装和维护软件本身。

IaaS、PaaS 和 SaaS 是三种不同的云计算服务模式，它们各自有其特点和优势，选择哪种模式取决于具体的业务需求和资源状况。用户可根据自身的实际需求来选择最合适的模式，同时也可以选择混合云模式，以充分利用各种模式的优势。

2.4.2 人工智能云服务

人工智能云服务，一般称为 AIaaS（AI as a service），即 AI 即服务，是目前主流的人工智能平台的服务方式之一。

AIaaS 与传统的三种云计算服务模式（IaaS、PaaS 和 SaaS）是融合与扩展的关系。AIaaS 并非完全独立于三者之外，而是基于这三种基础服务模式，针对人工智能领域的需求进行了功能扩展和场景化适配。具体来说，AIaaS 平台会在云端提供独立或打包的服务，开发者可以通过 API 使用平台提供的一种或多种人工智能服务，资深开发者还可以使用平台提供的人工智能框架和人工智能基础设施来部署与运维自己专属的机器人。例如，TI-ONE 是腾讯云的一站式机器学习平台，为用户提供从数据预处理、模型构建、模型训练到模型服务的全流程支持。

AIaaS 可以构建在 IaaS 之上，利用 IaaS 提供的计算资源（如 GPU/TPU 服务器、存储、网络）支持人工智能任务。例如，用户通过 IaaS 租用高性能 GPU 实例，自行部署和训练机器学习模型。

AIaaS 通常以 PaaS 形式呈现，提供面向 AI 开发的工具链和平台化服务。用户只需专注于算法和业务逻辑，无须管理底层资源，适合快速开发。例如，AI 开发平台百度飞桨、华为昇腾 AI、腾讯云 TI 平台、字节跳动火山引擎开放平台、Google AI Platform 等，均提供模型训练、调优、部署的一站式服务。

AIaaS 可以封装为 SaaS 化的垂直应用，用户无须任何开发，直接提供嵌入 AI 功能的终端应用。例如，医疗影像诊断 AI。

AIaaS 的核心价值在于降低了 AI 技术门槛，通过云服务的按需付费模式，让用户无须自建 AI 基础设施即可快速应用人工智能技术。

2.4.3 云存储

云存储是在云计算概念上延伸和发展的一个新的概念。

人工智能融合云计算

1. 云存储概述

云存储是指通过集群应用、网格技术或分布式文件系统等功能，将网络中大量的各种不同类型的存储设备通过应用程序集合起来协同工作，共同对外提供数据存储和业务访问功能的一种系统。

云存储是一种网上在线存储模式，即把数据存放在通常由第三方托管的多台虚拟服务器上，而非专属的服务器上。云存储的核心是应用软件与存储设备相结合，通过 Web 服务 API 或 Web 化的用户界面进行访问和管理。使用者可以在任何时间、任何地方，通过可联网的装置连接到云上，方便地存取数据。

当云计算系统运算和处理的核心是大量数据的存储和管理时，云计算系统中需要配置大量的存储设备，此时云计算系统就转变为一个云存储系统。因此，云存储是一个以数据存储和管理为核心的特殊的云计算系统。

云存储对使用者而言，不是指某一个具体的设备，而是指一个由许许多多台存储设备和服务器构成的集合体。使用者使用云存储，并不是使用某一台具体的存储设备，而是使用整个云存储系统带来的一种数据访问服务。

云存储的特点包括超大规模、高可扩展性、高可靠性和可用性、安全、按需服务、透明服务、自动容错和低成本等。云存储通过将数据存储在云端，实现数据随时随地访问，并可以按需付费，降低了成本。此外，云存储还可以实现数据备份、恢复和共享等功能，提高了数据的安全性和可用性。

2. 云存储的应用

从架构模型来看，云存储系统比云计算系统多了一个存储层，同时在基础管理层面也多了很多与数据管理和数据安全有关的功能，两者在访问层和应用接口层则完全相同。

云存储的产品包括百度网盘、360 云盘等。这些产品基于云存储技术实现海量数据的存储和访问，并提供了各种 API 和用户界面。此外，还有一些针对特定行业的云存储产品，如阿里云运行支撑系统（operational support system，OSS）对象存储等。

2.4.4 虚拟化

在计算机中，虚拟化（virtualization）通常是指将计算机元件在虚拟的平台上而不是真实的硬件平台上运行的一种技术。

1. 虚拟化概述

虚拟化技术是一种调配计算资源的方法，实现了在一台物理机上运行多台虚拟机，并为每台虚拟机分配独立的虚拟化的软硬件资源，然后在这些资源上部署不同的操作系统和应用程序。

2. 虚拟化特点

虚拟化技术是一套解决方案。完整的情况需要 CPU、主板芯片组、基本输入输出系统和软件的支持，如虚拟机监视器软件或者某些操作系统本身。

虚拟化具有以下特点。

（1）抽象物理资源

虚拟化最重要的特征之一是抽象物理资源的能力。这意味着可以创建完全独立于底层物理硬件的虚拟机，即允许多台虚拟机在同一台物理机上运行，每台虚拟机都有自己的操作系统和应用程序。这被称为服务器虚拟化，是最常见的虚拟化用途之一。

例如，一台物理服务器可以承载多台虚拟机，每台虚拟机运行自己的操作系统和应用程序，从而使资源得到有效利用，因为一台物理机可以用来运行多个应用程序，而无须购买和维护多台物理服务器。

（2）资源的隔离

虚拟化的另一个关键特征是资源的隔离。这意味着每台虚拟机与其他虚拟机是隔离的，它们彼此之间不能访问对方的资源。这提供了安全性和稳定性。

例如，一家公司可能使用虚拟化技术在同一台物理机上运行其电子邮件服务器、网络服务器和数据库服务器。如果电子邮件服务器被破坏，网络服务器和数据库服务器将仍然受到保护并继续正常运行。

（3）灵活性

虚拟化在资源分配方面提供了灵活性。虚拟机可以根据需要轻松地创建、删除和修改，从而使扩展变得容易，因为更多的资源可以根据需要分配给虚拟机。它还允许更容易地测试和开发，因为可以创建虚拟机来测试新的软件和配置而不影响生产环境。

例如，一家公司可以使用虚拟化技术为其新软件创建一个测试环境。该公司可以创建一台与生产环境规格相同的虚拟机，并在不影响其实时系统的情况下测试该软件。软件测试完毕，准备投入生产时，可以删除虚拟机，并将软件部署到生产环境中。

（4）可移植性

虚拟化还提供了可移植性，因为虚拟机可以很容易地在物理机之间移动。这使得灾难恢复变得容易，因为在发生灾难时，虚拟机可以快速地移动到不同的物理机上。虚拟机被移到新的硬件上，不影响其上的应用程序或数据。

例如，一家公司使用虚拟化技术创建一个灾难恢复计划。该公司创建一台包含所有重要数据和应用程序的虚拟机，并将其存储在一台单独的物理机上。在发生灾难的情况下，虚拟机可以迅速转移到一台新的物理机上，公司继续正常运作。

（5）网络化

虚拟化还提供网络功能，因为虚拟机可以连接到虚拟网络，这使得虚拟机之间可以轻松地进行通信。同时也可以连接到物理网络，这使得虚拟机可以很容易地集成到现有网络中，并能够为特定的目的创建孤立的网络。

例如，一家公司可以使用虚拟化技术为其开发团队创建一个虚拟网络。该公司可以通过该虚拟网络连接其所有的开发虚拟机，轻松地进行通信和共享资源。还可以将这个虚拟网络连接到该公司的物理网络，使开发团队能够访问互联网和其他资源。此外，这个虚拟网络还可以与公司的其他网络隔离，以增加安全性。

（6）快照和备份

虚拟化还提供了创建虚拟机快照的能力。这使得虚拟机的备份和恢复变得容易，并且能够快速恢复到以前的状态。这对测试和开发特别有用，因为它允许轻松地进行实验，而没有丢失数据或损害生产环境的风险。

例如，一家公司使用虚拟化技术测试一个新的软件更新。在安装更新之前创建一个虚拟机的快照，如果更新导致任何问题，可以恢复到之前的快照。

（7）桌面虚拟化

桌面虚拟化是另一种形式的虚拟化，允许多个虚拟桌面在一台物理机上运行。桌面虚拟化提供了轻松部署和管理桌面，以及远程访问桌面的能力。

例如，一家公司的销售团队可以从任何地方访问公司的虚拟桌面，访问其客户数据，并与团队的其他成员沟通，提高了安全性和生产力。

2.5 并行计算

导读案例

智慧城市交通管理系统——紧急车辆优先通行

在智慧城市交通管理系统中，并行计算通过与边缘计算的结合，能够显著提升紧急车辆的优先通行能力。主要表现在以下五个方面。

1）实时数据采集与处理。在交通路口和路段部署边缘计算设备，系统实时采集紧急车辆的导航位置、速度、行驶方向等信息。这些设备具备并行计算能力，可以快速处理来自多个传感器的数据，确保紧急车辆的行驶状态能够被实时监测和分析。

2）动态信号灯调整。边缘计算节点根据紧急车辆的实时位置和行驶路线，动态调整信号灯的状态。例如，当紧急车辆接近交叉口时，系统会根据其位置和速度，提前将信号灯调整为绿灯，或者延长绿灯时间，确保紧急车辆能够快速通过。

3）路径规划与优化。并行计算可快速分析紧急车辆的最佳行驶路线，根据实时路况进行动态调整。系统通过边缘计算设备获取路段的交通流量和信号灯状态，结合紧急车辆的实时位置，规划出最短时间到达目的地的路径。同时，系统还会向紧急车辆的车载终端发送建议车速信息。

4）车辆协同避让。在紧急车辆行驶过程中，系统通过并行计算和车路协同技术，向周边普通车辆发送让行提醒。

5）优化算法与模型。并行计算支持复杂的优化算法和模型，优化算法综合考虑紧急车辆的优先级和普通车辆的通行需求，实现智能交通系统的整体优化。

2.5.1　并行计算的概念和内涵

过去 70 多年来，科学家提出了很多并行处理技术，如流水线技术、向量化技术等；

提出了各种并行计算模型，简化了编程人员的工作；设计了各种并行计算机系统，如对称多处理机系统等，提升了计算机系统的整体性能。

1. 并行计算的概念

并行计算是一种通过将计算任务分解为多个可以同时执行的子任务，从而在多个处理单元上并行处理的计算方法。其核心目的是通过充分利用多核处理器或分布式系统的计算能力，加速复杂问题的求解，提高计算效率。

并行计算与串行计算存在本质差异，见表 2-1。

表 2-1 并行计算与串行计算的差异

维度	并行计算	串行计算
执行方式	多指令流同时执行	单指令流顺序执行
硬件基础	多核/众核/分布式系统	单处理器
问题视角	分治策略+协同求解	整体求解

2. 并行计算的内涵

并行计算的内涵可概括为通过协同多个计算单元同时执行任务，以提升计算效率、解决复杂问题。

（1）并行性

并行计算的核心在于将大规模问题分解为可并行处理的子任务，同时执行多个操作或任务，利用并行性加速计算过程，通过多处理器协作完成计算。

（2）问题可分解性

在并行计算中，一个计算任务可分解为多个子任务，并在多个处理单元上同时执行。

任务并行：独立子任务并行。例如，同时模拟暴雨和交通事故对交通的影响。

数据并行：同一操作应用于数据集的不同分区。例如，城市 2000 个路口的流量预测模型分布式训练。

2.5.2 并行计算在人工智能中的作用

并行计算在人工智能领域扮演至关重要的角色，不仅是推动人工智能技术进步的重要驱动力，也为实现智能应用的大规模推广提供了坚实基础。

（1）加速算法训练

人工智能模型，尤其是深度学习模型，通常需要处理大量的数据和复杂的计算。并行计算通过将数据分割成更小的块，分配给多个处理单元同时进行运算，缩短了训练时间，提高了模型的实用性。例如，现代深度学习框架（如 TensorFlow 和 PyTorch）内置了并行计算机制，支持在多核 CPU 和 GPU（大规模并行处理器）上进行高效的模型训练。

（2）提高数据处理效率

并行计算能够高效处理大规模数据集，支持实时信息处理。例如，在图像识别、语音识别和自然语言处理中，可以利用并行计算加快数据处理速度，提高模型的学习能力。

（3）提升推理和决策效率

在自动驾驶、智能制造等需要实时响应的应用场景中，人工智能系统需要快速处理大量数据并作出决策。并行计算能够显著提高这些系统的实时性和准确性。

（4）支持复杂模型优化

并行计算为复杂的人工智能模型提供了强大的计算支持，使得研究人员能够实时更新和优化模型。例如，现代深度学习框架（如 TensorFlow 和 PyTorch）通过支持并行计算，显著提高了模型训练和推理的效率。

（5）支持多模态数据处理

并行计算能够处理复杂的多模态数据（如图像、文本、语音等）。例如，华为云 ModelArts 通过其强大的并行计算能力和一站式 AI 开发平台，支持多模态数据的高效处理。ModelArts 不仅提供从数据预处理、模型训练到部署的全流程支持，还具备高性能计算资源，如 GPU 和 TPU，能够快速处理大规模数据和复杂模型训练任务。此外，ModelArts 支持图像、文本、音频等多种数据类型的处理和融合，并通过自动学习功能和自定义训练功能，实现多模态数据的高效处理。

（6）硬件与软件的协同进步促进了并行计算在人工智能中的广泛应用

随着硬件技术的发展，多核 CPU 和 GPU 等硬件设备的普及为并行计算提供了强大的支撑。多核 CPU 能够同时执行多个任务，提高了计算效率；GPU 在图形处理和并行计算方面具有显著优势，能够同时处理大量数据。同时，算法的创新与优化也推动了并行计算在人工智能中的应用。例如，深度学习算法需要大量的计算资源，并行计算通过将计算任务分配到多台处理器上，可以显著加速训练和推理过程。总体来说，硬件技术的进步和算法的优化为并行计算在人工智能中的广泛应用铺平了道路。

小　　结

本章介绍了人工智能应用的技术基础。人工智能并非孤立存在，而是依赖多技术融合的生态系统。学习人工智能背后的技术基础知识，可以让学生更好地理解和开发人工智能相关的应用。人工智能不仅需要强大的硬件支持，还需要高效的软件架构来实现数据的高效处理与智能决策。其架构通常采用“垂直分层+横向贯通”的设计，融合了多种计算范式，形成了从数据采集到智能决策的全链条优化。

在垂直分层方面，架构分为三个主要层级：感知与边缘层、分布式协作层以及云端资源层。感知与边缘层主要由物联网和智能传感器组成，负责原始数据的采集与初步处理。这些设备通过边缘计算技术，能够对数据进行近端处理，减少数据传输延迟，提高系统的实时性和响应能力。分布式协作层连接边缘节点与云端资源，通过分布式计算技术实现节点间的协同工作，优化资源分配和任务处理效率。云端资源层作为全局的资源池，提供强大的算力和存储支持，以满足大规模数据处理和复杂模型训练的需求。

在横向贯通方面，大数据技术作为支撑层贯穿整个架构。它涉及数据的存储、处理和分析，是实现数据从感知到价值转化，再到智能决策的核心引擎。

并行计算是贯穿整个架构的技术手段。它不仅在感知与边缘层加速数据处理，还在分布式协作层提升节点协作效率，并在云端资源层优化大规模计算任务的执行。通过并行计算，人工智能系统得以充分利用多核 CPU、GPU 等硬件资源，实现高效的模型训练和推理。

物联网、智能传感器和边缘计算的结合，使得数据采集更加智能化和自动化。这些技术不仅提高了数据的质量和可用性，还通过边缘计算减少了对云端资源的依赖，降低了系统整体能耗和成本。云计算提供了强大的后端支持，通过算力和存储资源的弹性分配，根据任务需求动态调整资源，确保系统的高效运行。

习　题　2

1. 从人工智能应用的技术基础角度，如何理解物联网、云计算、大数据、边缘计算、并行计算之间的关联？
2. 大数据的主要处理流程是什么？
3. 物联网的关键技术有哪些？
4. 智能传感器与传统传感器相比较，具有哪些优势？
5. 什么是边缘计算？边缘计算体系结构的核心是什么？
6. 如何理解云计算和云存储之间的关系？
7. 什么是并行计算？如何理解并行计算在人工智能领域的重要性？

第3章
人工智能的实现基础

教学目的和要求

在当前的人工智能研究中，“知识+学习+协同”视为实现人工智能的三大关键支柱。知识表示、机器学习等是实现人工智能核心功能的重要途径和关键手段。本章将详细介绍这些核心概念与方法，旨在使读者了解如何运用它们来实现人工智能的主要功能。人工智能研究的本质在于探究智能的实现机制，这不仅要深入理解人类智能的运作原理，还需要理解通过“人工”手段所构建的“智能”体系中。人工智能的学习机制。明晰构成 AI 学习的必要元素，擅长运用 AI 学习理论和相应的软件工具来处理事务，是人工智能研究与应用的重要目标。

- 人工智能的实现基础
  - 内容描述
    - 知识表示与知识图谱
    - 机器学习
    - 群体智能
  - 案例分析
    - 智能教育——自动评价和学习分析
    - 智能商务——基于机器学习的房屋价格预测系统
    - 智能工业——柔性车间调度的群体智能
  - 知识目标
    - 掌握知识表示的方法
    - 掌握知识图谱构建流程
    - 了解监督学习和无监督学习的区别
    - 掌握人工神经网络的基本结构
    - 掌握群体智能的典型算法模型
  - 能力目标
    - 熟悉回归分析、决策树、支持向量机等监督类算法的概念及应用
    - 熟悉K均值聚类等无监督学习的概念及应用
    - 掌握BP神经网络学习算法的概念及应用
    - 掌握深度学习算法（卷积神经网络、循环神经网络、生成对抗网络）的定义及应用
    - 掌握群智能蚁群算法、粒子群算法的概念及应用

生物学上的神经网络

3.1 知识表示与知识图谱

导读案例

智能教育——自动评价和学习分析

在多数教育场景中应用智能自动评价主要包括两方面，一是应用于大规模考试，

二是作为智能导学系统中的测评器。美国教育考试服务机构（Educational Testing Service，ETS）早在2004年发布了用于短文本答案自动评分的C-rater以及作文自动评分的E-rater，这些自动评分工具被广泛地用于ETS考试和考试辅导中。著名智能导学系统AutoTutor中的测评模块是智能导学系统最典型的代表，该系统测评器用于诊断学生对问题的回答并自动分类，以便给出相应的反馈信息。近年来，随着优质文本大数据的积累以及算法的提升，AI教育软件已可以完成学习分析，主要包括五个方面的内容。

1）解释学习行为；

2）识别高效成功的学习模式；

3）检测低效、错误的学习模式；

4）引入合适的教学干预；

5）帮助学习者更加清晰地认识到自己的学习进度。

学习型智能体可分为四个概念组件，如图3-1所示。其中，“性能元素”是指智能程序；“学习元素”依据评估者的知识对性能元素进行修改，优化智能程序，以便未来做得更好；“评估者”告诉学习元素性能标准。

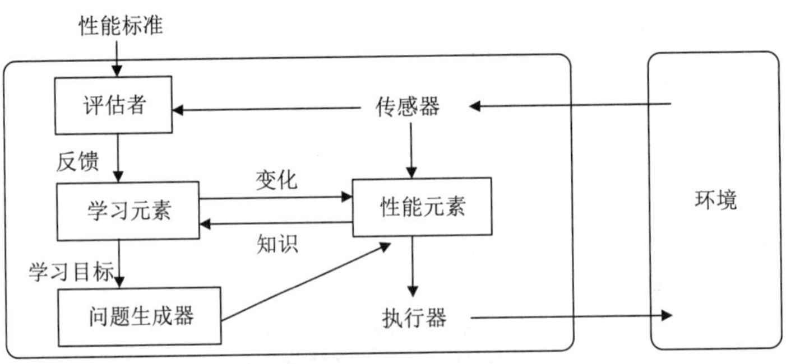

图3-1 学习型智能体

例如，国际象棋程序可能会收到一个感知，提示它已将死对手，但它需要一个性能标准来指明这是一件好事。“问题生成器”负责引导性能元素进行新的探索。如果没有新的探索，性能元素会一直做已知的最佳动作，从长远看，它可能不如新探索获得的新动作，这也体现了知识更新和创新思想的重要性。

XLORE是由清华大学知识工程研究室自主构建的基于维基百科和百度百科的开放知识平台，是第一个中英文知识规模较为平衡的大规模中英文知识图谱。例如，在构建需求中输入：“诸葛亮早年随叔父诸葛玄前往荆州，诸葛玄去世后，诸葛亮就在隆中隐居。刘备依附荆州刘表期间三顾茅庐，诸葛亮向刘备提出了占据荆州、益州，联合孙权共同对抗曹操的“隆中对”策略，刘备依此策略行事，成功建立了蜀汉政权，与孙权、曹操形成三足鼎立之势。”系统会根据语义分析知识内在关系，构建知识图谱，如图3-2所示。

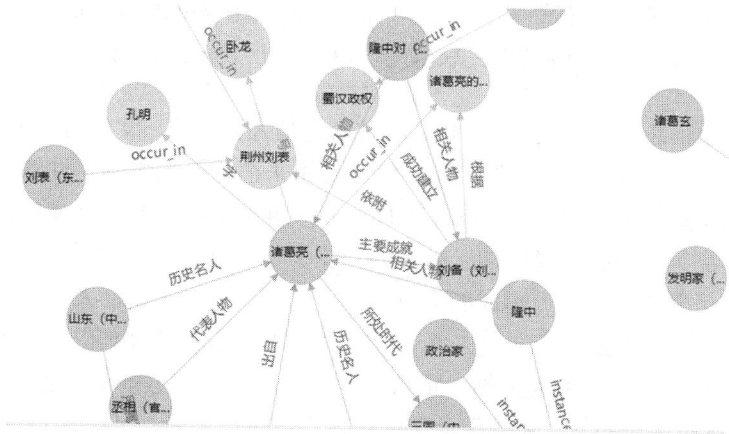

图 3-2　XLORE 知识图谱实例

知识是智能的基础，要使计算机有智能，就必须使它有知识。机器学习研究如何使计算机具有类似于人的学习能力，使它能通过学习自动地获取知识。例如，某单位的人事档案数据库中有下列事实：“张强是采购部工作人员”“李明是采购部经理”，如果系统具备“部门经理是该部门员工的领导”这一知识，就可以对询问“谁是张强的领导”演绎推理出答案“李明”。

人们可以通过书本输入的方式使计算机具有知识，但是这种方法不能及时地更新知识，尤其不能适应环境变化。为了具有真正的智能，计算机可以通过对环境的观察学习和与人类的交互学习，构建知识图谱，不断获得新知识、新技巧，并在实践中实现自我完善。知识图谱旨在采用图结构的方式，描述客观世界的概念、实体、事件以及它们之间的关系。例如，中国有哪些少数民族，呼吸疾病与哪些脏器有关，等等。

近年来，人工智能得到了长足的发展，在特定任务上的表现已经超越了人类，然而离达到两三岁小孩的整体智力水平仍有距离。这个距离的背后，很大一部分原因是机器缺少知识。为了让机器理解文本背后的深层含义，需要对可描述的事物（实体）进行知识表示，填充它的属性，并拓展它和其他事物的关联。拥有这样的先验知识后，当它再次遇到“诸葛亮”时，就会“思考”：这是一个具有哪些特征和属性的历史人物。

3.1.1　知识的表示

知识表示是基于知识的人工智能应用中的核心部分，本小节将介绍人工智能和知识工程中的经典知识表示理论，包括知识表示研究方法的分类以及知识表示要注意的问题。

1. 知识的两类研究方法

要　点

知识表示：将人类知识形式化或模型化，是计算机能够接受的、用于对知识进行描述的一种数据结构或一组约定。

知识表示分为两大类：符号表示法和连接机制表示法。

> 符号表示法：用各种包含具体含义的符号，按照逻辑性表示知识的一类方法。连接机制表示法：用神经网络隐式关联信息，以形象性表示知识的一类方法。

知识来源于信息。20 世纪 40 年代，信息论奠基人克劳德·艾尔伍德·香农（Claude Elwood Shannon）给出了“信息”定义：信息是用来消除随机不确定性的东西。美国信息管理专家福雷斯特·W.霍顿（Forest W.Horton）给出了一个通俗易懂的定义：信息是为了满足用户决策的需要而经过加工处理的数据。简单来说，信息是数据处理的结果。知识是把这些信息进行关联后形成的信息结构。例如，通过观察，人们发现每当冬季来临，北方的大雁就会大批向南方飞去，于是把“冬季来临”“大雁南飞”的信息关联起来，得到以下知识：如果冬天来临，那么大雁南飞。进一步分析信息之间的关联，又可以得到：如果大批大雁南飞，那么冬天就要来临了。

这个例子采用逻辑表示方法进行表达，是一种典型的符号表示方法。

符号表示方法目前用的较多的有产生式法、框架表示法、语义网络表示法、状态空间表示法、脚本表示法等。这种表示方法告诉人们所描述的客观事物涉及的“对象”是什么知识表示，就是将对象的有关事实“陈述”出来并以数据的形式表示。这种表示方法将知识表示与知识的运用（推理）分开处理，在表示知识时并不涉及如何运用知识的问题，是一种静态的描述方法。

相对于符号表示法而言，连接机制表示法是一种隐式的表示知识方法，适用于表示各种形象性的知识。连接机制表示法是用网络技术表示知识的一种方法。这种过程性知识表示主要用来描述规则性知识和控制结构知识，就是告诉人们“怎么做”，知识表示的形式是一个“过程”，这一“过程”就是求解程序。它将知识的表示与运用推理相结合，知识寓于程序之中，是一种动态的描述方法。

例如，上例中，采用神经网络学习，实现连接机制的动态描述：（因素，行为，动物）。设定行为状态：设置小规模行为为 1，临界值为 2，大规模行为为 3。求解过程：即判断 n=2 时启动知识更新程序，n=3 时确定知识更新。求解程序根据因素设定若干要素的变化率：温度 a、光照 b、地磁 c 和其他因素 d。在知识更新程序启动后，程序分析因素，求解 max（a,b,c,d），记录数据变化，当规模足够大时，确认更新知识，通过不断学习，构建动态知识规则网络。

2. 知识研究要注意的问题

知识研究需要理解知识的相对正确性和知识的不确定性。

知识的相对正确性：知识是人类对客观世界认识的结晶，受到长期实践的检验，并且许多知识只在一定的条件下才是正确的，这就是知识的相对正确性。

知识的不确定性：知识并不总是只有“真”与“假”两种状态，而是在“真”与“假”之间还存在许多中间状态，即存在知识为“真”的程度问题。知识的这一特性，称为知识的不确定性。

“一定的条件及环境”是知识正确的前提，任何知识都是在一定的条件及环境中产生的，因而也就只有在这种条件及环境中才正确。例如，1+1=2，这是一条妇孺皆知的正确知识，但它只有在十进制运算中才正确；如果是二进制运算，它就不正确了。再如，“大雁南飞冬日至”只有在北方才正确。在人工智能中，知识的相对性更加突出。除了人类知识本身的相对正确性外，为了减小知识库的规模，通常将知识限制在待求解问题的范围内。也就是说，只要这些知识对待求解问题是正确的就行，由此看出，知识正确性是相对的。

另一方面，现实世界的复杂性使得信息可能存在不精确性和模糊性，关联可能是确定的，也可能是不确定的。造成知识具有不确定性的原因是多方面的。例如，“大雁南飞”不一定都是“冬天来了”。这条知识中的“不一定”实际上就反映了一种随机性引起的不确定因果关系。再如，“冬天”是个模糊的概念，具体达到什么条件或满足什么标准才可以区分已经到了冬天，这就是由模糊性引起的不确定性。除此之外，还有因为经验数据本身的不确定性和客观事物表露不充分导致的不确定。

3.1.2　知识表示方法

各种知识的表示方法都有一定的针对性和局限性，应用时需要根据实际情况选择适合的方法，有时还需要做适当的改变或把几种方法结合起来。针对不同的用途，人们提出了许多知识表示方法，下面简要介绍当前使用比较广泛的三种方法：产生式表示法、框架表示法、语义网络表示法。

要　点

产生式表示法：一种基于符号和逻辑的表示方法，采用“如果……那么……”的形式表示知识。它易于理解和实现，能够处理复杂的问题，因此在专家系统、智能决策支持系统等应用中得到广泛使用。

框架表示法：一种结构化的知识表示方法，通过定义框架和“槽”来描述事物的属性和关系。这种方法便于表达结构性知识，能够清晰地展示事物之间的内在联系，适用于表示复杂的知识系统。

语义网络表示法：一种用图形来表示知识的方法，用节点和边来表示实体和它们之间关系的网络结构。这种方法具有良好的直观性和灵活性，能够方便地表示和推理知识，适用于各种领域的知识表示和推理，尤其在自然语言处理、信息检索等领域。

1. 产生式表示法

使用产生式表示法来表示“每当冬季来临，北方的大雁就会大批向南方飞去”的规则，可以形式化为以下的具体规则：

```
IF (Season = Winter) AND (Location = North) AND (Species = Geese)
THEN Migration_Direction = South
```

下面是对上述规则的解释。

IF 部分定义了触发迁徙行为的前提条件。

- Season = Winter：当前季节是冬季。
- Location = North：大雁当前所处的地理位置是北方。

- Species = Geese：涉及的物种是大雁。

THEN 部分描述了满足前提条件时所产生的结果或行为。

- Migration_Direction = South：大雁将向南方迁徙。

在实际应用中，这些条件可能需要通过具体的传感器数据、地理信息系统（geographical information system，GIS）或专家系统来进行验证。例如，可以通过气象站的数据来确定当前季节，通过 GPS 定位来确定大雁的位置，而物种信息则通过生物学家的观察或已有的数据库来确认。需要注意的是，这个产生式规则是一种简化的表示方法，它假设迁徙行为仅由季节、地理位置和物种三个因素决定。在真实世界中，大雁的迁徙行为可能受到更多复杂因素的影响，如食物供应、繁殖需求、天气条件等。

产生式表示法易于理解和实现，适用于表示程序性知识和支持推理过程，如化学反应；也适用于表示领域中对知识内容有严格定义并且具有经验性及不确定性的知识，如医疗诊断、故障诊断。它也存在一些局限性，如难以表示模糊和不确定性、不适合表示概念间的层次关系以及知识库维护困难等问题。在选择知识表示方法时，需要根据具体的应用场景和需求进行综合考虑。

2. 框架表示法

框架是一种面向对象的表示，在大规模组织、管理复杂知识时，提供了基本的构架。框架表示法通过使用“槽”描述对象某一方面的属性，使用“侧面”描述相应属性的一个方面，能够将知识的内部结构关系及知识间的联系表示出来，这是产生式知识表示方法所不具备的。

使用框架表示法来表示“每当冬季来临，北方的大雁就会大批向南方飞去”的规则，可以形式化为以下具体规则，见表 3-1。

表 3-1 框架表示法使用“槽”描述知识

框架名称	大雁迁徙现象	
槽名	侧面名	值
<时间>	季节	冬季
<地点>	起点	北方
	终点	南方
<大雁>	生物种类	鸟类
	行为描述	大批向南方飞去
<条件>	触发条件	冬季来临

通过图 3-3 所示框架表示法，可以清晰地看到“每当冬季来临，北方的大雁就会大批向南方飞去”这一自然现象中的各个要素及其相互关系。这种表示方法不仅有助于理解和记忆这个现象，还可以为进一步的推理和分析提供便利。

框架表示法体现了人们在观察事物时的思维活动，与人们的认识活动是一致的。当遇到新事物时，通过从记忆中调用类似事物的框架，并将其中某些细节进行修改、补充，就形成了对新事物的认识。框架表示法在多个领域有着广泛的应用。例如，在制定公司战略时，可以使用层次结构框架将战略目标、战术措施和执行计划进行层次化展示；在研究社交网络中的信息传播时，可以利用网络结构框架表示不同用户之间的关系和信息传递路径；在 SWOT 分析中，可以通过矩阵结构清晰地呈现公司的优势、劣势、机会和威胁，按照不同维度进行整合和展示。

此外，框架表示法还可以应用于知识库系统、自然语言处理、专家系统以及人工智能的其他相关领域，帮助人们更好地组织和利用知识。

3. 语义网络表示法

使用语义网络表示法表示“每当冬季来临，北方的大雁就会大批向南方飞去”这一知识，可以构建一个包含相关概念和关系的语义网络，如图 3-4 所示。

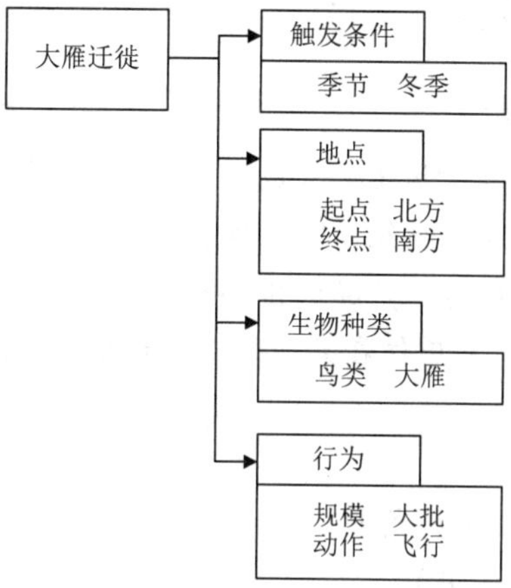

图 3-3　框架表示法的实现

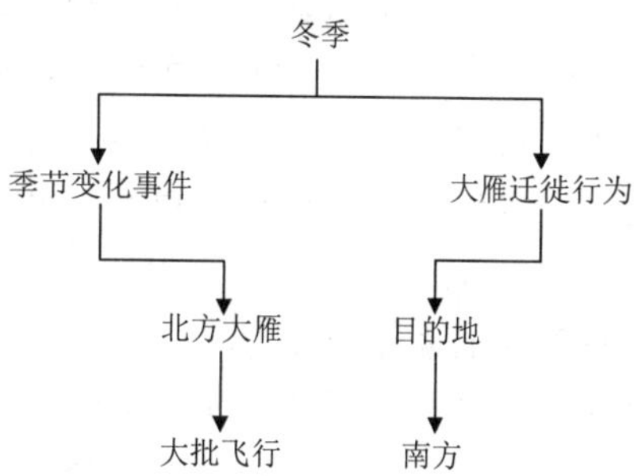

图 3-4　语义网络表示法的实现

在语义网络中，各个节点代表不同的概念或实体，而边则表示这些概念或实体之间的关系。

“冬季”是一个时间概念节点。

“来临”是一个事件触发条件节点，表示当冬季来临时，会触发某些事件或行为的发生。例如，大雁的迁移行为。

“北方大雁”是主体节点，表示执行迁徙行为的实体，具有“大批”的数量特征。“飞去”是它们为迁徙到南方而采取的行动。

“原始位置: 北方”和“目标位置: 南方”分别表示大雁迁徙的起点和终点。

此外，这个语义网络还可以进一步细化，如添加更多关于大雁迁徙的细节信息（如迁徙路线、迁徙距离、迁徙时间长度等），或者添加关于冬季的具体特征（如气温下降、食物稀缺等），以更全面地表示这一知识。

语义网络的图形表示方式符合人类的认知习惯，使得知识易于被理解和接受，有助于理解词汇之间的关系，组织和管理知识，构建知识图谱。它在自然语言处理、知识管理、教育、数据挖掘等多个领域都有广泛的应用。例如，在教育领域，语义网络可以用于构建知识图谱，帮助学生理解复杂的概念和知识结构。由于它的构建和维护需要人工干预，增加了知识表示的复杂性，随着节点和边的数量增加，计算和分析过程可能需要更多的计算资源和时间。在处理推理问题时，也不能像前文提到过的产生式表示法那样保证推理的严格性。在实际应用中，需要根据具体的应用场景和需求来权衡这些优缺点，并采取相应的措施来克服这些挑战。

3.1.3 知识图谱

知识图谱是互联网环境中的一种知识表示方法。在表现形式上，语义网络表示法作为知识图谱的前身，更侧重于描述概念之间的关系，而知识图谱则更侧重于描述实体之间的联系。知识图谱的目的是提高搜索引擎的能力，实现知识的结构可视化、提升机器的认知能力，在智能问答、推荐系统、语义搜索、自动驾驶、智能家居等领域，知识图谱可以提供更准确、更智能的服务和解决方案。同时，知识图谱还可以促进跨领域知识的融合与应用，为跨学科研究和创新提供有力的支持。

要　点

知识图谱：简单来说，由一些相互连接的实体及其属性构成。

实体：现实世界中的事物或概念，如人、地点、组织、产品等。

属性：对实体或其关系的具体描述，如人的年龄、产品的价格等。

关系：实体之间的联系或相互作用。例如，“人居住在某地”“公司生产某产品”等都是实体之间的关系。

知识图谱的表示如下：

（实体 1，关系，实体 2），如（刘备，君臣，诸葛亮）；

（实体，属性，属性值），如（诸葛亮，字，孔明）。

知识图谱的构建流程（图 3-5）包括知识建模、知识抽取、实体连接、数据融合、知识存储、可视化和查询，以及知识学习、推理和优化等步骤，通过定义实体、关系和属性的结构，从文本和数据库中提取信息，关联实体，整合清理知识库，存储知识图谱，可视化展示并允许检索，最后不断优化智能化水平。

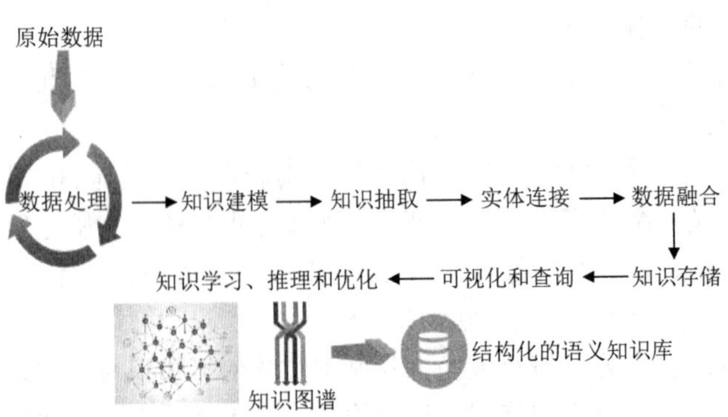

图 3-5　知识图谱构建流程

1）知识建模：确定实体、关系、属性的结构化形式。

2）知识抽取：利用自然语言处理技术，从文本、数据库、网页等多种数据源中提取实体、关系和属性等关键信息的过程。其核心技术包括分词、命名实体识别、依存句法分析、语义角色标注等。抽取得到的信息以三元组形式表达。

3）实体连接：将提取的实体与知识图谱中已有的实体进行关联和映射，确保知识图谱中的实体与外部数据资源的一致性和连贯性。

4）数据融合：对从多个知识库中抽取的知识进行整合和清理，以消除重复和矛盾的信息。

5）知识存储：使用合适的数据库或技术存储知识，构建知识图谱。

6）可视化和查询：使用可视化工具将知识图谱展示出来，并允许用户使用关键词或问答系统快速检索和返回答案。

7）知识学习、推理和优化：利用知识图谱中的实体和关系信息进行更深入的分析和推理，运用深度学习技术，使知识图谱能够更高效、更智能化地发挥作用。

知识图谱的最终输出是结构化的语义知识库，采用图结构表示实体（包括物体、事件或抽象概念）及其之间的关系。

【例 3-1】 以《三国演义》内容为基础构建知识图谱，并以诸葛亮为例。

以诸葛亮为例构建知识图谱，可以遵循以下步骤。

（1）知识建模

实体：在《三国演义》中，实体可以是人物、事件、地点等。诸葛亮是一个重要人物，确定实体“诸葛亮”。

关系：设定实体之间的关系可以是主公与臣子、朋友、敌对、参与事件等。

属性：为每一类的实体定义属性列表，如人物的属性可以包括字、号、出生年份、逝世年份、官职、主要成就等。

（2）信息抽取

抽取实体：从《三国演义》中识别出诸葛亮这个实体，以及与他相关的实体。

抽取关系：诸葛亮与刘备的君臣关系、诸葛亮与周瑜的敌对关系（在一定程度上）、诸葛亮与黄月英的夫妻关系等。

抽取诸葛亮的属性信息：字（孔明）、号（卧龙）、出生年份（181 年）、逝世年份（234 年）、官职（蜀汉丞相）等。

抽取诸葛亮参与的事件：赤壁之战、北伐等。

（3）实体连接

将提取出的实体与已有的知识库中的实体进行连接。例如，为诸葛亮创建一个节点，并根据提取的关系信息（如“诸葛亮与周瑜”“诸葛亮与黄月英”等），在知识图谱中为这些人物创建节点，并通过边表示他们之间的关系。

（4）数据融合

消除矛盾与歧义：对从不同数据源中提取的信息进行整合和校验。例如，诸葛亮的出生年份，可能需要从多个文本中提取并进行比对，以确定最准确的信息。

（5）知识存储

选择存储方式：使用图数据库（如 Neo4j）或图处理库（如 Python 中的 NetworkX）来存储和管理这些实体与关系。

（6）可视化与查询

可视化设计：使用可视化工具（如 Graphviz、Gephi 等）将知识图谱中的节点和边渲染成图形界面。

查询功能：如用户可以输入“诸葛亮”作为关键词进行查询，系统返回与诸葛亮相关的实体、关系和属性信息。

（7）知识学习、推理和优化

利用知识图谱中的实体和关系信息，进行更深入的分析和推理。例如，分析诸葛亮在《三国演义》中的重要性和影响力。知识图谱的先验知识可以作为深度学习的输入，用于实现知识图谱构建的推理任务，如关系补全、连接预测等。

知识图谱通过图形化的方式直观展现实体之间的关系，提高信息的可理解性和可访问性，同时支持高效的语义搜索和智能推理，为智能问答、推荐系统、数据分析等领域提供强大的支持。

3.2 机器学习

导读案例

智能商务——基于机器学习的房屋价格预测系统

在当今的数字时代，数据驱动决策已成为企业成功的关键因素之一。在房地产行业，精准的价格预测对于吸引客户、提高销售效率至关重要。那么如何利用机器学习技术来帮助员工了解市场行情，提升业务水平，从而更自信地与客户沟通呢？下面以基于机器学习开发相关系统为例来进行说明。

（1）问题定义与目标设定

首先，明确目标是开发一个能够准确预测房屋价格的系统。为了实现这一目标，需要收集大量有关房价的数据，包括但不限于房屋面积、位置、房龄、房间数量、附近设施等信息。这些数据将成为训练模型的基础。

（2）数据收集与处理

数据的质量直接决定了模型的效果。可以从公开的房产网站获取历史交易记录，同时结合本地政府发布的统计数据，如区域发展规划、交通设施建设情况等。此外，考虑数据可能存在缺失或错误，还需要进行数据清洗工作，如去除异常值、填补空缺值等，以确保数据集的完整性和准确性。

（3）选择合适的算法

机器学习根据学习的方法通常可以分为监督学习、无监督学习和半监督学习。考虑已拥有大量的标注数据（即已知房价的房屋信息），最适合的方法是监督学习。具体来说，可以尝试使用线性回归、决策树回归或是支持向量机等算法。每种算法都有其特点和适用场景，在实际应用中可能需要通过交叉验证等方式比较不同模型的表现，以选出最优解。

（4）模型训练与评估

选定算法后，接下来就是模型训练过程。可以将数据集分为训练集和测试集两部分，使用训练集来构建模型，并用测试集检验模型性能。需要注意的是，评价指标的选择也非常重要，常用的有均方误差（mean square error，MSE）、平均绝对误差（mean absolute error，MAE）等。通过对模型进行多次迭代优化，最终得到一个既能较好拟合训练数据，又能有效泛化到未见数据上的模型。

（5）部署与持续改进

当模型达到满意的准确度后，就可以将其部署到实际业务流程中了。例如，可以通过开发一款简单易用的手机应用程序，让新员工随时随地查询特定区域内房屋的大致售价范围。然而，市场环境总是在变化，因此定期更新模型参数，引入最新数据进行再训练也是必不可少的工作。

总之，借助机器学习的力量，不仅能使房地产行业新员工更快地上手工作，还能为客户提供更加专业、精准的服务建议，进一步增强企业在市场中的竞争力。

机器学习是研究如何让计算机通过算法和模型，利用数据自动获取知识和技能，从而具有类似人类的学习能力的一种技术。

以分类为例，如图 3-6 所示，分类任务在解决各种实际问题中具有广泛的应用。例如，回归问题可以看作输出为连续值的特殊分类问题；聚类问题可以看作无监督的分类问题；异常检测问题可以看作二分类问题（正常 vs 异常）；推荐系统问题通常涉及分类或回归（如预测用户偏好）；自然语言处理问题包含大量分类任务（如情感分类、文本分类）；计算机视觉问题包含图像分类等分类任务；时间序列分析问题涉及事件检测分类；知识表示与推理问题涉及实体分类。

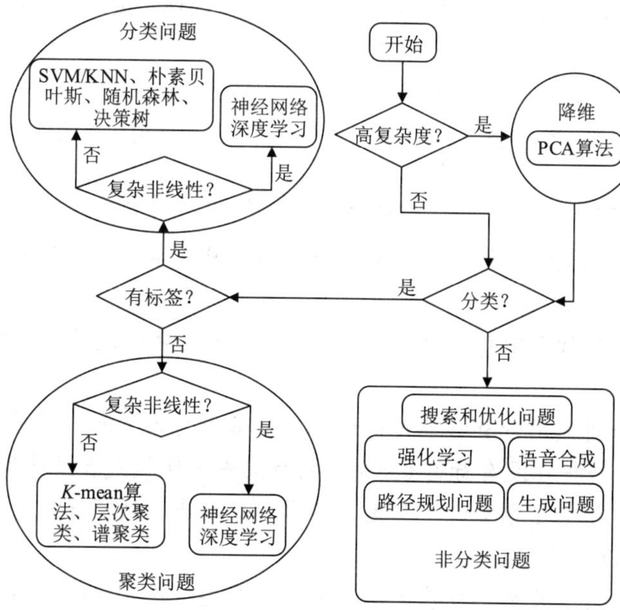

图 3-6 基于分类问题的机器学习研究思路

分类是一种监督学习（supervised learning）方法，其目标是根据已知的训练数据集（包含输入特征和目标标签）来训练一个模型，该模型能够对新的、未见过的数据实例进行标签预测。可以类比为有一堆水果，几个贴有“苹果”“香蕉”之类标签的筐，分类的目的是将这些水果根据特征放入对应的筐中。

分类（classification）和聚类（clustering）是数据挖掘、机器学习和统计分析中的两种基本任务，用于从数据中发现模式和结构，但两者的方法和应用不同。

聚类是一种无监督学习（unsupervised learning）方法。无监督学习给定某些特征但不给定因变量，建模的目的是学习数据本身的结构和关系。聚类目标是将数据集中的实例分成多个组或簇，使得同一簇内的实例彼此相似，而不同簇的实例彼此不同。聚类不依赖于预先定义的标签。可以类比为有一堆水果，还有几个筐，聚类的目的是将这些水果根据特征聚集在一起，以便能写出筐上的标签。

通常，在面对一个机器学习问题时，人们首先会对问题进行初步的分析，数据预处理是不可或缺的一步，对于复杂度较高的问题，采用主成分分析（principal component analysis，PCA）等降维技术可以有效简化数据结构。

随后，人们会根据问题的具体类型，选择相应的模型框架。

如果问题属于分类范畴，人们会进一步根据数据是否带有标签来确定是监督学习、无监督学习，还是半监督学习，这一选择过程需要结合数据特征和实际问题需求来实现。针对问题的复杂程度不同，可以采用专门的机器学习算法来解决简单问题，借助深度学习算法来寻求复杂问题解决方案。

对于非分类问题，则需要根据问题的具体性质，选择其他更为适宜的典型算法进行处理。

无论问题类型如何变化，机器学习的研究流程通常具有相似性：从问题分析入手，经过数据预处理、模型选择与训练，再到模型优化和评估，最终通过提升模型性能来解决实际问题。

近年来，对机器学习的研究提出了很多学习方法，本小节将介绍机器学习系统的基本模型、机器学习的一般步骤、机器学习的分类、机器学习的常用算法以及深度学习。

要 点

学习系统的基本模型：一个学习系统一般由环境、学习、知识库、执行与评价四个基本部分组成。

机器学习：指从数据中自动分析并获得规律，然后利用这些规律对未知数据进行预测或决策的过程。

监督学习：一种利用带有标签（标记）的数据进行训练的机器学习方法。

无监督学习：一种在没有标签（标记）的数据中发现模式和结构的机器学习方法。

半监督学习：结合了监督学习和无监督学习的特点，适用于部分数据带有标签、部分数据无标签的情况。

机器学习的分类：主要包括基于学习方式的分类、基于学习策略的分类、基于学习目的的分类和基于学习算法的分类。

深度学习：机器学习的一个子集，其核心思想是通过构建多层神经网络模型来模拟人脑神经元的工作方式，从而让计算机能够自主学习并提取数据中的高级特征。

3.2.1　学习系统的基本模型

以下是学习系统的基本模型。如图 3-7 所示，箭头表示信息的流向。最核心的学习部分根据反馈信息决定是否从环境中索取进一步的信息进行学习，用以修改、完善知识库中的知识。

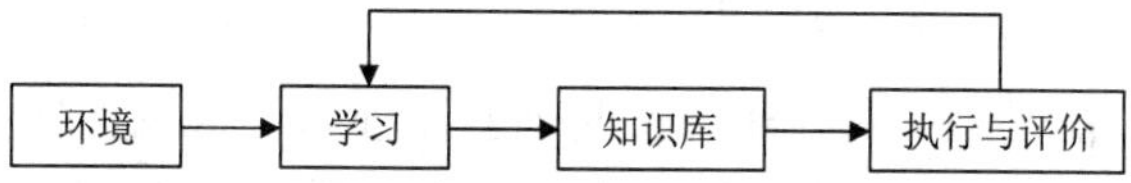

图 3-7　学习系统的基本模型

学习系统的基本模型包含以下核心环节。

1）学习环节。这是学习系统的核心部分。学习环节负责从环境中获取外部信息，并对这些信息进行分析、综合、类比、归纳等加工处理，以形成知识，并将这些知识存入知识库中。同时，学习环节还会根据执行与评价环节的反馈信息，不断修改和完善知识库中的知识。

2）知识库。知识库用于存储学习环节所得到的知识。知识库中的知识可能包括各种规则、定理、模型等，它们为执行与评价环节提供必要的支持和指导。

3）执行与评价环节。执行与评价环节利用知识库中的知识完成某种任务或解决问题。在具体执行过程中，可能会获得一些新的信息或反馈，这些信息或反馈会被传递回学习环节，以指导进一步的学习。

在机器学习中，原始数据经过处理后，形成信息，再经过知识表示形成一定的知识结构，最后系统通过学习这些知识结构，形成自我判断能力，从而完成机器学习过程，如图 3-8 所示。

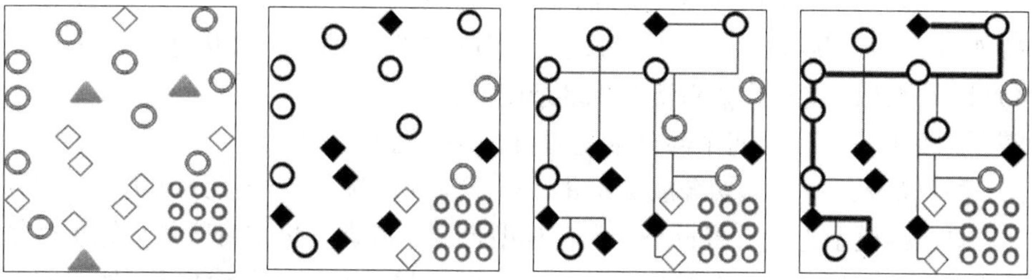

（a）数据　（b）信息　（c）知识结构　（d）机器学习

图 3-8　机器学习示意图

3.2.2　机器学习的一般步骤

◆ 要　点 ◆

超参数：在模型训练之前需要手动设置的参数，用于控制学习过程的行为，而不是通过训练过程自动学习的参数。

模型参数：模型在训练过程中通过数据学习得到的参数，它们直接决定了模型对数据的拟合程度。

欠拟合：模型在训练集和测试集上的表现都不好，说明模型没学会。

过拟合：模型在训练集上表现良好，而在测试集或者验证集上表现不佳，说明模型对样本学习过度了，出现了死记硬背现象。

鲁棒性：模型评估中的一个关键指标，衡量系统在面对各种变化和干扰时保持其性能稳定性的能力。

机器学习的核心在于——它并非通过明确的编程指令来执行任务，而是依赖算法和统计模型，让计算机从输入的大量数据中找出规律，并在未来利用这些规律进行预测或做出决策。这个过程大致可以分为数据分析与处理、模型实现两个步骤，如图 3-9 所示。

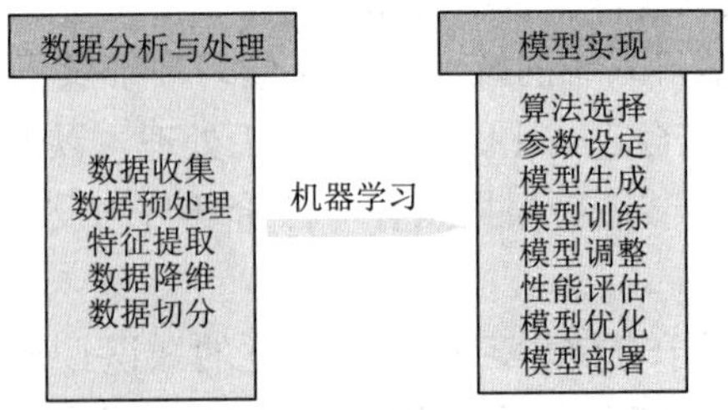

图 3-9　机器学习的一般步骤

（1）数据分析与处理

该步骤又可细分为以下步骤。

1）数据收集：收集与任务相关的数据。所收集数据的质量和数量将直接决定预测模型是否能够达到预期效果。

2）数据预处理：对收集的数据进行清洗、格式化等处理。收集的数据或多或少都存在数据缺失、分布不均衡等问题，需要进行处理。

3）特征提取：从数据中提取对预测或决策有帮助的信息，以获得数据的本质属性。

4）数据降维：调整数据降低运算复杂度。

需要说明的是，以上四个部分也是通用的数据挖掘步骤。

5）数据切分：将数据切分成训练集、验证集和测试集三个部分，典型的切分配比是 2∶1∶1。当模型无须太多调整，只需模型拟合，或训练集本身既是训练集也是验证集时，训练集和测试集的切分配比是 7∶3。在深度学习中，由于训练神经网络需要大量数据，一般将更多的切分比例分给训练集。

（2）模型实现

该步骤又可细分为以下步骤。

1）算法选择：在完成数据分析与处理步骤后，需要分析训练数据是否有标签。对于有标签数据，可以采用监督学习方法，如分类问题；对于无标签数据，可以采用无监督学习方法，如聚类问题。根据问题类型和数据特点，选择合适的算法进行模型训练。

2）参数设定：在算法确定后，需要设置一系列参数。这些参数包括超参数（如学习率、批量大小、迭代次数等）和模型参数（如权重和偏差等）。

3）模型生成：使用选定的算法和预设的参数，生成一个初始的训练模型。这个模型在训练开始时可能表现不佳，因为它还没有从数据中学习到足够的信息。

4）模型训练：将训练数据输入模型中，使用优化算法来调整模型参数，减少预测误差。这个过程通常涉及多次迭代，每次都会更新模型参数和评估模型性能。

5）模型调整：在训练过程中，需要调整模型的参数或结构以提高性能。这包括调整超参数、修改模型架构增加或减少网络层数，或使用正则化技术来防止过拟合。

6）性能评估：评估的指标有准确率、模型速度、鲁棒性和可解释性等。

鲁棒性主要考查模型在四个方面的表现：抵抗噪声、适应数据变化、容错性和泛化能力。具体来说，一个模型即使输入数据中包含异常值，也能够提供准确且稳定的预测结果，则抵抗噪声能力较强；新数据的加入导致数据分布发生变化时，模型能够迅速适应并继续提供可靠的性能，则适应能力较强；在模型的部分参数出现偏差时，模型仍能够保持整体性能的稳定，则容错能力较强；模型不仅在训练数据上表现良好，而且在测试数据上也能保持稳定性，则泛化能力较强。

7）模型优化：如果模型的性能不满足要求，可以回到前面的步骤进行调整和优化。这可能包括重新选择算法、调整参数、增加数据量或改进数据预处理等。

8）模型部署：一旦模型达到满意的性能，就可以将其部署到实际应用环境中。

【例 3-2】 你是一名经验丰富的房地产经纪人，决定写一个具有机器学习能力的软件，帮助新员工快速预测房屋价格。

假设近三个月来，每当城市里有人卖房子，你都进行了记录，这些数据包括房型、房屋面积、地段、建成年份和成交价格等，见表 3-2。

表 3-2　房屋销售数据

房型	房屋面积/m^2	地段	建成年份	成交价格/元
3 室	120	和平路	2019	3250000
2 室	90	中央大街	2022	2910000
1 室	40	教育社区	2000	920000
2 室	60	火车站	2014	1660000

这些原始数据可以作为训练数据，编写一个估算房屋价格的程序，见表 3-3。

表 3-3　房屋信息查询和价格监督预测

房型	房屋面积/m^2	地段	建成年份	成交价格/元
2 室	120	教育社区	?	?

在表 3-3 中，年份的查询属于简单的数据提取操作，成交价格属于机器学习的预测数据。在本例中，使用历史经验数据进行模型训练的方法就是监督学习。监督学习需要大量已经被正确标记的数据，如表 3-2 中的房型和地段等都是输入标签，成交价格是输出标签，模型能够学习到从输入到输出的映射关系。计算机计算出这种关系后，就可以

解答同类问题。在监督学习中，房价预测属于典型的回归类问题，回归类问题常用于预测连续值，房价是一个典型的连续值预测场景。

在本例中，地段标签采用人工标定的方式进行了数据标记，但有时新员工对当地情况并不熟悉，可能无法分清一套房子到底属于哪个地段。换句话说，地段并不像房型和房屋面积一样明确写在房本上，即便知道房屋地址也需要通过经验判断其属于哪个地段。因此，可以在地段输入功能中嵌入新的“学习算法 A”，进一步满足用户输入房屋地址后“地段”智能分类的需求。

用户在购买房屋时通常会问一个问题：“我现有的资金可以在哪儿买一个两室的房子？”，这时候地产经纪人需要根据客户的诉求快速定位到房源区域，见表 3-4。满足需求的房源可能很多，通过提取地段特征聚类之后，可以给出一个或若干个房源聚集区域，如图 3-10 所示。

表 3-4　房源区域的无监督预测

房型	房屋面积/m^2	区域	建成年份	成交价格/元
2 室	120	?	2024	1000000

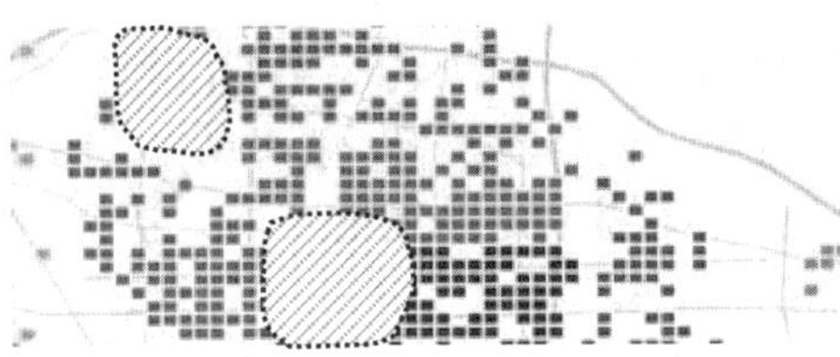

图 3-10　无监督学习实现房源聚类

半监督学习结合了监督学习与无监督学习的特点，利用少量的有标签数据和大量的无标签数据进行模型训练。回顾在监督学习中提到的“学习算法 A”，可以根据有标记“地段”数据样本集，让机器学习器不依赖人工干预继续完成自我学习，这就是典型的半监督学习，如图 3-11 所示。半监督学习通过已有标签的数据，对剩下未标记的数据打标签。

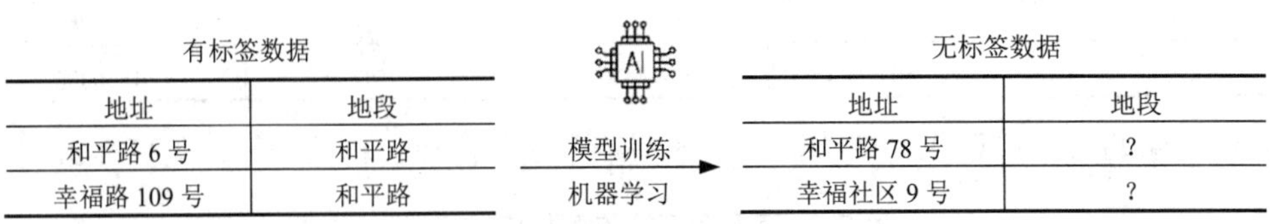

图 3-11　“地段”字段的半监督预测

【例 3-3】 以下是一个在市场营销学中应用机器学习的实例，通过机器学习预测用户是否会购买某款产品，帮助商家更好地理解用户行为，优化营销策略，并提高销售额。目标是建立一个预测用户购买行为的模型。

（1）数据分析与处理

1）数据收集。商家需要收集用户的历史购买数据、浏览行为、搜索记录、用户属性，如年龄、性别、地理位置等信息，假设商家收集了 100000 名用户的历史数据。表 3-5 和

表 3-6 所示是数据收集的基本结构。

表 3-5　用户信息表

用户 ID	年龄	性别	地理位置
00001	28	男	北京
00002	Null	女	上海
00003	45	男	哈尔滨
⋮	⋮	⋮	⋮
100000	24	女	成都

表 3-6　用户行为表

用户 ID	浏览次数（最近 30 天）	停留时间（分钟/次）	搜索关键词频率/%	购买历史（产品类别）	是否购买（目标变量）
00001	50	10	20	电子产品，服饰	1
00002	30	8	10	家居用品，化妆品	0
00003	80	15	30	运动器材，服饰	1
⋮	⋮	⋮	⋮	⋮	⋮
100000	20	500	5	书籍，电子产品	0

2）数据预处理。收集的数据可能包含缺失值，如表 3-5 中用户 ID 为“00002”用户的年龄未知，可以使用已知数据的平均值或中位数填补缺失值；数据也可能存在异常值，如表 3-6 中用户 ID 为“100000”用户的停留时间异常长，商家需要对数据进行清洗，删除异常值或根据其他属性进行插值，确保数据格式一致。

3）特征提取。从数据中提取对预测用户购买行为有帮助的信息。例如，用户的浏览次数、停留时间、搜索关键词的频率、购买历史中的产品类别等特征。

4）数据降维。本实例中的特征数量较少，不需要降维。若提取的特征有 60 个，但某些特征之间高度相关，则可使用 PCA 将特征数量减少到 20 个左右。

5）数据切分。将数据集按照 7∶2∶1 的比例切分为训练集 70000 条记录、验证集 20000 条记录和测试集 10000 条记录。这一步可以通过编程实现，如使用 Python 的 scikit-learn 库中的 train_test_split 函数。

（2）模型实现

1）算法选择。由于预测用户购买行为是一个二分类问题，用户会购买或不会购买，商家可以选择随机森林分类算法。随机森林是一种集成学习方法，通过构建多个决策树并综合它们的预测结果来提高模型的准确性和稳定性。

下面是用 Python 进行模型实现的演示代码，用于帮助理解实现过程。

```
#导入开源机器学习库 scikit-learn 中的随机森林算法模块和评估模块
from sklearn.ensemble import RandomForestClassifier
from sklearn.metrics import accuracy_score, classification_report
#生成示例数据（为了更好地理解数据结构，此处采用了模拟数据）
import numpy as np
```

```
x_train = np.random.rand(70000, 6)           #70000 行 6 列的训练特征数据
y_train = np.random.randint(2, size=70000)   #70000 个二元分类标签
x_test = np.random.rand(10000, 6)            #10000 行 6 列的测试特征数据
y_test = np.random.randint(2, size=10000)    #10000 个二元分类标签
#定义随机森林模型 n_estimators 为树的数量、max_depth 为最大深度
model = RandomForestClassifier(n_estimators=100, max_depth=10)
#训练模型
model.fit(x_train, y_train)
#预测并评估
y_pred = model.predict(x_test)
accuracy = accuracy_score(y_test, y_pred)
print(f'测试集上的准确率: {accuracy}')
#输出分类报告
print(classification_report(y_test, y_pred))
```

2）性能评估。使用验证集或测试集来评估模型的性能。在本实例中，使用测试集 x_test 进行预测，得到预测结果集 y_pred，并采用准确率来验证测试目标集 y_test 与预测结果集 y_pred 的一致性。

如果需要进行鲁棒性验证，可以添加以下代码段。

```
#导入 Python 中用于科学计算的基础库 NumPy
import numpy as np
#添加噪声，本例添加的高斯噪声（正态噪声）是一种常见的噪声类型
#其概率密度函数服从高斯分布
noise_mean = 0.0                          #噪声均值
noise_std = 0.1                           #噪声标准差
x_test_noisy = x_test + np.random.normal(noise_mean, noise_std, x_test.shape)
#np.random.normal()生成服从高斯分布的随机数，x_test.shape=(70000,6)
#对带噪声的数据进行预测
y_pred_noisy = model.predict(x_test_noisy)
accuracy_noisy = accuracy_score(y_test, y_pred_noisy)
print(f'添加高斯噪声后的测试集准确率: {accuracy_noisy}')
#比较两个准确率，评估模型对噪声的鲁棒性
if accuracy_noisy < accuracy:
    print("模型对高斯噪声的鲁棒性较差。")
else:
    print("模型对高斯噪声有一定的鲁棒性。")
```

3）模型调整和优化。在训练过程中，根据评估结果调整参数以提高性能。例如，可以增加树的数量 n_estimators 以提高模型的准确性，但过多的树可能会导致过拟合。因此，在模型构建过程中，需要找到一个平衡点。可选用 L1、L2 正则化，在 scikit-learn 中，LogisticRegression、Ridge、Lasso 等模型允许通过参数来指定正则化的类型和强度，提高模型的泛化能力。也可以尝试使用不同的算法、增加更多用户的历史行为数据或调整特征选择等方法来提高模型性能。

4）模型部署和再优化。模型是基于业务指定的，最终的效果还要回归到实际应用

环境中。虽然采用评估模型基本可以判定效果，但是由于数据本身不完美，可能存在一定错误率，需要在实际使用中发现问题，再优化。

至此，研究了机器学习的一般流程。接下来将深入探讨机器学习的各种方法。

3.2.3 机器学习的分类

从不同的角度出发，机器学习有多种不同的分类，主要包括：基于学习方式的分类、基于学习策略的分类、基于学习目的的分类和基于学习算法的分类。

要 点

基于学习方式的分类：监督学习、无监督学习、半监督学习。

基于学习策略的分类：模拟人脑的机器学习、直接采用数学方法的机器学习。

基于学习目的的分类：概念学习（如示例学习）、规则学习（如决策树学习）、函数学习（如神经网络学习）、类别学习（如聚类分析）和结构学习（如贝叶斯网络学习）。

基于学习算法的分类：传统机器学习、深度学习、强化学习。

1. 基于学习方式的分类

（1）监督学习

监督学习是一种机器学习方法，通过使用带标签的训练数据集（每个样本包含输入特征和对应的已知输出标签），训练模型以学习输入特征与输出标签之间的映射关系，从而对新的输入数据进行准确的预测。如图 3-12 所示，原始数据和标记信息组成的数据集被划分为训练数据和测试数据。学习的目标是通过训练数据构建一个模型，该模型能够对新的未标记数据进行预测或分类。测试数据主要用于评估模型的性能，评估模型的泛化能力，验证模型在新数据上的表现，调整模型参数，防止过拟合，并验证模型假设的合理性。

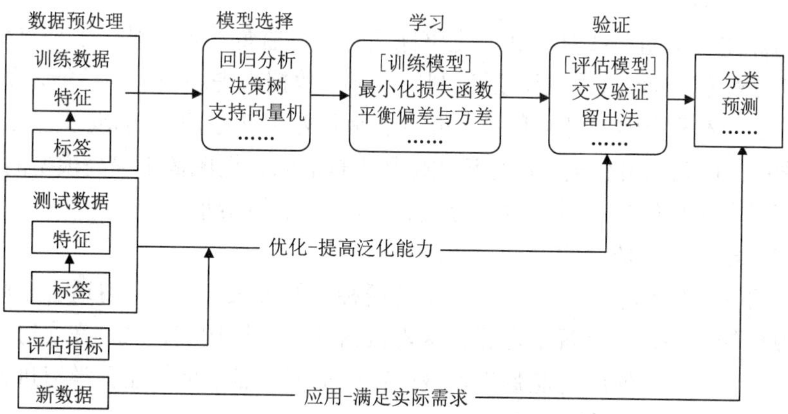

图 3-12 监督学习过程

监督学习主要解决两类问题：分类和回归。

1）分类。预测离散的类别标签，即模型的输出是有限的、预定义的类别标签，用于对输入数据进行分类。例如，判断天气是否下雨。

2）回归。预测连续的数值，即模型的输出是连续的数值，用于对输入数据的数值进行预测。例如，预测房屋的市场价格。

（2）无监督学习

无监督学习是指在没有明确标记的输出（即没有已标记的训练数据）的情况下，让模型从输入数据中学习数据的内在结构或模式。无监督学习的目的通常是发现数据中的隐藏结构、分布规律或相关性，如图 3-13 所示。

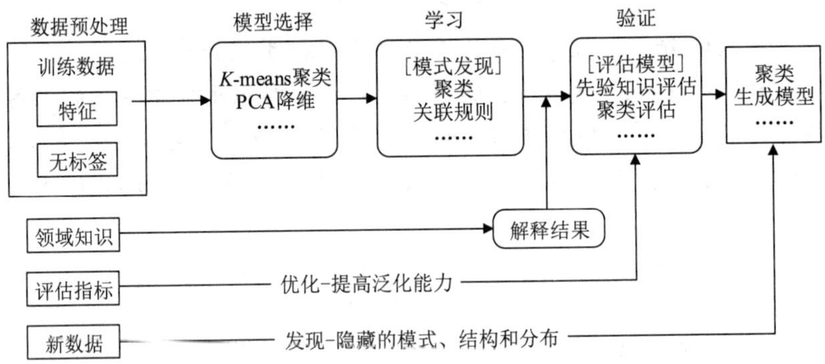

图 3-13　无监督学习过程

无监督学习主要用于解决三类问题：聚类、降维和关联规则挖掘。

1）聚类。将数据划分为若干个簇（群），同一簇内的数据点相似度高，不同簇之间的数据点相似度低。例如，根据房源的位置特征将房屋划分为不同的区域。

2）降维。通过减少数据的维度来提高计算效率或增强数据可视化能力。例如，使用 PCA 将高维数据映射到低维空间。

3）关联规则挖掘。在数据中发现频繁出现的模式或规则。例如，在购物篮分析中挖掘出“购买牛奶的顾客往往会购买面包”这样的关联规则。

（3）半监督学习

在数据标注成本高昂或难以获取完整标签时，半监督学习提供了一种有效的解决方案。它能够在有限的标注数据下，通过利用未标注数据来提高模型的性能，如图 3-14 所示。例如，在文本分类中，可以利用少量的已标记文本和大量的未标记文本来训练模型；在图像识别中，可以利用少量的已标记图像和大量的未标记图像来提高模型的识别精度。

半监督学习主要解决三类问题：分类、回归和数值归纳。

（4）监督学习和无监督学习的主要区别

监督学习和无监督学习是机器学习中的两种主要方法，监督学习适合有明确目标和大量标注数据的任务，无监督学习适合探索数据的内在结构和模式。在实际应用中，可以结合两者的优势，如使用无监督学习进行特征提取，然后采用监督学习进行分类或回归。它们的主要区别体现在以下几个方面。

1）数据标签。监督学习的训练数据集包含输入特征和对应的输出标签，即每个样本都有一个明确的目标值或类别；无监督学习的训练数据集只包含输入特征，没有对应的输出标签，因此模型需要自行发现数据中的结构或模式。

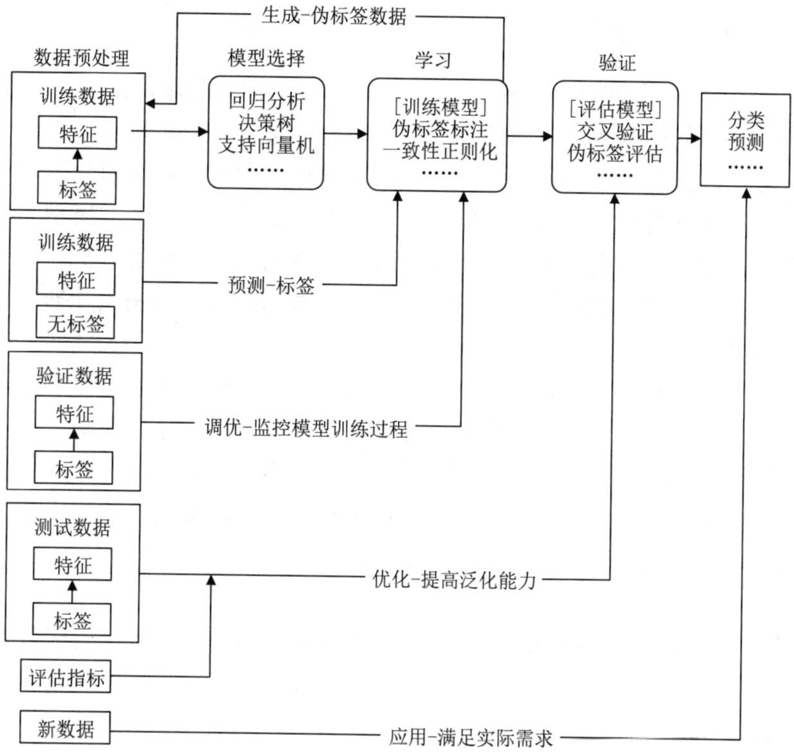

图 3-14　半监督学习过程

2）学习目的。监督学习的主要目的是学习一个从输入特征到输出标签的映射函数，以便对新数据进行预测或分类；无监督学习的主要目的是发现数据中的内在结构和模式，而不是预测具体的输出标签。

3）应用场景。监督学习适用于具有明确目标值或类别标签的应用场景，如图像识别、医疗诊断等；无监督学习适用于缺乏明确标签或目标值的应用场景，如市场细分、社交网络分析等。

2. 基于学习策略的分类

机器学习基于学习策略可分为两大类：模拟人脑的机器学习和直接采用数学方法的机器学习。

模拟人脑的机器学习侧重于模拟人类的思维方式和学习过程，通过符号运算和推理来学习规则和概念，或者通过人工神经网络来模拟人脑的微观生理级学习过程。直接采用数学方法的机器学习更侧重于运用数学模型和算法对数据进行处理和分析，通过统计和优化等方法来学习数据的模式和规律。

在实际应用中，这两种方法都有其独特的优势和适用场景。模拟人脑的机器学习在处理复杂、抽象的问题时具有优势，如自然语言处理、图像识别等。直接采用数学方法的机器学习，在处理大量、高维的数据时具有更高的效率和准确性，如金融预测、推荐系统等。

3. 基于学习目的的分类

机器学习基于学习目的可分为概念学习、规则学习、函数学习、类别学习和结构学习。

概念学习：以获得概念为目的的学习，典型的概念学习是示例学习。

规则学习：以获得规则为目的的学习，典型的规则学习是决策树学习。

函数学习：以获得函数为目的的学习，典型的函数学习是神经网络学习。

类别学习：以获得类别为目的的学习，典型的类别学习是聚类分析。

结构学习：以获得知识结构为目的的学习，典型的结构学习是贝叶斯网络学习。

（1）示例学习

示例学习（instance learning），也被称为样例学习，是一种通过研习蕴含了一般概念、原理或程序的具体案例，进而掌握问题解决方法的归纳式学习策略。

例如，在学习一门新的语言时，学习者可以通过“我爱妈妈”对应的英文表达“I love Mum”来学习词汇和语法。仔细分析例句中的表达方式，理解其含义和用法后，可以尝试针对“我爱中国”，自己造句“I love China”。

（2）决策树学习

决策树学习（decision tree learning）是一种树形结构，其中每个内部节点表示一个特征上的测试，每个分支代表一个测试结果，每个叶子节点代表一个类别或输出值，通常用于分类或回归预测。

【例 3-4】 下面通过一个实例来说明决策树的学习过程。假设有一份关于是否给予贷款的决策树数据集，表 3-7 是模拟的用户行为表。

表 3-7 用户行为表

年龄	工作	房子	信贷情况	是否给贷款
青年	否	否	一般	否
青年	是	否	好	是
中年	否	否	一般	否
中年	是	否	好	否
⋮	⋮	⋮	⋮	⋮
老年	否	是	好	是
老年	是	是	好	是

在决策树学习中，选择划分属性的核心目的是最大化信息增益，即通过选择一个属性，使得划分后的子集具有更低的不确定性。也就是说，用它划分后的子集比原始数据集更加纯净。假设选择“年龄”作为第一个划分属性，并根据年龄的具体范围将数据集划分为三个子集：青年、中年和老年。

对每个子集继续进行划分，构建决策树的节点和分支。为了减少决策树的复杂程度，需要进行剪枝，如图 3-15 所示。剪枝判断依据：把某个节点去掉之后，如果模型准确度未降低，则可剪去该节点。

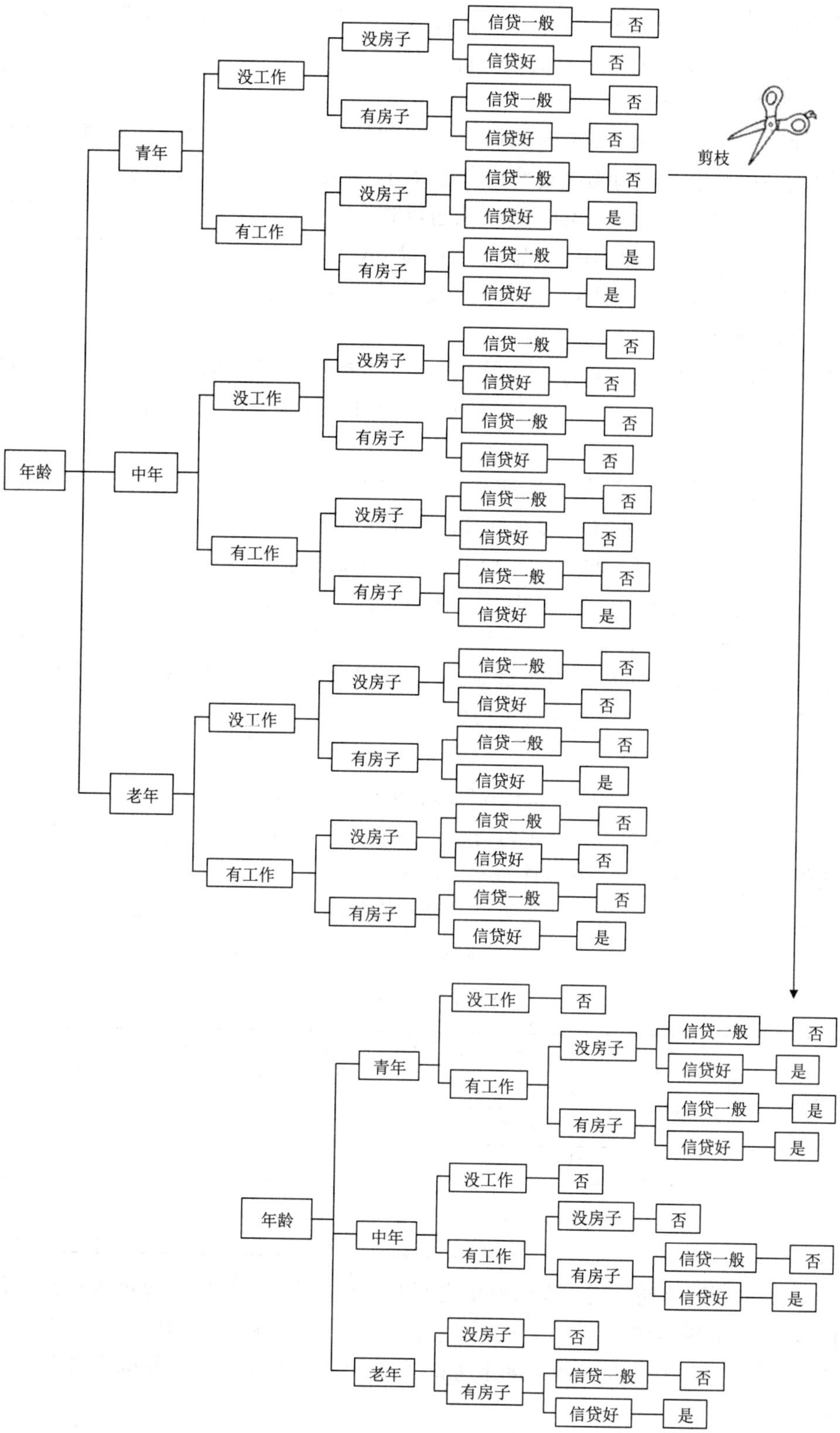

图 3-15　决策树构建和剪枝

假设现在有一个新的客户，中年人，有工作，没有房子，信贷情况好，将这些信息代入决策树预测规则模型中，得出这个新的客户不会被给予贷款。

（3）神经网络学习

神经网络学习（neural network learning）是模拟生物神经网络的工作原理，利用大量神经元节点和连接权重进行数据处理和模式识别。神经网络学习的函数类型多种多样。

例如，通过神经网络可以学习到正弦函数的映射关系。在这个案例中，神经网络的输入是 x（在 0 到 2π 的范围内），输出是 y[即 $\sin x$ 的值]。通过训练，神经网络能够很好地模拟正弦函数，实现对输入 x 的正弦值预测。

（4）聚类分析

聚类分析（clustering analysis）用于将一组数据对象根据彼此之间的相似性或距离划分为若干个类别或簇。其目的是使得同一类别内的数据对象尽可能相似，而不同类别间的数据对象差异尽可能大。

【例 3-5】 通过一个实例来说明聚类分析的学习过程。具体来说，采用 *K*-均值（*K*-means）聚类分析中国 34 个省级行政区域单位的消费水平。

收集中国 34 个省级行政区域单位的消费水平数据，包括人均收入、人均消费支出等指标。通过肘部法则选择合适的 *K* 值（如 3 或 4），使用算法进行聚类，将 34 个省级行政区域单位分成 *K* 类。通过分析各聚类在消费水平指标上的平均值和差异，可以揭示不同聚类省级行政区域单位的消费特征，如高消费省级行政区域单位、中等消费省级行政区域单位和低消费省级行政区域单位等。

（5）贝叶斯网络学习

贝叶斯网络学习（Bayesian network learning）也被称为信念网络学习或有向无环图模型学习，是一种概率图形模型学习方法，通过一个有向无环图来描述，其中节点代表随机变量，边表示变量之间的条件概率依赖关系。

【例 3-6】 通过一个实例来说明贝叶斯网络的结构学习过程。假设有如下变量：课堂表现、作业成绩、期中考试、期末模拟测试、期末考试。样本的数据集见表 3-8。

表 3-8 学生成绩表

学生编号	课堂表现	作业成绩	期中考试	期末模拟测试	期末考试成绩
0001	优秀	优秀	好	好	好
0002	一般	优秀	好	好	好
0003	一般	一般	不好	不好	不好
⋮	⋮	⋮	⋮	⋮	⋮
1000	优秀	一般	好	不好	好

由于贝叶斯网络通常用于表示变量之间的依赖关系，因此贝叶斯网络初始可呈现为有向无环图，如图 3-16 所示。其中，课堂表现（C）、作业成绩（H）、期中考试（M）、期末模拟测试（S）作为父节点，期末考试成绩（F）作为子节点，并探索它们之间可能存在的依赖关系。

```
课堂表现（C） --> 期末考试成绩（F）
     |
     v
作业成绩（H） --> 期末考试成绩（F）
     |
     v
期中考试（M） --> 期末考试成绩（F）
     |
     v
期末模拟测试（S） --> 期末考试成绩（F）
```

图 3-16　贝叶斯网络结构

在这个结构中，每个父节点都直接影响子节点“期末考试成绩”。尽管在实际情境中，这些因素之间可能存在更为复杂的相互关联，但是为了简化说明，这里假设它们是独立的。构建初始结构后，可以选用 K2 评分作为评分函数，采用贪婪搜索算法搜索最优的网络结构。K2 评分是一种基于贝叶斯定理的评分函数，考虑了网络结构与数据的拟合程度以及模型的复杂度。贪婪搜索算法通过逐步添加边来构建网络结构，并在每一步中选择评分最高的边。在这个过程中，算法会不断地尝试添加、删除或修改网络中的边，以找到评分最高的网络结构。

4. 基于学习算法的分类

机器学习基于学习算法又分为传统机器学习、深度学习和强化学习。

（1）传统机器学习

传统机器学习主要基于数学模型和统计方法进行学习。它不依赖复杂的神经网络结构，而是采用决策树、支持向量机、线性回归等较为简单的模型。

（2）深度学习

深度学习是基于神经网络的机器学习方法，采用多层神经网络结构，包括前馈神经网络、卷积神经网络、循环神经网络等，能够自动学习数据的高级特征表示。

（3）强化学习

强化学习是一种通过与环境进行交互来学习策略的任务类型。在强化学习中，智能体通过试错法来学习如何在一个环境中采取行动以最大化某种累积奖励。常用算法有 *Q*-学习（*Q*-learning）、SARSA［全称为状态-动作-奖励-状态-动作（state-action-reward-state-action）］等。

在人类的智能行为中，当环境对某一行为给予奖赏时，人们在未来遇到相同状态时采取该行为的概率会增加；相反，当环境对某一行为给予惩罚时，人们在未来遇到相同状态时采取该行为的概率则会减小。把这种环境与行为的交互机制称为强化。

【例 3-7】 下面利用一个简单的智能体走迷宫游戏来理解强化学习。

（1）定义环境

需要先定义迷宫的结构，包括起点、终点、障碍物等。可以将迷宫视为一个二维网格，每个格子代表一个状态。例如，如果迷宫是一个 5×5 的网格，有 25 个状态，0 表示可行走路径，1 表示障碍物。

$$\begin{bmatrix} 0 & 0 & 0 & 0 & 1 \\ 1 & 1 & 0 & 1 & 0 \\ 0 & 0 & 0 & 0 & 1 \\ 1 & 0 & 1 & 1 & 1 \\ 1 & 0 & 1 & 1 & 1 \end{bmatrix}$$

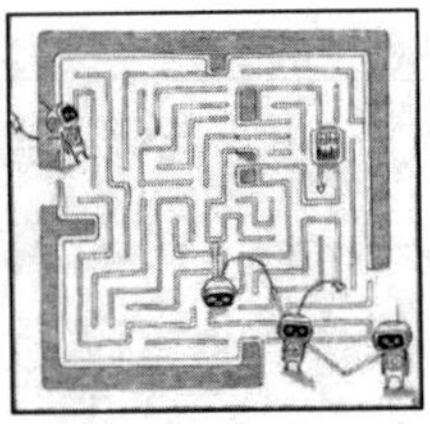

（2）初始化 Q 表

创建一个 Q 表，用于存储在每个状态下采取每个动作的预期回报。对于上述 5×5 的迷宫示例，假设智能体可以在四个方向：上（0）、下（1）、左（2）、右（3）移动，则 Q 表的大小为 25×4（即 25 个状态乘以 4 个动作）。初始时，Q 表中的所有值都可以设为 0 或小的随机数。$Q(0,3)$代表的是第 0 个状态下向右走的 Q 值。

$$\begin{bmatrix} 0 & 0 & 0 & 0 \\ 0 & 0 & 0 & 0 \\ \vdots & \vdots & \vdots & \vdots \\ 0 & 0 & 0 & 0 \end{bmatrix}$$

（3）选择动作

第一次选择时，因为 Q 表中的值都是 0，随机选择一个动作（上、下、左、右之一）就可以。在更新了 Q 表后，后续选择使用 ε-贪心（ε-greedy）策略来平衡探索与利用。也就是说，有时根据当前 Q 表选择具有最高 Q 值的动作（利用），而有时随机选择一个动作以探索其他可能性（探索）。探索率是指用来平衡探索与利用的比例。建议将探索率初始值设为 0.1 或 0.2，这意味着智能体有 10%到 20%的时间进行随机探索。

（4）执行动作并接收反馈

智能体基于选定的动作移动到下一个状态，并从环境中获得即时奖励。在这个例子中，如果智能体撞墙或进入已访问的区域，它可能会收到一个小负奖励；如果智能体到达终点，则会收到一个大正奖励；每一步也可能有一个小的负奖励以鼓励快速找到出口。

（5）更新 Q 表

使用 Q-learning 的更新规则来调整 Q 表中的值：

$$Q(s,a)= Q(s,a)+ \alpha[r+\gamma \max_{a'} Q(s',a')- Q(s,a)]$$

式中，$Q(s,a)$为当前状态-动作对的值；α 为学习率；r 为立即奖励；γ 为折扣因子；$\max_{a'} Q(s',a')$为新状态下所有可能动作的最大 Q 值。

假设参数值设置为 $Q(s,a)=0$，$\alpha= 0.1$，$r=-0.05$，$\gamma = 0.9$，可求得 $Q(0,3)=0+0.1\times(-0.05+0.9\times 0-0)=-0.005$。

学习率决定了新信息与已有知识之间的平衡。如果学习率太高，智能体会过于重视新经验而忽略之前的知识，导致学习不稳定或无法收敛；如果学习率太低，则学习速度会很慢。

立即奖励用来评估该动作的好坏，每当智能体执行一个动作后，环境会根据这个动作的结果给出一个立即奖励。本例中，每走一步可以给予一个小的负奖励-0.05，以鼓励尽快完成任务。

折扣因子用于平衡立即奖励与未来奖励的重要性。它反映了决策者对未来收益的偏好程度。当设置 $\gamma = 0.9$ 时，注重长期回报，适合复杂任务。

（6）策略改进

随着迭代增加，Q 表逐渐收敛至最优解，这意味着智能体能够学到如何从起点到达终点的最佳路径。训练结束后，智能体通过查看 Q 表，总是选择 Q 值最高的动作来决定行动策略。

综上所述，采用 Q-学习强化学习，智能体能够在没有关于环境动态的先验知识的情况下学会解决迷宫问题。随着训练的进行，智能体会越来越擅长找到从起点到终点的最短路径。这个过程不仅适用于简单的迷宫游戏，也可以应用于更为复杂的场景，只要它们能被形式化为强化学习问题。

3.2.4　机器学习的常用算法

算法复杂度

机器学习算法种类繁多，每种算法都有其特定的应用场景和优缺点。本小节将介绍几种常见的算法。

要　点

监督类算法：利用已有的标注数据集（即每个数据样本都带有明确的标签或输出）来训练模型，使其能够学习到数据特征与标签之间的映射关系。常见的监督类算法有线性回归、支持向量机、朴素贝叶斯、决策树、随机森林等。

非监督类算法：不依赖于标注数据进行训练的机器学习方法。这类算法的目标是从未标注的数据中发现潜在的结构、模式或规律。常见的非监督学习算法有 K-均值聚类（聚类算法）、主成分分析（数据降维算法）等。

1. 线性回归

线性回归试图找到一条直线，这条直线尽可能地拟合散点图中的一些数据点。它通过将直线方程与这些数据拟合来表示自变量（x 值）和数值结果（y 值）的关系，然后可以用这条线来预测未来的值。线性模型可表示为

$$f(x) = w_1x_1 + w_2x_2 + \cdots + w_dx_d + b$$

式中，$\boldsymbol{w} = (w_1, w_2, \cdots, w_d)$ 表示权重向量，权重 w_i 越大，表示自变量 x_i 对结果的影响越大。b 是截距项，表示一些未考虑的因素对预测值的影响。

【例 3-8】　在例 3-2 中，表 3-2 描述了房屋销售数据，采用线性回归预测成交价格。

（1）定义模型

自变量 x_1 是房型、自变量 x_2 是房屋面积、自变量 x_4 是地段、自变量 x_4 是建成年份，因变量 $f(x)$ 是成交价格，则回归方程为

$$f(x) = w_1x_1 + w_2x_2 + w_3x_3 + w_4x_4 + b$$

（2）数据转换

将分类变量（房型和地段）转换为数值形式，通常通过独热编码（one-hot encoding）来完成。表 3-9 所示为经过重新编码的数据。

表 3-9　独热编码转换分类变量后的数据

房型 3 室	房型 2 室	房型 1 室	房屋面积/m^2	地段 和平路	地段 中央大街	地段 教育社区	地段 火车站	建成年份	成交价格/元
1	0	0	120	1	0	0	0	2019	3250000
0	1	0	90	0	1	0	0	2022	2910000
0	0	1	40	0	0	1	0	2000	920000
0	1	0	60	0	0	0	1	2014	1660000

对于通识课程的教学示例，可以采用一种简化的方法，给每个不同的房型和地段分配一个任意的数值，见表 3-10。

表 3-10　简化分类变量后的数据

房型数值	房屋面积/m^2	地段数值	建成年份	成交价格/元
3	120	1	2019	3250000
2	90	2	2022	2910000
1	40	3	2000	920000
2	60	4	2014	1660000

（3）求解回归系数和截距

用最小二乘法（least-squares method）求解回归系数 $\boldsymbol{w}$ 和截距 b。最小二乘法的目标是找到 $\boldsymbol{w}$ 和 b，使得所有样本点到回归直线的垂直距离（即误差的平方和）最小。实际运用时，可以使用 scikit-learn 库来求解线性回归问题，假设这里直接求解回归系数。以下是使用 scikit-learn 库的 Python 代码实现。

```
#导入第三方库 NumPy 进行数据分析和科学计算
import numpy as np
#这里的 LinearRegression 类负责处理最小二乘法的数学运算
from sklearn.linear_model import LinearRegression
#数据准备
X = np.array([
    [3, 120, 1, 2019],
    [2, 90, 2, 2022],
    [1, 40, 3, 2000],
    [2, 60, 4, 2014]])
y = np.array([3250000, 2910000, 920000, 1660000])
#创建线性回归模型并拟合数据
model = LinearRegression()
model.fit(X, y)
#输出回归系数和截距
print("回归系数:", model.coef_)
print("截距:", model.intercept_)
```

通过计算，得到回归系数为[-113056, 14080, -194851, 54735]，截距为 [-108416980]。其中，-194851 是地段数值的系数，转换后的数值代表距离市中心的距离，越远离市中心价格越低，因此系数为负。同理，−113056 是房型的系数，也为负，就当前四条数据而言，表达的含义是房间数越多房价越便宜。

（4）预测

假若现在有一个房源“2 室、面积 69m^2、地段在飞机场、建成年份是 2024 年”，采用回归模型预测成交价格。将非数值的房型字段“2 室”转化为数值 2，地段字段“飞机场”转换为数值 5。

代入回归方程，可得

预测成交价=−113056×2+14080×69−194851×3+54735×2024−108416980

=2528515（元）

2. 支持向量机

支持向量机（support vector machine，SVM）算法，通过找到一个超平面来划分不同的类别。SVM 的目标是找到一个能够将数据集中的样本点实现正确分类的超平面，同时最大化该超平面与两类样本之间的间隔，其主要用于分类问题和回归分析。

SVM 被广泛应用于各个领域。在文本分类领域，被用于新闻分类、情感分析等任务，且表现出色；在图像处理和计算机视觉领域，被用于目标检测、人脸识别、手写数字识别等任务；在生物信息学领域，被用于基因表达数据分析、蛋白质功能预测等任务；在金融领域，被用于信用评分、欺诈检测、股票价格预测等任务。

【例 3-9】 假设有两类新闻文章：体育类和科技类。目标是训练一个 SVM 模型，该模型能够根据输入的特征自动将新闻分类为体育类或科技类。为了简化示例，这里给出的是模拟数据集，见表 3-11。

表 3-11　新闻标题模拟数据

文章 ID	新闻标题	类别
1	激烈对决：年度足球赛精彩回顾	体育
2	最新智能手机技术创新解析	科技
3	篮球联赛决赛日热血沸腾全记录	体育
4	科技前沿：AI 驱动的无人驾驶技术新突破	科技
5	电竞大赛采用全新直播技术提升观赛体验	体育
6	智能穿戴设备助力：AI 分析系统引领训练新潮流	科技

（1）特征提取

对于表 3-11 中的简化数据，假设这两个特征分别是“关于比赛的词汇数量”和“关于技术的词汇数量”。将所有文章题目合并起来形成词汇表，然后统计每篇文章中出现的词汇数量。例如，“电竞大赛采用全新直播技术提升观赛体验”包含两个相关比赛的词汇“全新”和“直播技术”，包含两个相关科技的词汇“电竞大赛”和“观赛体验”。这里“全新”虽然不是一个具体的科技名词，但它暗示了技术的更新或改进。表 3-12 是新闻标题词汇数量特征提取。

表 3-12 新闻标题词汇数量特征提取

文章 ID	关于比赛的词汇数量	关于技术的词汇数量	类别
1	3	0	体育
2	0	5	科技
3	4	0	体育
4	0	4	科技
5	2	2	体育
6	1	3	科技

（2）模型训练

将这些特征向量和对应的标签（体育或科技）输入 SVM 算法中进行训练。在这个过程中，SVM 试图找到一个最优超平面（在二维图中，就是一条线），能够最好地分离这两类样本。为了方便理解这一过程，可以将这些数据点绘制在一个二维坐标系中，其中 x 轴代表“关于比赛的词汇数量”，y 轴代表“关于技术的词汇数量”，描述如下：

- 体育 (3, 0), (4, 0), (2, 2), …；
- 科技 (0, 5), (0, 4), (1, 3), …。

线性 SVM 的超平面方程通常表示为

$$w_1x_1 + w_2x_2 + b = 0$$

式中，w_1 和 w_2 是权重；b 是偏置项；x_1 和 x_2 是输入特征（在本案例中，是 x 轴和 y 轴坐标）。二维空间的一个超平面是将两类样本分割开来的一条直线，这条线就是一个判定边界，如图 3-17（a）所示。两种数据间可以有无数个超平面，最佳超平面是哪个呢？对于 SVM 来说，使得每一类数据距离超平面最近的向量与超平面之间的距离最大，则该超平面是最佳分割边界，如图 3-17（b）所示。首先，计算支持向量（离超平面最近的点）到超平面的距离。SVM 的目标是使每一类数据中的支持向量与超平面之间的距离最大化。

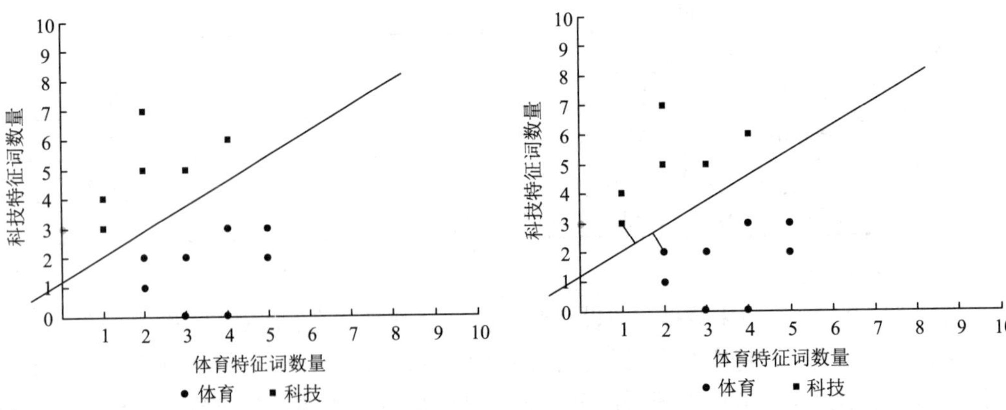

（a）一条判定边界　（b）最佳分割边界

图 3-17 二维空间支持向量机（SVM）的工作原理

当数据线性不可分时，SVM 通过引入核函数（如高斯核函数、多项式核函数等）将数据映射到高维特征空间，使其在高维空间中线性可分。然后，在高维空间中应用上述线性 SVM 的方法，找到最优超平面。

随着点的增加，在二维空间中找不到超平面进行划分时，需要增加一个维度，如果三维空间仍找不到超平面，就需要到四维空间寻找。理论上，在 n 维空间中，总能找到满足条件的超平面。但是，随着数据量急剧膨胀，处理速度会大幅降低。

（3）预测

一旦模型训练完成，可以用模型预测新的新闻文章属于哪一类。例如，给定一篇新的文章“最新的智能手机摄像头技术”，经过相同的特征提取过程转换为特征向量后，输入训练好的 SVM 模型中，模型将输出这篇文章最可能属于的类别。

3. 朴素贝叶斯分类

朴素贝叶斯分类算法是一种基于贝叶斯定理的分类算法。之所以称为“朴素”，是因为它假设特征之间相互独立，尽管这个假设在现实中往往不成立，但是朴素贝叶斯分类算法在许多实际应用中仍然表现出色。朴素贝叶斯分类算法在许多领域都有广泛应用，如文本分类、自然语言处理、基于用户行为数据的推荐系统等。

朴素贝叶斯分类算法先通过给定的训练集，以特征词之间独立作为假设，学习从输入到输出的联合概率分布，再基于学习到的模型，求出使得后验概率最大的输出。

【例 3-10】 为了便于理解这个算法的实现过程。用患者就诊数据集（表 3-13），训练一个判断患者是流感还是普通感冒的朴素贝叶斯分类算法。

表 3-13 患者就诊数据集

疾病	发烧	咳嗽	头疼	喉咙痛
流感	是	是	是	是
普通感冒	否	是	否	否
流感	是	是	否	是
流感	是	是	是	否
普通感冒	否	否	是	是
普通感冒	是	是	是	是
普通感冒	是	是	否	是
流感	是	是	是	否
流感	否	否	是	是
普通感冒	是	是	否	是

（1）数据准备

将模拟数据转换为适合机器学习模型处理的格式。转换类别标签（疾病名称）为数值形式（如流感为 1，普通感冒为 0）。对症状（特征）进行编码，如果症状存在则为 1，不存在则为 0。

- 疾病 [1, 0, 1, 1, 0, 0, 0, 1, 1, 0]；
- 发烧 [1, 0, 1, 1, 0, 1, 1, 1, 0, 1]；
- 咳嗽 [1, 1, 1, 1, 0, 1, 1, 1, 0, 1]；
- 头疼 [1, 0, 0, 1, 1, 1, 0, 1, 1, 0]；

- 喉咙痛 [1, 0, 1, 0, 1, 1, 1, 0, 1, 1]。

（2）计算先验概率

流感的先验概率为

$$P(\text{流感})=\text{流感样本数量}/\text{总样本数量}=5/10=0.5$$

普通感冒的先验概率为

$$P(\text{普通感冒})=\text{普通感冒样本数量}/\text{总样本数量}=5/10=0.5$$

（3）计算条件概率

流感下发烧的概率为

$$P(\text{发烧}=1|\text{流感})=\text{流感发烧样本数量}/\text{流感样本数量}=4/5=0.8$$

流感下不发烧的概率为

$$P(\text{发烧}=0|\text{流感})=\text{流感不发烧样本数量}/\text{流感样本数量}=1/5=0.2$$

普通感冒下发烧的概率为

$$P(\text{发烧}=1|\text{普通感冒})=\text{普通感冒发烧样本数量}/\text{普通感冒样本数量}=3/5=0.6$$

普通感冒下不发烧的概率为

$$P(\text{发烧}=0|\text{普通感冒})=\text{普通感冒不发烧样本数量}/\text{普通感冒样本数量}=2/5=0.4$$

类似地，可以计算“咳嗽”“头疼”“喉咙痛”症状在两种疾病下的条件概率为

$P(\text{咳嗽}=1|\text{流感})=4/5=0.8$　　$P(\text{咳嗽}=1|\text{普通感冒})=4/5=0.8$

$P(\text{咳嗽}=0|\text{流感})=1/5=0.2$　　$P(\text{咳嗽}=0|\text{普通感冒})=1/5=0.2$

$P(\text{头疼}=1|\text{流感})=4/5=0.8$　　$P(\text{头疼}=1|\text{普通感冒})=2/5=0.4$

$P(\text{头疼}=0|\text{流感})=1/5=0.8$　　$P(\text{头疼}=0|\text{普通感冒})=3/5=0.6$

$P(\text{喉咙痛}=1|\text{流感})=3/5=0.6$　　$P(\text{喉咙痛}=1|\text{普通感冒})=4/5=0.8$

$P(\text{喉咙痛}=0|\text{流感})=2/5=0.4$　　$P(\text{喉咙痛}=0|\text{普通感冒})=1/5=0.2$

（4）预测

假设有一个新的样本，其症状描述为“发烧，不咳嗽，头疼，喉咙痛”。用户想要预测这个样本最可能患哪种疾病。

对于流感：

$$\begin{aligned}&P(\text{流感}|\text{发烧，不咳嗽，头疼，喉咙痛})\\&=P(\text{流感})\times P(\text{发烧}=1|\text{流感})\times P(\text{咳嗽}=0|\text{流感})\times P(\text{头疼}=1|\text{流感})\\&\quad\times P(\text{喉咙痛}=1|\text{流感})\\&=0.04\end{aligned}$$

对于普通感冒：

$$\begin{aligned}&P(\text{普通感冒}|\text{发烧，不咳嗽，头疼，喉咙痛})\\&=P(\text{普通感冒})\times P(\text{发烧}=1|\text{普通感冒})\times P(\text{咳嗽}=0|\text{普通感冒})\\&\quad\times P(\text{头疼}=1|\text{普通感冒})\times P(\text{喉咙痛}=1|\text{普通感冒})\\&=0.02\end{aligned}$$

根据上面的计算可以得出，待测样本是流感的概率更大，因此判定具有该症状的患者得了流感。

4. *K*-means 聚类

K-均值（*K*-means）聚类算法是一种常用的聚类算法，它将数据集分成 *K* 个聚类。首先，算法随机选择 *K* 个初始质心（即聚类的中心点），然后迭代地将每个数据点分配到最近的质心所属的聚类中，并更新质心的位置。这个过程一直持续到质心的位置不再发生变化或达到预设的迭代次数为止。

【例 3-11】 通过一个简单示例，说明 *K*-means 聚类算法步骤。假设有以下 6 个二维数据点，目标是将这些数据点分成 2 个簇（K=2）。

A: (1, 2)，*B*: (1, 4)，*C*: (1, 0)，*D*: (4, 2)，*E*: (4, 4)，*F*: (4, 0)。

（1）初始化

随机选择 *K* 个初始簇心（质心）。分配数据点到簇，计算每个数据点到 *K* 个簇心的距离（通常使用欧几里得距离）。将每个数据点分配给距离其最近的簇心，形成 *K* 个簇。本例中 K=2，因此随机选择 2 个初始簇心。

假设选择：簇心 1 为 *C*1: (1, 2)，簇心 2 为 *C*2: (4, 4)。

计算每个数据点到两个簇心的欧几里得距离，并将每个数据点分配给最近的簇心。

数据点 *A* 到 *C*1 的距离为 0（因为 *A* 和 *C*1 坐标相同），到 *C*2 的距离为 $\sqrt{(4-1)^2+(4-2)^2}=\sqrt{13}\approx 3.605$，因此 *A* 属于簇心 1。

数据点 *B* 到 *C*1 的距离为 2，到 *C*2 的距离为 3，因此 *B* 属于簇心 1。

数据点 *C* 到 *C*1 的距离为 2，到 *C*2 的距离为 5，因此 *C* 属于簇心 1。

数据点 *D* 到 *C*1 的距离为 3，到 *C*2 的距离为 2，因此 *D* 属于簇心 2。

数据点 *E* 到 *C*1 的距离为 3.605，到 *C*2 的距离为 0，因此 *E* 属于簇心 2。

数据点 *F* 到 *C*1 的距离为 3.605，到 *C*2 的距离为 4，因此 *F* 属于簇心 1。

（2）更新簇心

重新计算每个簇的簇心，新的簇心是当前簇中所有数据点的均值。

簇心 1 (*C*1) 包含点 *A*、*B*、*C*、*F*，所以新簇心为 ((1+1+1+4)/4，(2+4+0+0)/4) = (1.75, 1.5)。

簇心 2 (*C*2) 包含点 *D*、*E*，所以新簇心为 ((4+4)/2，(2+4)/2) = (4, 3)。

（3）迭代

重复步骤 2 和步骤 3，直到簇心不再发生显著变化（收敛），或者达到预设的最大迭代次数。

数据点 *A* 到 *C*1 的距离为 0，到 *C*2 的距离为 3.162，仍然属于簇心 1。

数据点 *B* 到 *C*1 的距离为 2.61，到 *C*2 的距离为 3.162，仍然属于簇心 1。

数据点 *C* 到 *C*1 的距离为 1.68，到 *C*2 的距离为 4.24，仍然属于簇心 1。

数据点 *D* 到 *C*1 的距离为 2.30，到 *C*2 的距离为 1，仍然属于簇心 2。

数据点 *E* 到 *C*1 的距离为 3.36，到 *C*2 的距离为 1，仍然属于簇心 2。

数据点 *F* 到 *C*1 的距离为 2.70，到 *C*2 的距离为 3，仍然属于簇心 1。

显然，所有点迭代后的簇划分都没有发生改变，与上一次计算得到的两个簇心相同，说明已经收敛。

（4）输出

算法停止，输出最终的簇心和数据点的簇分配。本例中最终的聚类结果，如图 3-18 所示。其中，簇心 1(1.75, 1.5)包含数据点 *A*, *B*, *C*, *F*；簇心 2 (4, 3)包含数据点 *D*, *E*。

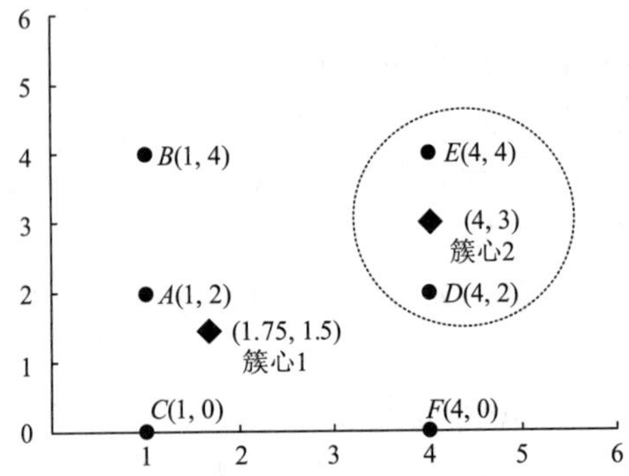

图 3-18　聚类后的可视化结果

需要注意，在实际应用中，*K*-means 聚类算法的收敛性可能会受到初始簇心选择、数据分布和噪声等多种因素的影响。因此，在实际应用中，可能需要多次运行 *K*-means 聚类算法，并使用不同的初始簇心选择策略，以获得更好的聚类结果。

5. 主成分分析

主成分分析（PCA）是一种常用的降维技术，通过将数据集压缩到低维线或超平面/子空间来降低数据集的维数，同时尽可能地保留原始数据的显著特征，通常用于数据预处理步骤中，以减少数据的复杂性并提高其他机器学习算法的性能。

【例 3-12】 假设有以下五个虚构国家或地区的人均国内生产总值（gross domestic product，GDP）和失业率数据，见表 3-14。

表 3-14　国家或地区人均 GDP 和失业率数据

国家/地区编号	人均 GDP/千美元	失业率/%
1	50	4.5
2	60	3.8
3	40	6.2
4	70	3.0
5	55	4.0

（1）数据准备

将这些数据表示为一个矩阵 $\boldsymbol{X}$：

$$\boldsymbol{X}=\begin{bmatrix}50 & 4.5\\60 & 3.8\\40 & 6.2\\70 & 3.0\\55 & 4.0\end{bmatrix}$$

（2）数据标准化

需要对数据进行标准化处理，使得每个特征的均值为 0，方差为 1。标准化公式为

$$x_{\text{标准化}}=\frac{x-\mu}{\sigma}$$

式中，μ 是特征的均值；σ 是特征的标准差。

标准化后的数据矩阵 $\boldsymbol{X}_{\text{std}}$ 如下所示：

$$\boldsymbol{X}_{\text{std}}=\begin{bmatrix}-0.5 & 0.5\\ 0 & -0.8\\ -1.0 & 1.2\\ 1.0 & -1.5\\ -0.5 & -0.3\end{bmatrix}$$

（3）计算协方差矩阵

协方差矩阵描述了数据中各个维度之间的相关性。对于二维数据，其协方差矩阵是一个 2×2 的矩阵，计算公式为

$$\boldsymbol{C}=\frac{1}{n-1}\boldsymbol{X}_{\text{std}}^{\mathrm{T}}\boldsymbol{X}_{\text{std}}$$

式中，n 是样本数量；$\boldsymbol{X}_{\text{std}}^{\mathrm{T}}$ 是标准化数据矩阵的转置。

计算标准化数据矩阵的协方差矩阵 $\boldsymbol{C}$：

$$\boldsymbol{C}=\begin{bmatrix}1 & -0.98\\ -0.98 & 1\end{bmatrix}$$

（4）计算特征值和特征向量

对协方差矩阵 $\boldsymbol{C}$ 进行特征分解，得到特征值和特征向量。本例中，可能得到以下特征值和特征向量。

特征值：$\lambda_1=1.96$，$\lambda_2=0.04$。

特征向量：

$$\boldsymbol{e}_1=\begin{bmatrix}0.71\\ -0.71\end{bmatrix},\quad \boldsymbol{e}_2=\begin{bmatrix}0.71\\ 0.71\end{bmatrix}$$

（5）选择主成分

选择特征值最大的特征向量作为第一个主成分。本例中，选择

$$\boldsymbol{p}_1=\boldsymbol{e}_1=\begin{bmatrix}0.71\\ -0.71\end{bmatrix}$$

（6）数据降维

将原始数据投影到选取的主成分构成的新的低维空间中，得到降维后的数据。本例中，降维后的数据可能为

$$\boldsymbol{X}_{\text{reduced}}=\boldsymbol{X}_{\text{pca}}\begin{bmatrix}-0.71\\ 0.71\\ 1.42\\ -1.42\\ 0.00\end{bmatrix}$$

通过 PCA 算法，将原始的二维经济指标数据降维到了一维，同时保留了数据的主要特征。在这个例子中，降维后的数据在一维空间中反映了原始数据中人均 GDP 和失业率之间的某种权衡关系。由于选择了方差最大的主成分进行降维，因此，降维后的数据在解释原始数据方差时的贡献程度也是最大的。降维后的数据可以用于后续的经济分析、可视化或预测模型训练等任务。

3.2.5 人工神经网络

深度学习的基础是人工神经网络（artificial neural network，ANN）。深入理解深度学习，了解人工神经网络十分重要。人工神经网络的灵感来源于生物神经元的结构和功能，但它是一种基于数学模型的算法，用于模拟生物神经网络的信息处理方式。它由多层神经元组成，每层包含多个神经元。每个神经元接收输入信号，与权重相乘并求和后，再经过激活函数处理，最终产生输出信号。输出信号作为下一层神经元的输入，通过连接权重与下一个神经元的输入信号相乘得到新的输入信号，继续传递和处理信息。人工神经网络可以处理大型复杂的机器学习任务，包括分类、回归和图像识别等。

要　点

权重：不同输入信号对神经元输出的影响程度。

偏差：神经元的一个参数，表示神经元的激活阈值。通过调整偏差的数值，可以改变神经元对输入的敏感程度，从而影响神经元的激活情况。

输入层：接收输入数据。

隐藏层：通过加权求和、非线性激活函数对输入数据进行处理。隐藏层可以有一个或多个。

输出层：给出最终的预测输出。

激活函数：用于神经元的输入加权求和后的非线性变换，使得神经网络可以逼近任意复杂的非线性函数。

梯度下降：一种用于寻找函数局部最小值的优化算法。它通过迭代的方式不断调整模型参数，用于优化网络的权重参数。

前向传播与反向传播：在神经网络的前向传播阶段，数据从输入层经过隐含层的计算，最后输出预测结果。反向传播阶段则根据预测结果和真实标签计算误差，然后从输出层到输入层逐层反向传播误差，依次更新权重和偏置，使得网络的预测能力逐渐提高。

生物学上的神经网络通常是指人脑的神经网络，人脑是人类思维的物质基础，思维的功能定位在大脑皮层，大脑皮层所含的神经元又通过神经突触与其他神经元相连。

神经元是神经网络的基本单元，如图 3-19（a）所示，一个神经元就相当于一个逻辑回归函数，如图 3-19（b）所示，每个逻辑回归函数都有自己的权重和偏差。

反向传播（back-propagation，BP）神经网络是一种多层前馈神经网络，其训练过程使用反向传播算法。在前向传播过程中，输入信号经由输入层、隐藏层逐层处理到达输出层时，如果结果未达到期望要求，则进入反向传播过程，将误差信号原路返回，调整各层权重。通过不断调整网络的权重和偏置，使预测值与实际值之间的误差最小化。

图 3-20 所示为 BP 神经网络的拓扑结构。

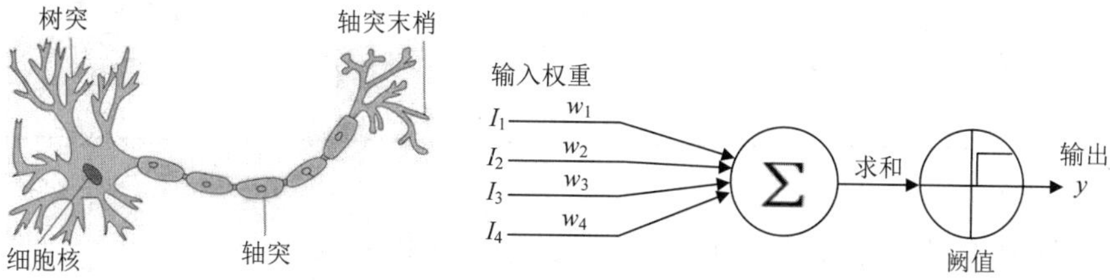

（a）生物神经元　　（b）MP 神经元模型

图 3-19　生物神经元与 MP 神经元模型

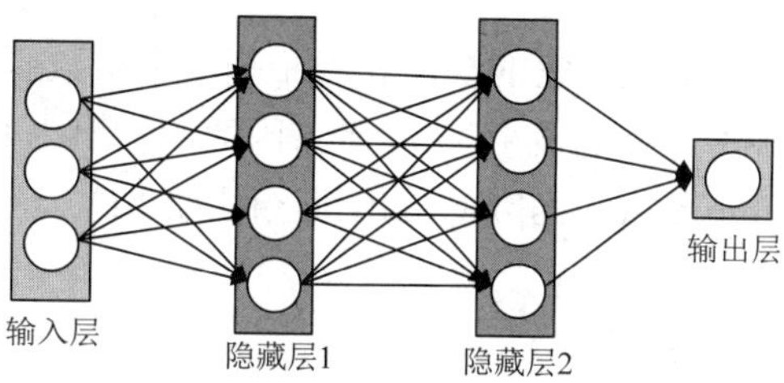

图 3-20　BP 神经网络的拓扑结构

以下是对 BP 神经网络的训练过程。

1）数据预处理。导入数据时，通常需要对输入数据进行归一化处理，以避免在训练过程中由于数据范围过大或过小而出现的问题。

2）前向传播。输入数据通过输入层进入网络，经过隐藏层的处理，最终到达输出层，生成预测值。

3）计算误差。在输出层，计算预测输出和实际输出之间的误差。常见的损失函数有均方误差（MSE）和交叉熵损失等。

4）反向传播。从输出层开始，将误差反向传递给每个连接的神经元，通过链式法则计算每个神经元对应的权重的梯度。

5）更新权重。使用梯度下降算法（如批量梯度下降、小批量梯度下降或随机梯度下降），根据梯度逐个调整每个连接的权重。

6）迭代训练。BP 神经网络的训练过程是一个不断迭代的过程，通过多次前向传播和反向传播来逐步减小损失函数值，使网络的预测能力不断提高。当损失函数的值达到某个阈值或者在一定次数的迭代后不再显著减小时，训练过程结束。

【例 3-13】 假设有以下训练数据，见表 3-15，有两个输入特征：学生每天的学习时间（小时）和学生参加的课外辅导次数（次）。我们的目标是采用 BP 神经网络预测学生的考试分数（0 到 100 分之间）。

表 3-15　学生学习信息表

学习时间/h	课外辅导次数	考试分数
3	2	75
5	1	85

续表

学习时间/h	课外辅导次数	考试分数
4	3	90
2	0	60

（1）网络结构

输入层：2 个神经元（学习时间 x_1，课外辅导次数 x_2）。

隐藏层：2 个神经元（h_1，h_2）。

输出层：1 个神经元（考试分数 y）。

（2）数据预处理

本例选用 Sigmoid 激活函数，它的功能相当于把一个实数压缩至 0 到 1 之间，这样可以把激活函数看作一种“分类的概率”，如激活函数的输出为 0.9，可以解释为 90%的概率为正样本。由于 Sigmoid 激活函数的输出值区间为[0,1]，因此需要将输入数据和目标输出归一化到[0,1]内。

归一化公式为

$$x' = \frac{x - x_{\min}}{x_{\max} - x_{\min}}$$

学习时间：最小值 $x_{\min}=2$，最大值 $x_{\max}=5$，则

$$\frac{3-2}{5-2} = \frac{1}{3} \approx 0.333 \qquad （3 小时）$$

$$\frac{5-2}{5-2} = 1 \qquad （5 小时）$$

$$\frac{4-2}{5-2} = \frac{2}{3} \approx 0.667 \qquad （4 小时）$$

$$\frac{2-2}{5-2} = 0 \qquad （2 小时）$$

按照归一化公式，课外辅导次数和考试分数归一化后的数据，见表 3-16。

表 3-16　归一化后的学生学习信息表

学习时间/h	课外辅导次数	考试分数
0.333	0.667	0.5
1.0	0.333	0.833
0.667	1.0	1.0
0.0	0.0	0.0

（3）初始化权重和偏置

初始化的权重和偏置是随机生成的，但通常会遵循一定的规则，以确保神经网络在训练初期能够有效地学习，本例采用了基于正态分布的 Xavier 初始化方法。

为了简化复杂计算，下面给出了 Python 代码实现。

```
import numpy as np
fan_in=2                #输入连接数
```

```
fan_out=1                    #输出连接数
#求标准差
std = np.sqrt(2/(fan_in + fan_out))
#求随机权重
weitghts=np.random.randn(fan_in, fan_out)*std
print(weights)
```

np.random.randn(fan_in , fan_out)表示是从标准正态分布中抽取的随机样本，乘以 std 是为了调整随机数的尺度，使得最终得到的随机数遵循均值为 0、标准差为 std 的正态分布。偏置通常初始化为 0。

由于随机数生成器每次生成的随机数都不同，下面给出一组初始化结果。

输入层到隐藏层的权重：$\boldsymbol{w}_1 = \begin{bmatrix} 0.5 & -0.3 \\ 0.2 & 0.4 \end{bmatrix}$。

隐藏层的偏置：$\boldsymbol{b}_1 = \begin{bmatrix} 0 \\ 0 \end{bmatrix}$，偏置通常初始化为 0。

隐藏层到输出层的权重：$\boldsymbol{w}_2 = [0.7 \quad -0.5]$。

输出层的偏置：$b_2 = 0$。

（4）前向传播

以第一个样本为例（x_1=0.333，x_2=0.667，y=0.5）。

计算隐藏层的输入：

$$\boldsymbol{z}_1 = \boldsymbol{w}_1 \cdot \boldsymbol{X} + \boldsymbol{b}_1 = \begin{bmatrix} 0.5 & -0.3 \\ 0.2 & 0.4 \end{bmatrix} \cdot \begin{bmatrix} 0.333 \\ 0.667 \end{bmatrix} + \begin{bmatrix} 0 \\ 0 \end{bmatrix}$$

$$= \begin{bmatrix} 0.5\times0.333+(-0.3)\times0.667 \\ 0.2\times0.333+0.4\times0.667 \end{bmatrix} = \begin{bmatrix} -0.0336 \\ 0.3334 \end{bmatrix}$$

计算隐藏层的输出（使用 Sigmoid 激活函数）：

$$\sigma = f(z_1) = \frac{1}{1+\mathrm{e}^{-x}}$$

$$\boldsymbol{h}_1 = \begin{bmatrix} \dfrac{1}{1+\mathrm{e}^{0.0336}} \\ \dfrac{1}{1+\mathrm{e}^{-0.3334}} \end{bmatrix} \approx \begin{bmatrix} 0.492 \\ 0.583 \end{bmatrix}$$

计算输出层的输入：$z_2 = \boldsymbol{w}_2 \cdot \boldsymbol{h}_1 + b_2 = 0.0529$。

计算输出层的输出（使用 Sigmoid 激活函数）：

$$\hat{y} = f(z_2) = \frac{1}{1+\mathrm{e}^{-0.0529}} \approx 0.513$$

（5）计算误差

真实值 y=0.5，预测值 $\hat{y}$ =0.513。

误差（损失函数）：$E = \frac{1}{2}(y-\hat{y})^2 = \frac{1}{2}(0.5-0.513)^2 \approx 0.00008$。

（6）反向传播

反向传播的目标是计算损失函数 E 对每个权重和偏置的偏导数（即梯度），然后用梯度下降法更新这些参数。反向传播从输出层开始，逐层向前计算梯度。

真实值 y=0.5，预测值 $\hat{y}$=0.513。

计算输出层的误差 δ_2，即损失函数对输出层输入的偏导数：

$$\delta_2 = \frac{\partial E}{\partial z_2} = \frac{\partial E}{\partial \hat{y}} \cdot \frac{\partial \hat{y}}{\partial z_2} = (\hat{y} - y) \cdot \hat{y}(1 - \hat{y}) \approx 0.0032$$

计算隐藏层的误差 δ_1：

$$\boldsymbol{\delta}_1 = \frac{\partial E}{\partial \boldsymbol{z}_1} = \frac{\partial E}{\partial \boldsymbol{h}_1} \cdot \frac{\partial \boldsymbol{h}_1}{\partial \boldsymbol{z}_1} = \delta_2 \cdot \boldsymbol{w}_2 \cdot \boldsymbol{h}_1(1 - \boldsymbol{h}_1) \approx \begin{bmatrix} 0.00056 \\ -0.00093 \end{bmatrix}$$

输出层的权重梯度：

$$\frac{\partial E}{\partial \boldsymbol{w}_2} = \delta_2 \boldsymbol{h}_1 = 0.0032 \cdot \begin{bmatrix} 0.492 \\ 0.583 \end{bmatrix} \approx \begin{bmatrix} 0.00157 \\ 0.00187 \end{bmatrix}$$

输出层的偏置梯度：

$$\frac{\partial E}{\partial b_2} = \delta_2 = 0.0032$$

隐藏层的权重梯度：

$$\frac{\partial E}{\partial \boldsymbol{w}_1} = \delta_1 \boldsymbol{X} = \begin{bmatrix} 0.00056 \\ -0.00093 \end{bmatrix} \cdot \begin{bmatrix} 0.333 \\ 0.667 \end{bmatrix} \approx \begin{bmatrix} 0.000186 & 0.000373 \\ -0.000130 & -0.000260 \end{bmatrix}$$

隐藏层的偏置梯度：

$$\frac{\partial E}{\partial \boldsymbol{b}_1} = \boldsymbol{\delta}_1 = \begin{bmatrix} 0.00056 \\ -0.00093 \end{bmatrix}$$

（7）更新权重和偏置

假设学习率 η=0.1。

更新输出层的权重：

$$\boldsymbol{w}_2 = \boldsymbol{w}_2 - \eta \frac{\partial E}{\partial \boldsymbol{w}_2} \approx \begin{bmatrix} 0.09984 & -0.50019 \end{bmatrix}$$

更新输出层的偏置：

$$\boldsymbol{b}_2 = b_2 - \eta \frac{\partial E}{\partial b_2} = -0.00032$$

更新隐藏层的权重：

$$\boldsymbol{w}_1 = \boldsymbol{w}_1 - \eta \frac{\partial E}{\partial \boldsymbol{w}_1} \approx \begin{bmatrix} 0.44998 & -0.30004 \\ 0.20001 & 0.40003 \end{bmatrix}$$

更新隐藏层的偏置：

$$\boldsymbol{b}_1 = \boldsymbol{b}_1 - \eta \frac{\partial E}{\partial \boldsymbol{b}_1} \approx \begin{bmatrix} -0.000056 \\ 0.000039 \end{bmatrix}$$

重复反向传播和重置权重偏置过程，直到误差收敛或达到预定的训练次数。

BP 神经网络具有强大的非线性映射能力和柔性的网络结构，因此被广泛应用于函数逼近、模式识别、分类和数据压缩等领域。然而，BP 神经网络也存在一些缺陷，如学习速度慢、容易陷入局部极小值、网络层数和神经元个数的选择没有相应的理论指导等。

除了 BP 神经网络外，还有前馈神经网络、径向基函数网络、循环神经网络、卷积神经网络、生成对抗网络、图神经网络、自编码器和基于自注意力机制的神经网络等。其中，卷积神经网络、生成对抗网络、图神经网络、自编码器和基于自注意力机制的神经网络均属于深度学习。

3.2.6 深度学习

深度学习中的“深度”是指神经网络模型的层数，即模型中隐藏层的数量，作为机器学习的一个分支，通过构建和训练深层神经网络模型，从数据中学习和提取特征，以实现复杂任务的自动化处理和决策。

◆ 要 点 ◆

卷积神经网络：一种特殊的前馈神经网络，其隐藏层包括卷积层、池化层、全连接层三部分，通过卷积操作提取特征，再经过池化降低维度，特别适用于图像和视频数据的处理。

循环神经网络：一类用于处理序列数据的神经网络，其核心在于循环连接。在每个时间步上，网络的输出会作为下一时间步的输入，同时隐藏层的权重在所有时间步上共享。这种结构使得网络能够保持对之前信息的记忆，特别适用于自然语言处理，如文本生成、机器翻译和语音识别等。

生成对抗网络：由生成器和判别器组成，通过对抗学习生成数据。生成器负责生成假数据，判别器负责判断数据的真假。生成器与判别器相互对抗，直至生成的数据越来越接近真实数据。生成对抗网络是一种具有强大生成能力和广泛应用场景的机器学习模型。

1. 卷积神经网络

【例 3-14】 下面以一个具体的实例，说明采用卷积神经网络（CNN）对猫狗图像分类的实现过程（图 3-21），体会深度学习与机器学习的异同。

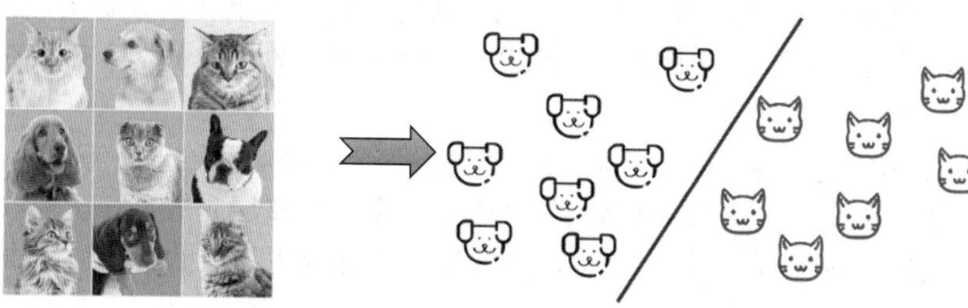

图 3-21 猫狗图像分类

（1）数据分析与处理

1）数据收集。假设构建一个能够识别猫狗的图像分类模型，已经从互联网上收集了大量的猫狗图片，每张图片都带有标签（猫或狗）。

2）数据预处理。对收集的图片进行尺寸调整，确保所有图片具有相同的分辨率，以便于后续处理。对图片进行归一化处理，将像素值都缩放到 0 至 1 之间，以加快模型的收敛速度。检查并处理数据缺失问题，如删除损坏的图片或填充缺失的标签。对于不平衡的数据集，如猫的图片远多于狗的图片，可以采用过采样或欠采样技术来平衡数据集。

3）特征提取。使用 CNN 自动从原始图像中提取特征。

4）数据降维。如果图像的数据维度非常高，如图像的像素数量（分辨率），可采用 PCA 等方法来降低数据的维度，以减少计算复杂度。

5）数据切分。将数据集切分为训练集（70%）、验证集（15%）和测试集（15%）。由于这是一个深度学习任务，需要大量的数据来训练模型，因此训练集占据了较大的比例。

（2）模型实现

1）算法选择。因为 CNN 在处理图像数据时表现出色，所以选择它来实现图像分类任务。

2）参数设定。设置学习率为 0.001，批量大小为 64，迭代次数（即训练轮数）为 50。CNN 的超参数还包括卷积层的数量、卷积核的大小和数量、池化层的类型等，这些参数需要根据具体任务和数据集进行调整。

3）模型生成和模型训练。使用 Python 调用 TensorFlow 输入预设的参数，生成一个初始的训练模型。TensorFlow 是一个用于大规模机器学习的开源机器学习库，提供了一个全面的、灵活的生态系统，用户可以在其中设计、构建和训练机器学习模型。将训练数据输入 CNN 模型中，使用优化算法（如 Adam）来调整模型参数（如权重和偏差），以减少预测误差。

4）模型调整和性能评估。在模型的训练过程中，可能会发现模型在验证集上的性能开始下降，即出现过拟合，此时可以考虑使用正则化技术（如 Dropout）来防止过拟合。此外，还可以调整学习率、批量大小等超参数来进一步提高模型的性能。这个过程通常涉及多次迭代，每次迭代都会更新模型参数并评估模型的性能。通过计算模型的准确率、召回率以及 F1 分数等指标，评估模型针对未出现过的数据的泛化能力。

5）模型优化。如果模型的性能不满足要求，可以回到前面的步骤进行调整和优化。例如，可以尝试增加 CNN 的层数、使用不同的激活函数或优化算法等。

6）模型部署。一旦模型达到满意的性能，就可以将其部署到生产环境中。例如，作为一个移动应用或网页服务的一部分，用于实时识别用户上传的猫狗图片。

说明：通过这个例子可以看出，深度学习和机器学习的步骤基本一致，不同之处在于采用了深度学习模型 CNN。

CNN 模型通常包括输入层、卷积层、池化层、全连接层和输出层等部分。

如图 3-22 所示，卷积神经网络的特征提取由多个隐藏层完成，一次提取特征（卷积）后降维数据（池化），再利用降维后的数据二次提取更细致的特征后降维，反复这个过程，直到完成深度学习。

输入层负责接收图像数据，目的是将图像转换为像素组成的输入矩阵；卷积层通过卷积核与输入矩阵的卷积操作获得卷积特征矩阵，目的是提取特征；池化层进行特征选择和信息过滤，目的是降维；全连接层对提取的特征进行非线性组合以得到输出，目的

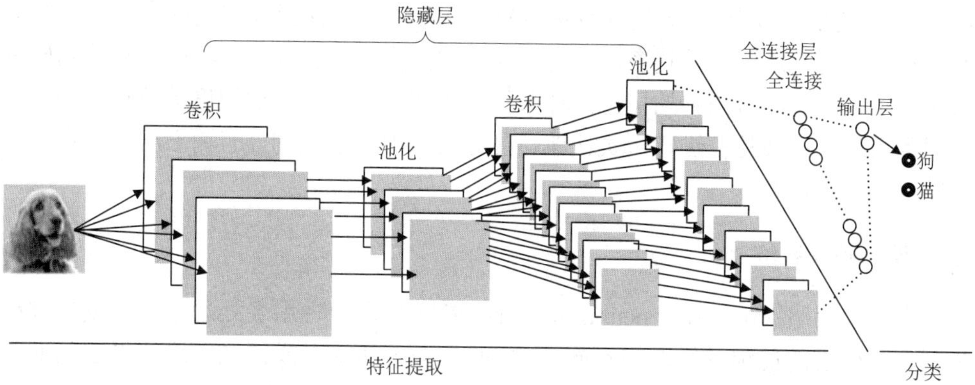

图 3-22 CNN 拓扑图

是分类；输出层使用逻辑函数或归一化指数函数，输出分类标签。

图 3-23 展示了卷积层和池化层的工作原理。

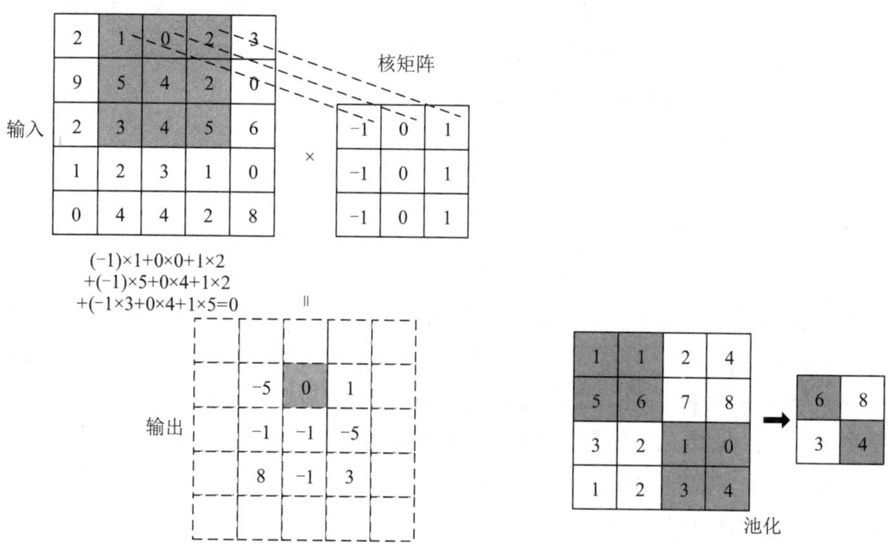

（a）卷积过程 （b）池化过程

图 3-23 卷积层和池化层的工作原理

卷积层的工作原理如图 3-23（a）所示。卷积的意义在于矩阵卷积运算，核矩阵从输入矩阵的左上角开始取与其相同大小的矩阵进行内积运算，向右移动一格后再求内积，一行移动完成后，下移一行，直至遍历输入矩阵。图中的所有像素点会被线性变换组合，得到图像的一些特征。

池化层的工作原理如图 3-23（b）所示。池化是池化层可以在一定程度上保持输入的主要特征的同时去除冗余信息最大池化（max-pooling）的一个操作，也就是将选中区域中的最大值挑选出来，如阴影区域的“1、1、5、6”四个数字最大值就是 6。还有一种比较常见的操作是平均池化（mean-pooling），就是将区域中的数字先相加再求平均值。

在猫狗图片识别的任务中，CNN 首先通过卷积层提取图像中的基础局部特征，如边缘和纹理。然后，池化层对这些特征进行筛选和降维，保留最重要的信息并减少数据的空间尺寸。这一过程会重复多次，随着卷积和池化的交替进行，特征逐渐从基础变得抽象和高级，可能涵盖猫狗的尾巴、耳朵、毛色和爪子等具有辨识度的特征。最终，全连接层利用这些高级特征进行分类决策，区分图像中的猫或狗，而输出层则负责为识别结果贴上相应的标签。

2. 循环神经网络

循环神经网络（recurrent neural network, RNN）是一种用于处理序列数据的神经网络模型。与传统的前馈神经网络不同，RNN 具有内部状态或记忆，这使得它们非常适合处理时间序列分析、自然语言处理等需要理解序列信息的任务。

RNN 与 BP 神经网络类似，在计算节点值时，RNN 也依赖加权求和再通过激活函数转换的过程。两者都可以使用梯度下降进行参数优化，并且都基于反向传播算法来计算损失函数关于权重的梯度。

在 RNN 中，神经元不仅接收当前时刻的输入，还会接收上一时刻的输出作为额外输入。这种设计允许网络对序列中的每个元素都考虑之前元素的信息。

下面对比 RNN 与 BP 神经网络的隐藏状态更新公式。

BP 隐藏状态更新：

$$h=\sigma\left(\boldsymbol{w}_{xh}\boldsymbol{X}+b\right)$$

RNN 隐藏状态更新：

$$h_t=\sigma(\boldsymbol{w}_{hh}h_{t-1}+\boldsymbol{w}_{xh}X+b)$$

其中，σ 代表激活函数；$\boldsymbol{w}_{xh}$ 是由输入层到隐藏层的权重矩阵；h_t 是当前时间步 t 的隐藏层状态；$\boldsymbol{w}_{hh}$ 是由隐藏层到隐藏层的权重矩阵；h_{t-1} 是前一时间步 t-1 的隐藏层状态。

在 BP 神经网络中，每一隐藏层的输出 h 仅依赖于该层的输入 $\boldsymbol{X}$，以及连接这两者的权重矩阵 $\boldsymbol{w}_{xh}$ 和偏置 b，不考虑任何先前层的状态影响当前层输出的概念。

在 RNN 中，当前时间步 t 的隐藏状态 h_t，需要考虑前一时间步的隐藏层状态 h_{t-1} 和隐藏层到隐藏层的权重矩阵 $\boldsymbol{w}_{hh}$。

3. 生成对抗网络

为了说明生成对抗网络的工作原理，来看一个简单的实例。

【例 3-15】 采用生成对抗网络进行艺术作品风格转换，将一张图片的风格转换为特定艺术风格，如梵高的《星夜》。

1）生成器。生成器的设计用于学习如何将输入的内容图像转换为目标艺术风格。它通过接收原始图像，并输出风格化后的图像来实现这一点。

2）判别器。判别器的任务是区分生成的风格化图像与真实的艺术作品。其目的是促使生成器生成更逼真的风格化效果。

在训练阶段，生成器尝试根据给定的内容图像生成尽可能接近目标风格的艺术作品，判别器努力分辨真实艺术作品与生成器生成的作品之间的差异。通过反复迭代训练，生成器逐渐学会如何精确地模仿目标艺术风格，同时保留原始内容图像的主要特征。

训练完成后，可以使用生成器对新的内容图像进行风格转换。

4. 自编码器

在深度学习模型中，特征提取是非常重要的一步。模型从原始数据中提取出对异常检测有帮助的特征，如交易金额的均值、方差、偏度等统计特征，或者交易时间的周期性特征等。针对异常检测任务，自编码器是一种有效的深度学习模型选择。自编码器是一种神经网络模型，能够将输入数据压缩为低维表示，然后再从低维表示中重构原始数据。自编码器主要由编码器和解码器组成。

1）编码器（encoder）：负责将输入数据压缩到一个低维的潜在空间（latent space），这个低维表示是输入数据的一种压缩形式，包含了输入数据的主要特征信息，但去除了冗余和噪声。

2）解码器（decoder）：负责将潜在空间中的低维表示映射回原始输入空间，重构接近输入的数据。

自编码器的目标是最小化原始数据与重构数据之间的误差，通常使用均方误差（MSE）或其他损失函数来衡量这个差异。通过训练，自编码器能够学习输入数据的有效特征表示。自编码神经网络拓扑结构如图 3-24 所示。

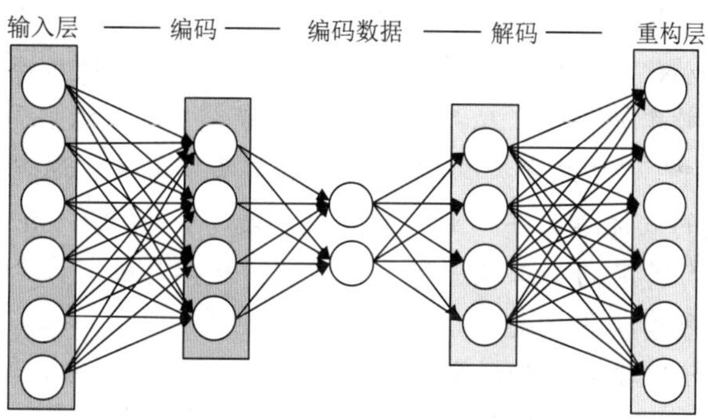

图 3-24　自编码神经网络拓扑结构

【例 3-16】 利用深度学习模型对金融交易数据进行监测，以发现潜在的金融风险。

随着互联网金融的快速发展和线上特性，金融行业成为网络攻击的重点目标。这是因为互联网金融的线上操作往往几秒钟就能完成审核、申请、放款等操作，易受到攻击，且涉及大量用户敏感信息和资金流转。

首先，收集并整理大量的金融交易数据。深度学习模型需要大量数据来训练。在金融交易数据的异常检测中，模型会使用大量的正常交易数据来学习其特征。数据可能包括交易金额、交易时间、交易双方信息、交易类型等。数据来源广泛，包括银行、支付平台、证券交易所等金融机构的数据。

然后，对数据进行必要且充分的数据预处理。在异常检测中，可以利用自编码器对正常交易数据进行学习，然后对于新的交易数据，如果其重构误差较大，就可以认为它是异常的。在异常检测模型训练过程中，需要密切监控模型的训练损失和验证损失，以确保模型没有过拟合或欠拟合。

训练完成后，将新的交易数据输入模型，进行异常检测。模型会对新的交易数据进行重构，并计算出重构误差。重构误差越大，说明该交易数据与正常交易数据的差异越大，也就越有可能是异常的。当重构误差大于预定阈值时，就认为该交易数据是异常的。对于检测出的异常交易数据，需要采取相应措施进行进一步处理，如进行人工审核、报警通知、风险控制等。

深度学习技术通过其强大的数据处理和模式识别能力，为发现潜在的金融风险提供了有力支持。它不仅能够提升风险评估的准确性，实现智能风控，还能优化投资策略和提升信用评级的准确性。

3.3 群体学习

导读案例

智能工业——柔性车间调度的群体智能

柔性作业车间（flexible job shop floor，FJSF）是柔性制造技术在离散制造车间的综合应用，它集成了数控加工设备、物料储运系统、生产组织和管理系统的信息，形成了一个信息流自动化的集成制造系统。柔性作业车间旨在提高车间生产的柔性，实现生产组织与管理效率的优化，从而在集成生产模式下达到效益最大化。

蚁群算法是一种模拟自然界蚂蚁觅食行为的群智能算法，通过信息素的正反馈机制，逐步找到问题的最优解。在工业车间调度问题中，假设有 m 台机器需要加工 n 个工件，每个工件有特定的加工顺序和加工时间。目标是确定每个工件在每台机器上的加工顺序，使得所有工件的总加工时间最短。

算法首先是初始化参数，如蚁群数量 M，迭代次数 N，信息素挥发系数 ρ，信息素重要程度因子 α，启发函数重要程度因子 β，信息素浓度 τ 等。

构造一个禁忌表，用于记录每只蚂蚁已经访问过的节点，防止重复访问。

将所有蚂蚁随机放置在初始位置，通常代表调度的起始点。每只蚂蚁根据路径上的信息素浓度和启发式信息，按概率选择下一个要访问的节点。启发式信息通常根据节点间的距离或加工时间来计算。

在群智能算法中，每个个体（或称为“粒子”“蚂蚁”等）都是简单的行为者，通常不强调个体间的直接通信，是无中心化的。没有一个明确的控制中心来指导整个群体的行为，而是依赖简单的局部交互来产生全局的行为模式。

将选中的节点加入禁忌表，并将其从待访问节点集合中移除。

每只蚂蚁完成一次路径搜索后，计算其路径的总长度（或总加工时间）。

根据所有蚂蚁的路径搜索结果，更新路径上的信息素浓度。

如果达到最大迭代次数 N，或者解的质量在连续多次迭代中无明显改进，则停止迭代。

最优解

在所有迭代中找到的最优路径（或最短加工时间）即为问题的解。

假设有 3 台机器（M1, M2, M3），需要加工 4 个工件（J1, J2, J3, J4），每个工件的加工顺序和加工时间见表 3-17。主要包括五个步骤。

表 3-17　柔性作业车间调度实例

工件	加工顺序	加工时间/min
J1	M1→M2→M3	10, 15, 5
J2	M2→M1→M3	8, 12, 6
J3	M1→M3→M2	10, 10, 12
J4	M3→M1→M2	6, 9, 11

（1）初始化参数

蚂蚁数量=20，迭代次数=100，信息素挥发系数=0.3，信息素重要程度因子=1，启发函数重要程度因子=2，初始信息素浓度=1，信息素更新常数=10。

（2）构建解空间

将所有蚂蚁随机放置在初始位置，如都放在 M1 机器上。构造禁忌表为空。

（3）迭代过程

在每次迭代中，每只蚂蚁根据路径上的信息素浓度和启发式信息，按照路径选择公式（转移概率公式）计算下一个要访问的节点（机器或工件）。例如，蚂蚁 1 可能选择先加工 J1，然后在 M1 上加工，接着在 M2 上加工，最后在 M3 上加工，以此类推。

计算每只蚂蚁的路径长度（总加工时间）。每只蚂蚁按照选择的路径移动，在移动过程中，记录每只蚂蚁经过的路径长度（总加工时间），直到访问完所有节点（即所有工件的所有工序）。

计算信息素更新公式，更新路径上的信息素浓度，根据路径长度和蚂蚁的数量调整信息素。

（4）判断迭代是否结束

如果达到最大迭代次数 N=100，则停止迭代。

（5）输出最优解

在所有迭代中找到的最优路径（或最短加工时间）即为问题的解。

通过以上步骤，蚁群算法能够有效地解决车间调度问题，找到接近最优的加工顺序和机器分配方案。

使用蚁群算法解决该问题，采用 Python 编程找到最短加工时间的解，并输出各机器加工零件的顺序和加工时间。计算结果的调度甘特图如图 3-25 所示。

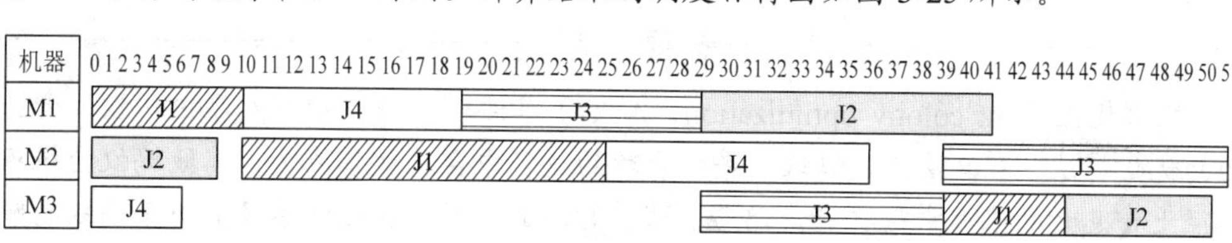

图 3-25　车间调度问题蚁群算法计算结果的甘特图

通过计算可知，最短总加工时间是 51min。

下面是各机器的加工顺序和时间。

M1: J1 (0～10), J4 (10～19), J3 (19～29), J4 (29～41)。

M2: J2 (0～8), J1 (10～25), J4 (25～36), J3 (39～51)。

M3: J4 (0～6), J3 (29～39), J1 (39～44), J2 (44～50)。

群智能算法通过不断优化其调度策略和提升自身的智能化水平，为工业实现高效、敏捷、柔性的生产提供了有力支持。

如图 3-26 所示，在众多智能计算方法中，群智能算法是受到动物群体智能行为启发的一类算法。群智能算法主要用于任务优化。蚂蚁、鸟等社会性动物的觅食、御敌、筑巢等活动中所展现出来的一种集体形式的智能，让计算机科学家为之痴迷。

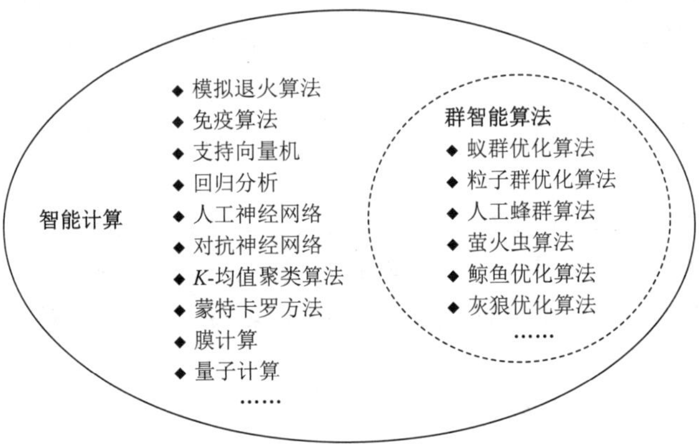

图 3-26　智能计算

本节还将介绍另外一个与群体学习有关的多智能体系统。

多智能体系统是一类由多个自主或半自主的智能体组成的分布式计算系统，智能体之间可以进行复杂的通信和协作，以解决单个智能体难以处理的问题。

群智能（swarm intelligence，SI）和多智能体系统（multi-agent systems，MAS）是两个相关但又有所区别的概念，两者都属于人工智能的范畴，并且都涉及多个实体之间的协作。

3.3.1　群智能算法的典型模型

群智能是一种从自然界中群体行为得到灵感的计算技术，通过模拟蚂蚁、蜜蜂、鸟群和鱼群等生物群体的行为来解决复杂的问题。

要　点

蚁群优化（ant colony optimization，ACO）算法：一种模拟自然界中蚂蚁觅食行为的优化算法。在算法中，蚂蚁在寻找食物的过程中会释放信息素，其他蚂蚁会根据路径上信息素的浓度来选择行走路径。随着时间的推移，较短的路径上由于蚂蚁的频繁经过，信息素浓度会逐渐增加，从而形成一个正反馈机制。这种机制使得越来越多的蚂蚁选择较短路径，最终找到从蚁巢到食物源的最短路径。

粒子群优化（particle swarm optimization，PSO）算法：一种基于群智能的优化算法，模拟鸟类或鱼类等群体的觅食行为。在算法中，每个粒子代表搜索空间中的一个潜在解，并具有自己的速度和位置。粒子通过个体经验和群体经验进行学习，不断调整自己的速度和方向，以探索问题空间并寻找最优解。通过粒子的不断迭代和更新，算法能够逐渐逼近全局最优解。

人工蜂群（artificial bee colony，ABC）算法：一种模拟蜜蜂觅食行为的优化算法。在算法中，蜜蜂被分为三种类型：雇佣蜂、观察蜂和侦察蜂。每种蜜蜂在搜索空间中都对应一个可能解，通过舞蹈语言来分享信息，指导同伴前往更好的食物源位置。通过雇佣蜂的局部搜索、观察蜂的全局搜索以及侦察蜂的探索行为，算法能够不断逼近最优解。

萤火虫算法（firefly algorithm，FA）：一种基于萤火虫发光特性的全局优化算法。在该算法中，萤火虫的亮度代表其吸引力，亮度越高的萤火虫对其他萤火虫的吸引力越大。萤火虫之间通过吸引力相互移动，从而不断调整自己的位置，以寻找全局最优解。算法利用萤火虫的这一特性进行全局搜索，并通过迭代更新逐渐逼近最优解。

鲸鱼优化算法（whale optimization algorithm, WOA）：一种模拟座头鲸狩猎行为的优化算法。在算法中，鲸鱼通过螺旋更新位置的方法来逼近最优解。这种螺旋更新方式模拟了座头鲸在狩猎过程中使用气泡网捕食法的行为。通过不断迭代和更新鲸鱼的位置，算法能够逐渐逼近全局最优解。

灰狼优化（grey wolf optimizer，GWO）算法：一种基于灰狼社会等级结构和捕猎策略的优化算法。在算法中，灰狼被分为不同的等级，包括领导者、跟随者和侦察者等。灰狼通过包围猎物、攻击猎物和寻找猎物三个阶段来优化问题的解。通过模拟灰狼的这些行为，算法能够不断逼近全局最优解。

花朵授粉算法（flower pollination algorithm，FPA）：一种基于植物异花授粉过程的优化算法。在算法中，植物通过风媒或昆虫媒介进行授粉，从而结合局部和全局搜索策略来寻找最佳解决方案。通过模拟植物的授粉过程，算法能够在搜索空间中不断探索新的解，并逐渐逼近全局最优解。

群智能算法因其灵活性和适应性，在工程优化、数据挖掘、机器学习、图像处理等多个领域得到了广泛的应用和发展。

1. 蚁群优化算法

假设在一个简单的城市网络中，有若干个交叉路口作为节点，连接这些节点的道路作为边，每条边都有一个长度代表行驶时间。当车辆需要从 A 点出发到达 B 点时，利用蚁群优化算法来寻找一条最快的路线。

初始时，所有的道路都被赋予相同的初始信息素浓度。

蚂蚁们开始探索可能的路径，根据当前的信息素浓度和道路长度决定下一步的方向。当蚂蚁完成一次完整的旅行后，根据它们走过的路径长度更新信息素浓度。如果某些路径因为交通事故等原因变得拥堵，系统可以通过传感器收集的数据降低这些路径的启发式信息值，从而引导后来的蚂蚁选择其他更优的路径。

随着时间推移，算法将逐渐收敛至一组高效的路径，帮助缓解交通压力并提高整体交通效率。此外，还可以结合如深度学习等技术进一步提升预测准确性和响应速度，更好地适应动态变化的交通环境。

在使用蚁群优化算法时，通常采用已有的算法模型，但有一些必要的参数需要设定，下面着重对这些参数进行说明。

1）蚂蚁数量。蚂蚁数量决定了每次迭代中并行构建路径的个体数量。增加蚂蚁数量可以提高算法在解空间中的并行探索能力，但会导致计算时间显著增加。

2）迭代次数。算法运行的总迭代次数。每次迭代中，所有蚂蚁都会根据当前的信息素矩阵和转移概率选择路径，过多的迭代可能会增加不必要的计算成本。

3）信息素挥发因子。每次迭代后信息素的挥发程度。挥发是为了避免信息素累积过多而导致算法陷入局部最优解。较低的挥发率会使信息素在算法运行过程中保持较长时间，从而增加找到全局最优解的机会，但也可能导致收敛速度较慢。

4）信息素重要程度因子。信息素重要程度因子是衡量信息素浓度对蚂蚁选择下一个节点影响程度的参数。该因子越大，信息素浓度在路径选择中的作用就越显著，蚂蚁更倾向于选择之前蚂蚁经过的路径，过大可能导致算法陷入局部最优解。

5）启发函数重要程度因子。该因子是衡量启发函数（如距离的倒数）在蚂蚁选择下一个节点时影响程度的参数。启发函数通常用于提供关于路径选择的先验知识，帮助蚂蚁在搜索过程中更快地找到较优解。值较高时，启发函数在路径选择中的作用增强，蚂蚁更倾向于选择距离较短的路径，也可能使算法过早地陷入局部最优解。

6）信息素更新常量。该常量是蚂蚁在找到一条路径后释放的信息素总量。它影响信息素的更新速度和算法的收敛速度。根据问题的规模和蚂蚁的数量来设置。较大的 Q 值使信息素更新更快，加速算法的收敛；但可能导致算法过早收敛到局部最优解。

蚁群优化算法常用参数的典型取值见表 3-18。

表 3-18　蚁群优化算法常用参数的典型取值

参数名称	符号	典型取值	说明
蚁群数量	M	10～100	蚂蚁的数量，影响搜索的广度和计算复杂度
迭代次数	N	50～500	算法的迭代次数，影响搜索的深度
信息素挥发因子	ρ	0.1～0.5	控制信息素的挥发速度，影响算法的探索与开发能力
信息素重要程度因子	α	1～5	控制信息素浓度对路径选择的影响
启发函数重要程度因子	β	1～5	控制启发式信息（如加工时间）对路径选择的影响
初始信息素浓度	τ_0	0.1～1.0	初始时每条路径上的信息素浓度
信息素更新常数	Q	1～100	控制信息素更新的强度

注意：这些参数的选择高度依赖具体问题，并且可能需要通过实验来找到最佳配置。在实际应用中，可能需要使用网格搜索、随机搜索或贝叶斯优化等方法来自动调整这些参数。

2. 粒子群优化算法

在城市交通网络中，需要优化交通信号灯的时序参数，以减少车辆等待时间和交通拥堵，提高交通系统的整体效率。可以用粒子群优化算法来优化交通信号灯的控制。想象一下，粒子群优化算法就像一群小鸟在觅食，每只小鸟（粒子）都在尝试不同的路线（信号灯控制方案），看哪条路线能找到食物（最优的交通方案）。

在使用粒子优化算法之前，先要设定交通网络的模型，包括交叉路口、车辆流动和信号灯时序参数等。然后，随机给这些“小鸟”分配初始的位置和飞行速度（信号灯控制方案）。对于每只“小鸟”，计算其对应的性能指标（如车辆平均延误时间、停车次数等），了解车辆等待时间是不是太长了，或者交通是不是太堵了。将性能指标作为“小鸟”的适应度值，用于评估“小鸟”的优劣。每只“小鸟”会同时考虑自己的历史最优解和整个鸟群的当前全局最优解。用最新的方案更新自己的最好方案（个体极值），同样更新“鸟群”找到过的最好方案（全局极值）。

接下来，“小鸟”们会根据这些最好方案来调整自己的信号灯控制方案。

这个过程会重复很多次，直到找到最好的信号灯控制方案，或者达到了设定的次数。最后，把这个最好的方案用到实际的交通信号灯上，就能让交通更顺畅了。

采用粒子群优化算法进行交通信号的智能控制和优化，可以显著降低车辆延误时间、减少停车次数等性能指标。同时，该算法具有简单、高效和灵活性等优点，适用于不同规模和复杂度的城市交通网络。

同样，在使用粒子群优化算法时，通常也可以采用已有的算法模型，但有一些必要的参数需要设定。下面着重对这些参数进行说明。

1）粒子数量。每个粒子代表一个可能的解决方案（如信号灯的时序参数：周期时间和绿灯时间比例）。粒子数量越多，算法探索搜索空间的能力就越强，但计算成本也会增加。需要根据问题的复杂性和计算资源的可用性来设定这个参数。

2）迭代的次数。迭代次数越多，算法找到更优解的机会就越大，但同样会增加计算时间。需要根据问题的收敛速度和所需精度来设定这个参数。

3）惯性权重。这是控制粒子当前速度对其新速度影响的权重，决定了粒子保持其当前运动趋势的程度。该值较大意味着粒子更倾向于保持当前速度，该值较小则意味着粒子更容易改变方向。

4）自我认知学习因子和社会认知学习因子。这两个参数分别控制粒子向其个体历史最优位置和全局最优位置学习的程度。这两个参数的值通常设置为正数，并且它们的相对大小会影响粒子的搜索行为。如果前者较大，粒子将更倾向于探索其个体历史最优解附近的区域；如果后者较大，粒子将更倾向于跟随全局最优解。

设定这些参数时，可能需要进行一些实验和调优，以找到最适合用户特定问题的参数组合。可以采用一些方法去权衡，如网格搜索法，在指定的参数范围内，对参数的所有可能组合进行全面覆盖和细致搜索，这种方法可以确保在搜索空间内找到所有可能的参数组合，但计算成本较高。除此之外，自适应调节、经验法则、交叉验证等方法均可用于寻找最适合特定问题的参数组合。

3.3.2 多智能体系统

要 点

智能体：可以是软件程序、虚拟角色、机器人或其他自动化设备，它们具备一定的自主性和智能性。通过与环境的交互，智能体能够不断学习和适应，从而实现特定的目标。

智能体的四个特性：自主性、主动性、反应能力和社会能力。

多智能体系统：当一个系统中存在超过一个的智能体时，称为多智能体系统，是一种由多个相互作用的智能体组成的计算系统。

分布式人工智能：将任务、目标或决策在多智能体环境中进行分配、协调和预测，用来解决复杂的学习、计划和决策问题的方法。

随着物联网技术的飞速发展，各种智能设备和系统能够通过网络相互连接，越来越多的多智能体系统共同完成各种复杂且多样化的任务，如智慧城市管理、智能家居控制、智能交通调度等。智能体在未来人类生活中将扮演重要角色。

以城市交通为例，车路云网络是一个具有代表性的多智能体系统。它集成了车辆、道路基础设施以及云端服务，通过先进的通信技术、传感器技术、云计算、人工智能等手段实现信息的高效交互和处理。

1）车辆端：装备有各种传感器和通信设备，能够收集车辆状态信息、环境感知数据，并与其他车辆或路侧设备进行通信。

2）道路基础设施端：包括路侧单元（安装在道路边缘的设备）、交通信号灯、摄像头、雷达等，它们可以感知周围环境，收集交通流数据。

3）云端：负责收集和处理来自车辆和道路的大数据分析、机器学习算法及其他高级应用的云端服务平台。

在车路云网络中，智能红绿灯控制器能够根据等候车辆的数量自主决定红绿灯的时长，这体现了智能体的自主性；为了最大化某个方向的通行能力，或者最小化车辆的等候时间，控制器会进行计算以确定最优的红绿灯时长，这展示了智能体的决策能力和主动性；一旦路口出现异常情况，控制器能够迅速做出反应，调整信号灯状态，这凸显了智能体的反应能力；如果某个智能体能够将当前路口的状态以及自己确定的时长等信息传递给相邻路口的信号控制器，进行信息共享和协作，那么就说明智能体具备了社会能力，即通信和协作能力。

假设把一个大脑的工作分散给多个“小助手”来做，这些“小助手”就是智能体，它们各自负责一部分任务，不需要一个总的指挥官来告诉它们怎么做。这种在多个智能体上分散执行 AI 算法的去中心化方法就是分布式人工智能，是人工智能研究领域的一个重要方向。

分布式人工智能系统包括分布式问题求解和多智能体系统两个领域。分布式问题求解把一个要求解的具体问题划分为多个相互合作和知识共享的模块或者节点。多智能体系统通过智能体之间的通信、协调、合作和互解等方式，共同完成任务，实现整体智能的提升。

【例 3-17】 通过一个无人驾驶策略，理解多智能体学习的过程。

自动驾驶汽车需要不断学习和适应复杂的交通环境，从而与其他车辆和行人进行有效的交互和合作。

在高速公路上，多辆车（每辆车可以看作一个智能体）需要共同遵守交通规则，保持安全车距，避免碰撞，并尽可能高效地到达目的地。每个智能体（车辆）需要实时感知周围的环境状态（如前车的速度、距离、道路状况等），并根据这些状态来选择合适的驾驶动作（如加速、减速、转向等）。智能体之间需要形成合作关系，如前车减速时，后车也需要相应地减速以保持安全车距。通过不断学习和训练，智能体逐渐适应各种复杂的交通环境，提高驾驶的安全性和效率。

【例 3-18】 无人机群执行搜索和救援任务。

在无人机群分布式协同中，智能计算是实现高效协作的核心。在这种场景中，多个无人机作为一个协同工作的群体来完成复杂的任务，每个无人机都是一个独立的智能体，它们共同工作以达到整体目标。

以下是多智能体之间智能计算的关键技术点。

1）分布式计算与决策。无人机作为独立智能体，自主决策的同时需要考虑群体目标。通过分布式一致性算法和图论路径规划方法实现信息处理和共享。

2）任务分配与路径优化。采用遗传算法或蚁群优化算法等算法，实现任务分配和路径规划，确保高效、无碰撞地执行任务。

3）自适应学习与行为协调。利用强化学习和模仿学习等机器学习方法，使无人机能从环境中学习并调整行为以适应任务需求。

4）感知数据融合与共享。使用卡尔曼滤波器进行传感器数据融合，粒子滤波器处理非线性数据。分布式数据库和区块链技术保证数据安全可靠，促进信息共享。

5）容错计算与动态重组。应用拜占庭容错算法增强系统鲁棒性，即使部分无人机失效也能维持功能。自组织网络协议支持在连接丢失时自动重组网络，保持操作连续性。

可以看出，多智能体系统执行的是复杂且多维的任务，依赖多种算法和技术的综合应用。

3.3.3　群体智能与人工智能的发展

斯坦福公布了一项“钢琴搬运工”实验，蚂蚁群体在解决复杂任务上的表现超越了人类团队，揭示了未来人工智能发展的全新可能，如图 3-27 所示。

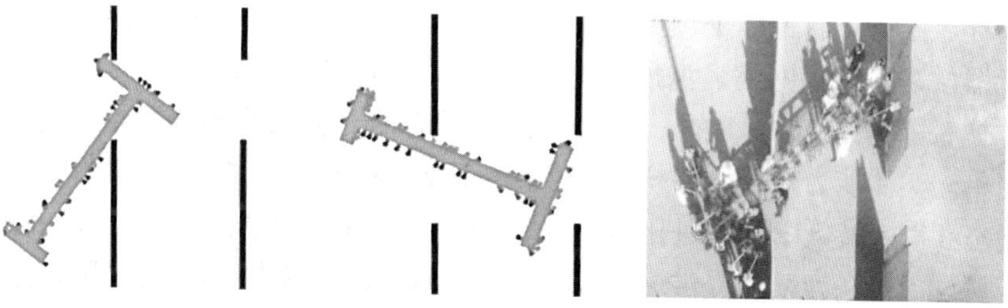

图 3-27　斯坦福“钢琴搬运工”实验

实验中，研究人员设计了一个复杂的任务：参与者需要将一个 T 形物体从一个狭窄且充满障碍的空间移动到目标位置。这个任务模拟了现实世界中的路径规划任务，并要求高效的团队协作与精准的操作策略。蚂蚁群体凭借简单的“滑墙”行为规则和精准的分布式协作，迅速找到了解决方案。

当代人工智能致力于模仿人的大脑思维方式，而蚂蚁在几次失败后能迅速调整策略，这种动态调整能力正是当前人工智能所缺乏的。当路径被堵住时，蚂蚁会立刻改变方向，群体中的任何个体的失败尝试都会被其他成员利用，以避免重复犯错，这种集体记忆被视为 AI 训练中经验回放机制的原型，为未来人工智能的自适应系统提供了全新的灵感。

对群体学习的深入认识，对当前人工智能算法的优化与效能提升起到了关键的促进作用，也为未来人工智能技术的革新与发展提供了新的广阔可能性。

群体智能系统正被广泛应用于多个领域。在自动驾驶与智能交通领域，群体智能技术提升了车辆间的协作效率，促进了智能交通的发展；在军事领域，无人机群通过群体智能实现协同作战，增强了作战效能；在医疗领域，各医疗智能体协作完成对患者的精准治疗；在教育领域，多智能体可以评估学生各学科需求并动态调整教学策略。这些应用场景展示了多智能体系统在处理复杂任务和环境时的出色表现。未来，群体智能将朝着人、机、物融合的方向发展，智能计算模式将从以机器为中心，逐渐走向人机融合和群体智能协同的模式，智能系统开发也将从封闭和计划走向开放和竞争。

小　　结

当下，已有研究将“知识+学习+协同”列为人工智能实现的三大支柱。本章介绍了知识表示与知识图谱的构建、机器学习与深度学习的基本原理和经典算法的应用，以及群体学习的群智能算法和多智能体系统，深入地探究了 AI 学习基本原理、经典算法与模型架构的研究。

在 AI 学习中，知识表达是智能系统能够理解和运用知识的前提，也是实现智能决策和推理的基础。知识表达将现实世界中的知识以计算机可以理解的形式表示出来，进而提高 AI 学习系统的效率和性能。本章介绍了知识表达的一般方法，并在配套实验教程中通过实例化的知识图谱构建过程，为读者提供了实践操作指导。

机器学习技术的持续进步为 AI 学习领域提供了坚实的技术支持，有力推动了 AI 学习系统的深化发展与广泛应用。本章结合智能教学、智能经济、智能商务、智慧传媒、智慧医疗、智慧交通等多个领域中的实例，系统介绍了 AI 学习领域所涵盖的核心技术，包括机器学习、神经网络、深度学习、强化学习等关键技术。

群体智能作为 AI 学习的一部分，展示了如何通过整合众多简单个体的智能来创建超越任何单一实体能力的强大系统。这种系统不仅能够解决传统方法难以应对的问题，而且能在动态环境中持续学习和进化。本章从群智能算法和多智能体系统两个方面对群体智能进行了探讨，旨在为读者提供这一领域的核心概念、技术方法及其应用前景。

习　题　3

1. 简述产生式规则的基本形式是什么？请举例说明如何使用产生式规则来解决问题。

2. 在框架系统中，什么是槽和侧面？请简述框架的一个应用场景。

3. 在知识图谱中，什么是三元组？请给出一个具体的实例来说明。

4. 简单描述什么是机器学习？并列举两个日常生活中使用机器学习的实例。

5. 在监督学习中，训练集和测试集的作用分别是什么？

6. 什么是过拟合？如何避免在机器学习模型中出现过拟合现象？

7. 什么是分类问题？请提供一个现实生活中的分类问题实例，并给出可以选用哪些算法来实现分类问题？

8. 监督学习和无监督学习的区别是什么？请各举一个实例。

9. 在 BP 神经网络中，为什么需要使用非线性激活函数？

10. 卷积层在卷积神经网络中的作用是什么？请解释卷积操作的基本过程。

11. 请阐述在蚁群优化算法中信息素挥发因子的意义，并讨论它对蚁群算法搜索过程的影响。

12. 请简述多智能体系统在灾难响应中的潜在优势。

第4章
搜索与推理

教学目的和要求

在人工智能领域，搜索和推理是紧密结合的两个关键过程。搜索用于探索可能的状态空间，寻找解决方案或路径，而推理则用于根据已有知识和规则推断出新的信息或结论。推理机制在一定程度上依赖搜索技术的实现，特别是在问题可以被建模为状态空间的情况下，许多问题求解可以转化为状态空间的搜索问题。两者共同作用，帮助AI系统完成任务并做出决策。

- 搜索与推理
  - 内容描述
    - 搜索策略
    - 模拟人类思维的推理
  - 案例分析
    - 八数码问题
    - 智能推荐——战术安排
  - 知识目标
    - 了解图搜索问题、图搜索策略、回溯策略
    - 掌握宽度优先搜索、深度优先搜索
    - 了解启发式搜索的优势、局限性、评估函数、启发信息
    - 了解智能搜索与传统搜索的关系
    - 掌握演绎推理、归纳推理和默认推理
    - 掌握确定性推理和不确定性推理
    - 掌握正向推理、反向推理和混合推理
    - 掌握模糊推理
  - 能力目标
    - 理解搜索是人工智能中应用最广泛的问题求解的一般方法
    - 了解传统搜索策略
    - 熟悉智能搜索
    - 了解人工智能中模拟人类思维的推理策略
    - 了解推理策略在专家系统和问题求解中的应用案例

智能推荐——战术安排

4.1 搜索策略

导读案例

八数码问题

重排九宫问题是一个古老的单人智力游戏。其起源存在多种说法，有观点认为，它可能起源于中国古代的三国时期，基于“关羽义释曹操”的故事而设计的智力玩具“华容道”。重排九宫问题可以看作华容道游戏的一种简化形式，将人物形象抽象为

数字。

在西方，重排九宫问题被称为“8 Puzzle”，即八数码问题。八数码问题作为一个经典的智力游戏和搜索问题，其历史可以追溯到 19 世纪 70 年代，最初是一个物理游戏，后来随着计算机科学的发展，被转化为一个经典的搜索问题，用于研究人工智能中的搜索算法。

八数码问题的目标：将一个 3×3 的棋盘上的初始状态通过一系列合法移动变成目标状态。棋盘上有 8 个数字（1 到 8）和一个空格（用 0 表示），每次只能将空格与相邻的数字交换位置，如图 4-1 所示。

2		3
1	8	4
7	6	5

初始状态

1	2	3
8		4
7	6	5

目标状态

图 4-1　八数码问题

求解问题时一般涉及两方面：一是该问题的表示，二是选择一种相对适合的求解方法。在人工智能领域，问题求解的基本方法有搜索法、归约法、归结法、推理法、产生式等。由于绝大多数需要用人工智能方法求解的问题，缺乏直接求解的方法，因此，搜索不失为一种求解问题的一般方法。可以说，在人工智能领域，搜索是应用最广泛的求解问题的一般方法。

状态空间是问题求解过程中所有可能状态的集合，其大小和复杂性直接影响求解的难度。使用不同的搜索，找到解的状态空间范围是有区别的。通过合理构建和优化状态空间，通过搜索比较小的范围就能找到问题的解，可以显著提高搜索算法的效率和性能。

◆ 要　点 ◆

图搜索问题：很多搜索问题都可以转化为图搜索问题，用状态图描述。

图搜索策略：从叶子节点中选择一个节点扩展，以便尽可能地找到一条符合条件的路径。不同的选择方法构成了不同的图搜索策略。

盲目搜索与启发式搜索：如果在选择节点时利用了与问题相关的知识或者启发信息，则称为启发式搜索，否则称为盲目搜索。

搜索算法的策略是确定状态空间的搜索次序。搜索过程中，状态空间通常被表示为图或决策树的形式，其中节点代表状态，边或分支代表状态之间的转换关系。

4.1.1　盲目的图搜索策略

盲目搜索的方法统称为无信息引导的搜索策略，是指不考虑给定问题所具有的特定知识，系统根据事先确定好的某种固定排序，依次调用规则或随机调用规则的搜索策略。例如，迷宫寻路问题中，每次走一步路，一直走到死路，再回头选择走其他的路，直到找到出口。迷宫寻路过程中使用了回溯策略。

回溯策略是一种系统的尝试搜索空间中各种不同路径的技术，许多复杂的、规模较大的问题都可以使用回溯法，它有“通用解题方法”的美称。求解问题时，不管是正向搜索还是逆向搜索，都是在搜索空间的有向图中找到从初始状态到目标状态的路径。搜索期间一般需要尝试多条路径，直到到达目标状态为止。带有回溯策略的搜索是从初始状态出发，不停试探性地寻找路径，直到到达目标状态或不可解节点。如果到达目标状态，就成功退出搜索，返回解题路径。如果遇到不可解节点，就回溯到路径中最近的父节点，查看该节点是否还有其他的子节点未被扩展，若有，则沿着这些子节点继续搜索。

问题求解的综合能力培养

1. 宽度优先搜索

宽度优先搜索是一种常用的盲目搜索策略，解决小规模问题时使用较多。

宽度优先搜索的基本思想是优先搜索深度浅的节点，即每次选择深度最浅的叶子节点进行扩展，如果有深度相同的节点，则按照事先约定从深度最浅的几个节点中选择一个。在一个图中，初始节点的深度定义为 0，其他节点的深度定义为其父节点的深度加 1。

宽度优先搜索通常是按照图 4-2 所示的次序搜索节点的，图中用带有圆圈的数字给出了节点的扩展顺序。首先访问深度为 0 的初始节点（图 4-2 中的①），然后对初始节点的第一个子节点（图 4-2 中的②）进行访问，接着再对位于同一层的第二个子节点（图 4-2 中的③）进行访问，直到这一层的所有子节点都已经被访问，这时再进入下一层节点，仍然按照前述方式逐个访问该层的所有节点。

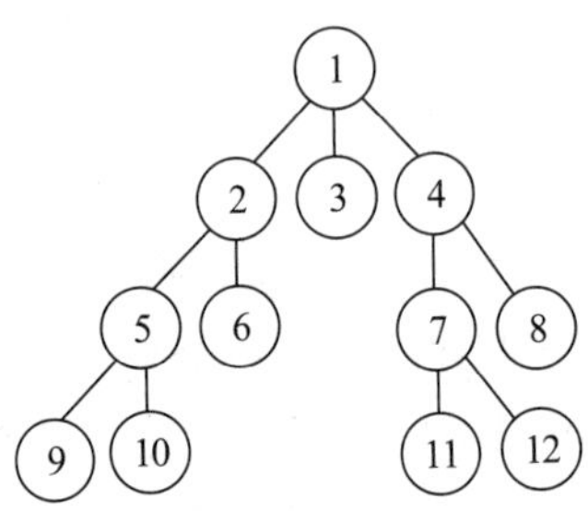

图 4-2　宽度优先搜索

【例 4-1】 图 4-3 给出了采用宽度优先搜索策略求解八数码问题的搜索图（最后一层，阴影部分是目标结果）。

在问题有解的情况下，由于宽度优先搜索总是在生成并扩展完 n 层的节点之后才转向 n+1 层，因此它总能找到最短的解题路径。但是，如果搜索的分支太多，由此产生的组合暴增会使算法耗尽资源，在可用的空间中找不到解。

2. 深度优先搜索

深度优先搜索也是一种常用的盲目搜索策略，多用于解决大规模问题，通常会配合启发式搜索一起使用。

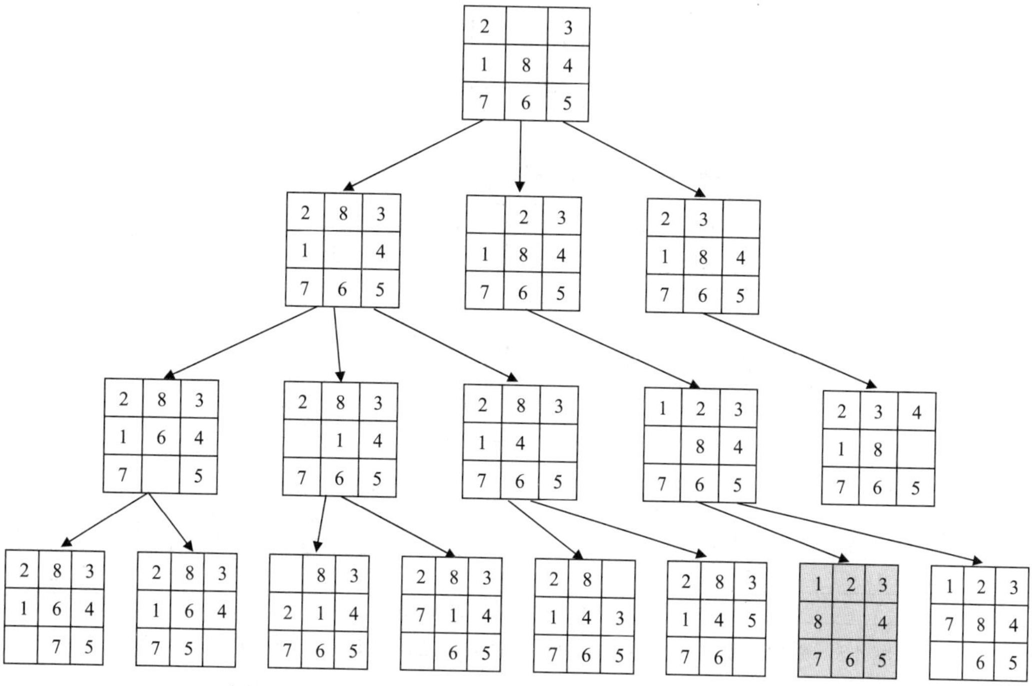

图 4-3　采用宽度优先搜索策略求解八数码问题的搜索图

深度优先搜索的基本思想是优先扩展深度最深的节点。具体操作如下：每次选择一个深度最深的节点进行扩展，如果相同深度的节点有多个，则按照事先的约定从中选择一个。如果该节点没有子节点，则选择一个除了该节点以外的深度最深的节点进行扩展，依次进行下去，直到找到问题的解；或者再也没有节点可扩展，结束搜索，这种情况下表示没有找到问题的解。

深度优先搜索通常按照图 4-4 所示的次序搜索节点。

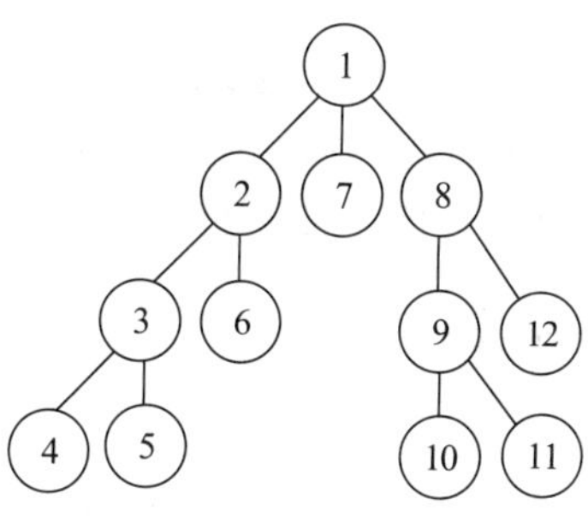

图 4-4　深度优先搜索

【例 4-2】 图 4-5 给出了采用带有深度限制的宽度优先搜索策略求解八数码问题的搜索图，其中深度限制设置为 3。

注意： 如何合理地设置深度限制与具体所解决的问题有关，需要根据经验设置一个合理值。如果深度限制过深，则影响问题求解效率；如果深度限制过浅，则可能导致找不到解。通常采取逐步加深的方法，先设置一个较小的值，再逐步加大。

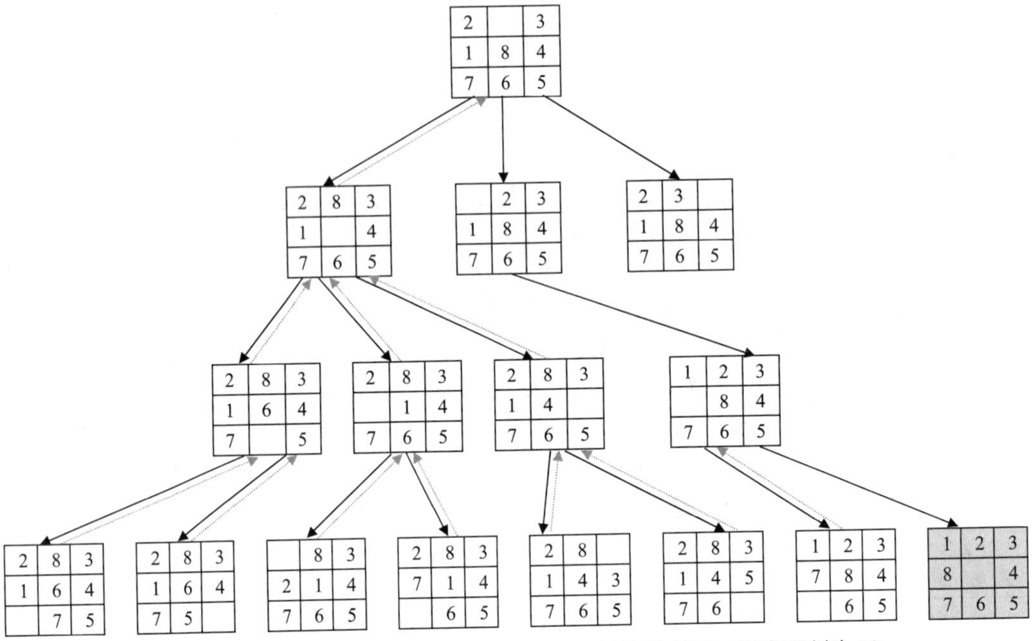

图 4-5 采用宽度优先搜索策略求解八数码问题的搜索图（深度限制为 3）

深度优先搜索虽然不能保证找到最优解，但是可以采用回溯的方法，只保留从初始节点到当前节点这一条路径，大幅节省了存储空间。换句话说，其所需要的存储空间只与搜索深度呈线性关系。

4.1.2 启发式图搜索策略

盲目搜索采用固定搜索方式，直接按照步骤来寻找路径，生成的无用节点较多，所需搜索空间较大。在问题空间较小的情况下可能表现良好，但在大规模或复杂环境中效率低下。

为了提高算法的效率，简化搜索过程，减少搜索量，可以利用节点中与问题相关的一些特征信息（启发信息）来预测目标节点的存在方向，并沿着该方向搜索。这种利用节点的特征信息（启发信息）来引导搜索过程的一类方法称为启发式搜索。

1. 启发式搜索的优势和局限性

（1）启发式搜索的优势

首先，启发式搜索能优先探索更有潜力的路径，减少不必要的节点探索，显著提升效率。其次，在有限时间内，启发式搜索能更快地找到问题的解决方案，尤其适用于需要实时决策的场景。最后，启发式搜索能够根据问题的具体情况调整搜索策略，避免资源浪费，特别是在资源有限的情况下，提供接近最优的解决方案。另外，启发式方法非常适合处理复杂、动态的问题，能够灵活调整搜索方向，降低搜索复杂度，提高整体性能。

（2）启发式搜索的局限性

启发式搜索的缺点是容易出错。在解决问题的过程中，启发仅仅是根据经验和直觉判断或猜测下一步将要采取的措施。启发式搜索利用的是特定问题的有限信息，很难准确预测下一步在状态空间中采取的具体搜索行为。一个启发式搜索策略可能得到一个次最优解，也可能一无所获，这是启发式搜索固有的局限性。

2. 启发式搜索的具体操作方式

启发式搜索会在搜索过程中根据启发信息评估各个节点的重要性，优先搜索重要的节点。

启发式搜索的具体操作如下：在生成一个节点的全部子节点之前，使用一种评估函数判断这个“生成”过程是否值得进行。评估函数按照语义对每个节点计算一个整数值，称为该节点的评估函数值。通常，评估函数值小的节点被认为是值得进行“生成”的节点。按照惯例，将生成节点 n 的全部子节点称为“扩展节点 n”。

3. 评估函数与启发信息

（1）评估函数

评估函数的任务是估计待搜索节点的重要程度，并给它们排序，确定节点的优先级。评估函数通过估算从当前节点到达目标节点的代价，帮助算法选择最有希望的节点进行扩展。一般来说，要估计各节点的代价，通常综合考虑两方面的因素，即已经付出的代价和将要付出的代价。

评估函数 $f(n)$ 定义为从初始节点经过节点 n 到达目标节点的路径的最小代价估计值，其一般形式为

$$f(n)=g(n)+h(n)$$

式中，$g(n)$ 表示从初始节点到当前节点 n 已经实际付出的代价，反映了从初始节点到当前节点的真实路径代价。按指向父节点的指针，从节点 n 反方向跟踪到初始节点，得到一条从初始节点到节点 n 的最小代价路径，然后把这条路径上的所有有向边的代价相加，就得到 $g(n)$ 的值。$h(n)$ 表示从当前节点 n 到目标节点的最优路径的估计代价，是启发式搜索中的启发函数，体现了问题的启发性信息。

在启发式搜索中，每个待扩充节点都必须有评估函数 $f(n)$，它的值由问题中与该节点有关系的语义所决定，如距离、时间、金钱等。这些语义信息由人工决定而无法自动生成，因此在启发式搜索中，即便采用相同的算法，效果也会有所不同，这与人工设置节点评估的语义因素有一定关系。

另外，评估函数 $f(n)$ 需要在搜索效率和解的质量之间取得平衡，如果启发信息过强，则会提高搜索效率，但可能导致找不到最优解；如果启发信息过弱，则会降低搜索效率，甚至退化为盲目搜索。

（2）启发信息

启发信息是指与问题求解过程有关的，可指导搜索过程朝着最有希望的方向前进的控制信息。一般来说，搜索过程所使用的启发信息的启发能力越强，扩展的无用节点越少。

启发信息一般有三种：一是能有效帮助确定扩展节点的信息；二是能有效帮助决定哪些后续节点应被生成的信息；三是能决定在扩展节点时哪些节点应从搜索图（或搜索树）上删除的信息。

4. A 搜索算法

A 搜索算法的思想：在搜索的每一步，都利用评估函数 $f(n)=g(n)+h(n)$。也就是说，它从根节点开始对其子节点计算评估函数，按函数值大小，选取小者向下扩展，直到最后得到目标节点。

【例 4-3】 请用 A 算法搜索并求解八数码问题。设问题的初始状态 S_0 和目标状态 S_B(即 S_{12})如图 4-6 所示。评估函数为 $f(n)=g(n)+h(n)$，其中 $g(n)$表示节点 n 在搜索树中的深度，$h(n)$表示以节点 n 中位置不符的数码个数作为启发信息的度量，即状态 n 中数码与目标状态数码位置不一致的个数。

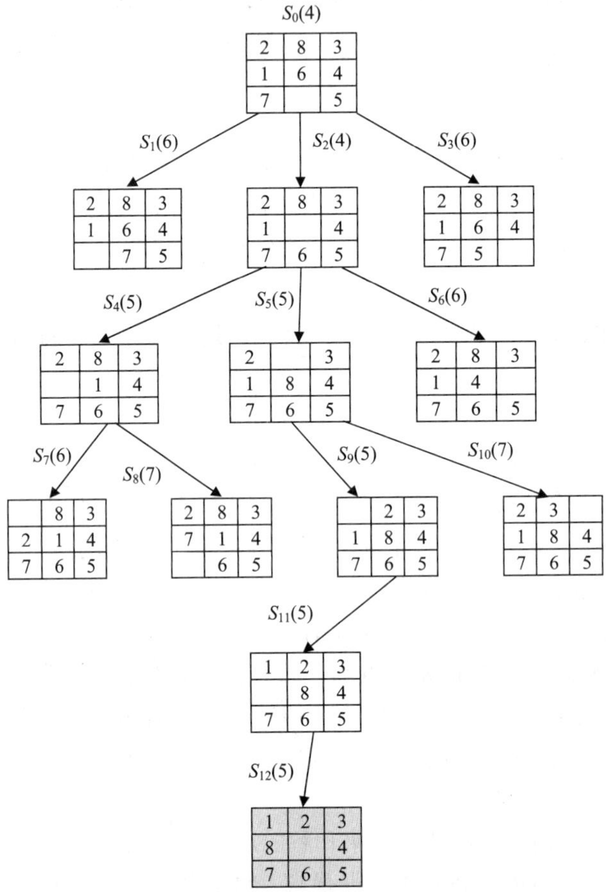

图 4-6 利用 A 算法搜索求解八数码问题的搜索图

在图 4-6 中，括号中的数字表示该节点的评估函数值，即搜索树中的深度与位置不符的数码个数之和。

$f(S_0)=g(S_0)+h(S_0)=0+4=4$，其中，0 代表状态深度为 0，位置不符的数码个数是 4 个。

$f(S_1)=g(S_1)+h(S_1)=1+5=6$，其中，1 代表状态深度为 1，位置不符的数码个数是 5 个。

$f(S_2)=g(S_2)+h(S_2)=1+3=4$，其中，1 代表状态深度为 1，位置不符的数码个数是 3 个。

$f(S_3)=g(S_3)+h(S_3)=1+5=6$，其中，1 代表状态深度为 1，位置不符的数码个数是 5 个。

$f(S_4)=g(S_4)+h(S_4)=2+3=5$，其中，2 代表状态深度为 2，位置不符的数码个数是 3 个。
$f(S_5)=g(S_5)+h(S_5)=2+3=5$，其中，2 代表状态深度为 2，位置不符的数码个数是 3 个。
$f(S_6)=g(S_6)+h(S_6)=2+4=6$，其中，2 代表状态深度为 2，位置不符的数码个数是 4 个。
$f(S_7)=g(S_7)+h(S_7)=3+3=6$，其中，3 代表状态深度为 3，位置不符的数码个数是 3 个。
$f(S_8)=g(S_8)+h(S_8)=3+4=7$，其中，3 代表状态深度为 3，位置不符的数码个数是 4 个。
$f(S_9)=g(S_9)+h(S_9)=3+2=5$，其中，3 代表状态深度为 3，位置不符的数码个数是 2 个。
$f(S_{10})=g(S_{10})+h(S_{10})=3+4=7$，其中，3 代表状态深度为 3，位置不符的数码个数是 4 个。
$f(S_{11})=g(S_{11})+h(S_{11})=4+1=5$，其中，4 代表状态深度为 4，位置不符的数码个数是 1 个。
$f(S_{12})=g(S_{12})+h(S_{12})=5+0=5$，其中，5 代表状态深度为 5，位置不符的数码个数是 0 个。
解的路径是 $S_0 \to S_2 \to S_5 \to S_9 \to S_{11}$。

5. A*搜索算法

A 搜索算法的一个不足之处是对启发式函数没有做任何的要求与限制，因此用 A 搜索算法得到的结果无法对其作出评价。

为了弥补 A 搜索算法的这一不足，对启发式函数做一定的限制，即对 $h(n)$设置一个 $h^*(n)$，$h(n)$满足如下条件：$h(n) \leqslant h^*(n)$，若问题有解，则 A 搜索算法一定可以得到一个代价较小的结果。这种算法是 A 搜索算法的改进，称为 A*搜索算法。

A*搜索算法是目前最有影响的启发式图搜索算法之一，也称为最佳图搜索算法。如果某一问题有解，那么利用 A*搜索算法对该问题进行搜索，一定能得到最优解。

A*搜索算法的关键是 $h^*(n)$的设置。由于不是所有问题都能找到 $h^*(n)$，因此 A*搜索算法并不是对所有问题都能适用。

4.1.3　智能搜索

智能搜索是一种高级搜索方式，不仅能够理解用户的查询意图，还能提供更精准、更相关的结果。

1. 智能搜索的定义和内涵

智能搜索是一种基于人工智能和大数据分析技术，通过机器学习和自然语言处理（NLP）等方法，对大量数据进行分析和理解，以实现更高效的搜索和信息检索的高级搜索方式。智能搜索的核心在于通过多模态输入（如文本、语音、图像）和动态学习能力，运用数据驱动、个性化、实时优化和智能推荐，来提升搜索结果的准确性和相关性，以及用户体验。

（1）数据驱动

智能搜索利用大量的用户数据（如搜索历史、点击记录、行为轨迹等）来分析用户的搜索偏好和行为模式，从而提供更精准的搜索结果。

（2）个性化

智能搜索能够根据用户的个性化需求（如年龄、兴趣、偏好等）动态调整搜索结果，以提升用户体验。

（3）实时优化

智能搜索在搜索过程中能够实时分析用户反馈（如点击、收藏、评分等），并通过优化算法不断调整搜索结果，以提高搜索效率和相关性。

（4）智能推荐

除了传统的关键词搜索，智能搜索还能够结合用户的历史行为数据和实时数据，为用户提供更智能的推荐服务（如新闻推荐、商品推荐等）。

2. 智能搜索与传统搜索的关系

智能搜索是一种由人工智能技术驱动的高级搜索方式，旨在通过自然语言处理、机器学习和语义理解等技术，理解用户的意图并提供更精准、更相关的搜索结果。它不局限于简单的关键词匹配，还能处理复杂的自然语言问题、多轮对话以及多媒体数据。

盲目搜索是逐一检查所有可能性的搜索方式。它不考虑结果的相关性，适用于简单问题，对复杂问题效果不佳。

启发式搜索使用启发信息来加速搜索过程，通过估计每个节点到目标的接近程度，优先探索有潜力的路径，不一定能找到最优解，但能显著提高搜索速度。

智能搜索结合了盲目搜索的全面性和启发式搜索的效率，通过智能化算法优化搜索过程。它是盲目搜索和启发式搜索的优化和升级，能够在复杂场景中实现更高效、更精准的信息检索。

智能搜索借助人工智能技术（如自然语言处理、机器学习、知识图谱等）来进一步优化搜索策略。智能搜索不仅能利用启发式信息，还能动态学习和适应用户的意图和上下文，从而提供更精准的结果。盲目搜索和启发式搜索更关注算法本身的效率和优化，而智能搜索则更注重用户体验和结果的相关性。

3. 智能搜索在智能商务中的应用

人工智能在商务领域的应用极大地促进了智能商务的发展，在制定决策、提升效率、创造收益和提升用户体验等方面发挥了重要作用。一方面，人工智能技术的应用能帮助用户提升个人消费体验，包含语音服务、图像服务、新闻推荐、产品推荐、广告过滤等智能服务；另一方面，企业利用人工智能技术分析用户的个人信息、浏览历史和兴趣爱好等数据，建立用户的个人画像。利用用户画像，企业可以以用户的产品需求为导向，制定针对性的产品产销策略。具体地，人工智能技术应用于市场需求分析、产品品质把控、客户群定位、广告精准投放、智能客服、动态定价等方面，帮助企业提升市场竞争力，提高商家的经营效率。在商务交易的过程中，平台和系统自动服务的功能日益强大。智能商务向着更多的数据分析、交易推荐、人机互动、商务拓展、体验升级等方向发展，目标是让网络交易系统能够像人一样推理、思考和行动，自主解决和处理商业过程中出现的问题。

在智能商务中，智能搜索技术的应用非常广泛，以帮助提升用户体验、优化运营策略和提高市场竞争力。

（1）电子商务中的智能搜索

1）个性化商品推荐。电商平台利用搜索技术分析用户的浏览历史、购买行为和兴趣偏好，为用户推荐相关商品。例如，京东的推荐引擎会根据用户的搜索和购买记录，推荐符合用户兴趣的商品，从而提升购物体验和销售转化率。

2）语义搜索与自然语言处理。智能搜索引擎通过自然语言处理技术理解用户的查询意图，提供更精准的搜索结果。例如，用户输入“适合夏天穿的轻薄外套”，搜索引擎能够理解其意图并推荐相关产品。

3）图像智能搜索。用户只需将商品图片上传到电商平台，人工智能技术就会提取图片中包含的商品款式、规格、颜色、品牌等特征，并依据这些特征数据进行搜索，同时为用户提供同类型商品的销售入口。图像搜索原理主要包括三方面：一是对用户需求的分析和转化，形成可以检索的索引数据库；二是收集和加工图像资源，提取特征，分析并进行标引，建立图像的索引数据库；三是根据相似度算法，计算用户提问与索引数据库中记录的相似度大小，提取满足阈值的记录作为结果，按照相似度降序输出。例如，京东的搜索框支持上传图片，用户上传名为“东北白糯玉米.jpg”的图片文件，系统自动生成与该图片相关的搜索关键词，帮助用户找到若干个相关商品，如图 4-7 所示。

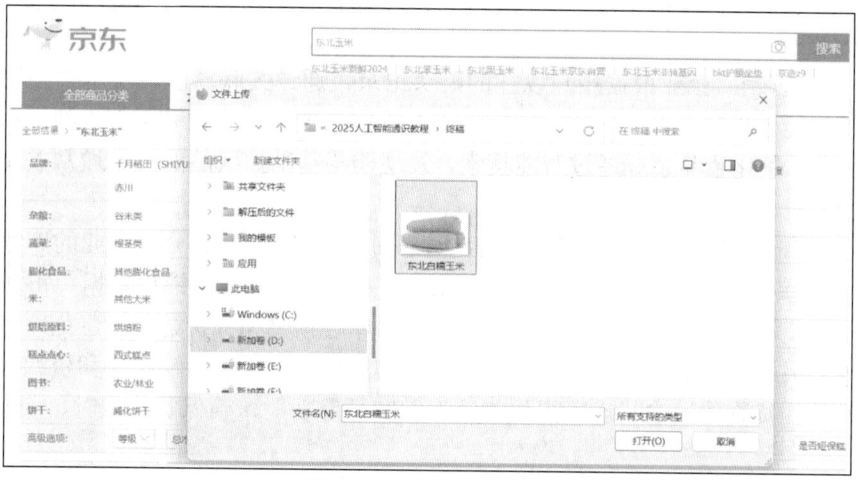

（a）单击搜索框里的📷图标，打开“文件上传”对话框，选择图片文件

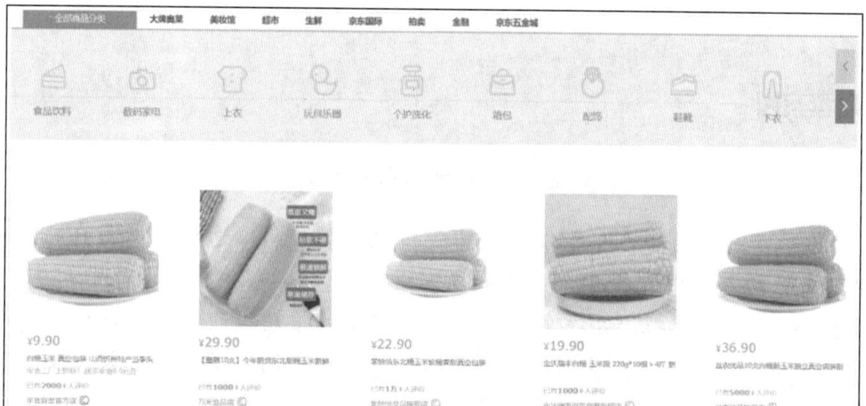

（b）根据上传的图片内容，搜索到若干个相关结果

图 4-7　图像智能搜索

4）智能客服。智能客服在智能商务中具有重要作用，借助自然语言处理，能够24小时不间断服务，快速响应客户需求，提供个性化解答。它可以处理常见问题，减轻人工客服负担，降低运营成本，同时通过数据分析助力企业优化服务。智能客服还能提升客户满意度和忠诚度，增强企业竞争力，是智能商务中不可或缺的高效工具。

（2）企业管理中的智能搜索

1）企业内部知识管理。企业利用智能搜索技术搭建内部知识库，帮助员工快速查找所需信息，如技术文档、政策文件、会议记录等。例如，DeepSeek可以通过智能文档搜索和实时知识推荐，动态提供与员工任务相关的解决方案，从而提升工作效率。

2）搜索引擎优化。搜索引擎优化是指通过一系列技术和内容策略，提升网站在搜索引擎结果页面中的自然排名，从而增加网站的有机流量。其核心目标是让网站更容易被搜索引擎发现、理解和推荐给用户。简单来说，就是分析用户搜索行为，优化网站内容，提高搜索引擎排名，以吸引更多流量。

3）客户关系管理。企业对提取的客户信息进行分类，从而找到高价值客户，通过关注客户互动，分析反馈和评价，改进服务，增强客户忠诚度，降低客户流失率，促进客户消费。

4）智能营销。企业根据用户以往的购买记录，通过关联算法、文本摘要抽取、情感分析等智能分析算法，利用数据挖掘技术发现客户的真正需求和偏好，制定精准营销策略。例如，某化妆品企业通过智能搜索，发现购买基础护肤品的客户通常关注美白功效，继而有针对性地推出美白系列套装。

5）供应链与物流优化。一方面，智能搜索技术能够整合和分析企业的库存数据，提供精准的库存预警和补货建议。例如，DeepSeek通过对历史销售数据、市场需求预测和供应商交货周期等数据的分析，为企业提供库存预警和补货建议，避免库存积压或缺货风险。另一方面，智能搜索技术能够处理物流数据，优化运输路径和资源分配；还可以实时监控货物的运输状态，提供物流追踪和预警功能，确保货物按时、安全到达。

4.2 模拟人类思维的推理

导读案例

智能推荐——战术安排

智能推荐是一种基于人工智能和数据挖掘技术的应用，通过分析用户的行为、偏好和上下文信息，为用户提供个性化的内容或建议。

体育竞技中，智能推荐系统通过模拟人类思维的推理过程，结合数据分析和动态调整，为战术安排提供科学依据。这种能力使得系统能够在复杂的竞技环境中，为运动员和教练提供更具针对性和效率的策略支持。具体体现在以下几个方面。

（1）数据分析与模式识别

智能推荐系统利用机器学习和深度学习算法，对海量比赛数据进行分析，得出对手（如球员、守门员等）的运动数据、行为模式和历史表现，识别出比赛中的关键模式和规律，以及潜在的弱点。例如，通过分析球员的运动轨迹和传球路线，系统可以推测出最佳的进攻路线或防守策略。

（2）构建行为模型

基于识别出的模式，智能推荐系统能够预测比赛中的关键时刻和对手的战术意图。通过模拟对手的思维方式和决策过程，预测他们在面对特定战术时可能的选择。这种模拟基于对手的行为数据和认知模式，帮助智能推荐系统设计出更具针对性的战术。

（3）动态决策与反馈优化

智能推荐系统会根据实时反馈（如对手的表现、比赛进展等），动态调整推荐的战术方案，以适应对手的变化和比赛的实际情况。这种动态性是模拟人类思维推理的核心特点，体现了系统对复杂场景的适应能力。

（4）模拟对抗与策略制定

智能推荐系统模拟不同战术的对抗结果，通过模拟推理找到最优策略。例如，智能推荐系统可能模拟几种不同的点球战术（如固定位置、随机变化等），并根据模拟结果选择最有效的方案。

（5）个性化与适应性

智能推荐系统能够根据对手的个性特征（如技术风格、心理素质等）调整策略，模拟出最适合的战术安排。这种个性化是模拟人类思维推理的重要体现，体现了系统对复杂问题的深度理解和灵活应对能力。

（6）挑战与局限性

一是在实际应用中，数据分析的真实性和准确性是关键。如果对手的数据被误判或模型设计不当，可能导致战术安排失败。二是模拟思维过程需要处理复杂的逻辑关系和不确定性，这增加了算法的复杂性和计算难度。三是模拟对手的思维过程可能会忽略一些不可预测的因素，导致策略在实际比赛中失效。

在人工智能中，推理是模拟人类思维的核心能力之一。掌握推理的基本概念、确定性推理、不确定性推理、模糊推理等知识，是理解人工智能中推理技术的关键。这些知识不仅有助于人们理解机器如何模拟人类的思维方式，还为开发智能系统提供了理论基础。

4.2.1　推理的定义

推理是人类从已知信息或前提中得出合理结论的思维过程。具体来说，推理是从初始证据出发，按照某种策略不断运用知识库中的已知知识，逐步推出结论的过程。推理的两个基本要素是已知事实和知识。已知事实又称为证据，用于指出推理的出发点及推理时应该使用的知识；知识是使推理得以向前推进并逐步达到最终目标的依据。

知识库是人工智能中的一个重要概念，是一个用于存储和管理知识的结构化集合。知识库中的知识通常以某种形式化的方式（如规则、事实、关系等）表示，以使计算机能够理解和处理。知识库是推理系统、专家系统、智能决策支持系统等人工智能应用的核心组成部分。

在人工智能系统中，推理机是负责根据知识库中的知识进行推理的模块。推理机的主要任务是根据知识库中的知识，通过一定的推理策略（如正向推理、反向推理等），模拟人类的推理过程，从而解决问题或得出结论。推理机的实现有多种方式，包括但不限于以下方式。

1）基于规则的推理引擎：通过规则匹配和推理策略实现推理。

2）基于逻辑的推理引擎：通过逻辑推理（如谓词逻辑）实现推理。

3）基于知识图谱的推理引擎：通过图结构的知识表示和路径搜索实现推理。

4）基于机器学习的推理引擎：通过模型训练实现推理。

例如，在一场足球比赛中，教练的知识库中不仅包含教练自己的经验和乙方球员的数据，也包含对手的战术特点等数据。比赛中一旦对手突然改变战术（如加强反击），推理机就能够快速分析对手的战术特点、球员位置，以及己方球员的能力（如速度、力量）。然后根据这些信息，给出调整进攻策略（如加强高位逼抢）或防守策略（如调整防线布局）的建议。

4.2.2 推理策略的分类

要 点

按推出结论的途径分类：演绎推理、归纳推理和默认推理。

按所用知识的确定性分类：确定性推理和不确定性推理。

按推理方向分类：正向推理、反向推理和混合推理。

模糊推理可以看作不确定性推理的一部分，因为它处理的是模糊信息，而不是完全不确定的信息。同时，模糊推理本身可以同时支持正向推理和反向推理。

推理是解决复杂问题的重要工具。推理过程是求解问题的过程，推理过程本质上是一种通过逻辑和规则逐步解决问题的方法，涉及从已知信息出发，通过一系列逻辑步骤，推导出新的结论，从而解决特定问题。

1. 演绎推理

演绎推理是人工智能中的一种重要的推理方式，通常用于专家系统、智能决策支持系统中。

演绎推理是一种从一般到特殊的推理方法，基于已知的规则和事实推导出具体的结论。演绎推理的核心思想：如果前提是真的，那么结论也必然为真。它依赖逻辑规则，如命题逻辑和谓词逻辑，通过严格的推理过程得出结论。

【例 4-4】 命题逻辑中的演绎推理。

假设有以下规则和事实。

规则 1：如果今天下雨，那么地面是湿的。

事实：今天下雨。

通过演绎推理得出结论。

结论：地面是湿的。

用逻辑表示。

规则 1：Rain → Wet。

事实：Rain。

结论：Wet。

推理过程：

根据规则 1，如果 Rain 为真，则 Wet 也为真。

已知 Rain 为真，因此 Wet 必然为真。

【例 4-5】 谓词逻辑中的演绎推理。

假设有以下规则和事实。

规则 1：所有学生都必须参加考试。

规则 2：张丽是学生。

结论：张丽必须参加考试。

用逻辑表示。

规则 1：∀x (Student(x) → MustTakeExam(x))。

事实：Student(ZhangLi)。

结论：MustTakeExam(ZhangLi)。

推理过程：

根据规则 1，如果 x 是学生，则 x 必须参加考试。

已知张丽是学生（Student(ZhangLi)），因此根据规则 1，张丽必须参加考试（MustTakeExam(ZhangLi)）。

说明：这是一个典型的演绎推理，从一般性的前提“所有学生都必须参加考试”推导出特定个体“张丽必须参加考试”的结论。

【例 4-6】 专家系统中的演绎推理。

假设有一个足球队的战术安排专家系统，规则如下。

规则 1：如果对方球队的防守阵型是“密集防守”，那么推荐使用“边路进攻”战术。

规则 2：如果对方球队的防守阵型是“区域防守”，那么推荐使用“中路渗透”战术。

规则 3：如果对方球队的防守阵型是“人盯人防守”，那么推荐使用“快速反击”战术。

事实：在即将到来的比赛中，对方球队的防守阵型是“密集防守”。

通过演绎推理，可以得出结论。

结论：在即将到来的比赛中，推荐使用“边路进攻”战术。

用逻辑表示。

规则 1：IF DefenseFormation="密集防守"THEN Tactic="边路进攻"。

事实：DefenseFormation="密集防守"。

结论：Tactic="边路进攻"。

推理过程：

已知对方球队的防守阵型是“密集防守”，因此根据规则 1，在即将到来的比赛中，推荐使用“边路进攻”战术。

应用：实际比赛中，根据专家系统的建议，教练决定在比赛中采用“边路进攻”战术，安排球员在边路创造机会，通过传中和边路突破来打破对方的密集防守。

2. 归纳推理

归纳推理是人类思维活动中最基本、最常用的一种推理形式。人们在由个别到一般的思维过程中经常要用到它。

归纳推理是从足够多的事例中归纳出一般性结论的推理过程，是一种从个别到一般的推理。

基于归纳时所选的事例的广泛性，归纳推理分为完全归纳推理和不完全归纳推理。

完全归纳推理是通过对某一类事物的全部个体进行考察，从而得出关于该类事物的一般性结论。完全归纳推理考察的是所有可能的个体，因此其结论具有较高的可靠性。例如，假设有一个小型足球队，队内有 5 名球员，由于 5 名球员的体能测试结果都显示他们适合高强度训练，因此可以得出结论：“所有队内的球员都适合进行高强度训练”。

不完全归纳推理是通过对某一类事物的部分个体进行考察，从而得出关于该类事物的一般性结论。不完全归纳推理是一种基于部分样本得出一般性结论的推理方法，适用于样本数量庞大的情况，但结论可能存在不确定性。例如，假设有一个足球队，队内有 20 名球员，教练希望通过不完全归纳推理来判断所有球员是否都适合进行高强度训练。由于时间有限，教练只对其中 5 名球员进行了体能测试，这 5 名球员的体能测试结果都显示他们适合高强度训练，教练可以初步推断：“队内所有球员都适合进行高强度训练”。

在实际应用中，许多产品是否合格必须使用完全归纳推理。例如，对飞机上的关键零部件必须逐一检测。但是，国家粮库收购玉米时，只需抽取少数玉米进行检测，检验其质量是否合格，使用的是不完全归纳推理。

3. 默认推理

默认推理又称缺省推理，是一种在知识不完全的情况下假设某些条件已经具备的推理方法。其基本思想如下：如果没有足够的证据证明某个结论不成立，则默认该结论是正确的。默认推理允许在缺乏完整信息时做出合理的假设，从而继续推理过程。例如，某地一小时前发生了抢劫案件，但不知道抢劫犯有什么交通工具，则可以默认抢劫犯有汽车，并由此推出在 100km 范围内进行布控的结论。

在默认推理的过程中，如果在某一时刻发现原先的假设不正确，则要撤销默认前提以及由此推出的所有结论，重新按照新情况进行推理。

4. 确定性推理

确定性推理是一种基于精确知识和逻辑规则的推理方法，其特点是推理过程中所用的知识是完全确定的，推出的结论也是确定的。确定性推理不涉及任何不确定性或模糊性，结论的真值只能是“真”或“假”。在 AI 医疗诊断、专家系统等领域，确定性推理可以帮助人们快速、准确地得出结论。

5. 不确定性推理

不确定性推理是一种处理不确定信息的推理方法。在现实世界中，经常遇到信息不完整、数据不精确或存在概率性的情况。不确定性推理允许人们在这种情况下进行推理，通过考虑信息的不确定性和概率性来得出结论。在AI医疗诊断、金融风险评估等领域，不确定性推理可以帮助人们处理复杂和不确定的问题，以提供更合理的决策支持。

【例4-7】 不确定性推理在AI医疗诊断中的应用。

假设有一个AI医疗诊断系统，该系统需要根据患者的症状和检查结果来推断可能的疾病。医疗数据通常存在不确定性，因此可以使用不确定性推理来处理。

（1）已知信息

- 患者有发热症状，概率为80%。
- 患者有咳嗽症状，概率为70%。
- 如果患者有发热和咳嗽症状，那么患有流感的概率为60%。

（2）推理过程

考虑症状的概率：发热的概率为80%；咳嗽的概率为70%。

计算联合概率：假设发热和咳嗽是独立事件，同时有发热和咳嗽的概率为

$$P(\text{发热}\cap\text{咳嗽})=P(\text{发热})\times P(\text{咳嗽})=0.8\times0.7=0.56$$

应用疾病概率：如果患者有发热和咳嗽症状，那么患有流感的概率为60%。因此，患者患有流感的概率为

$$P(\text{流感})=P(\text{发热}\cap\text{咳嗽})\times P(\text{流感}|\text{发热}\cap\text{咳嗽})=0.56\times0.6=0.336$$

（3）最终结论

患者患有流感的概率为33.6%。

【例4-8】 不确定性推理在智能推荐系统——战术安排中的应用。

假设在篮球比赛中，教练需要根据比赛的实时情况（如球员的体能状态、对手的战术变化、比分差距等）做出快速的战术调整。这些信息往往是不确定的或动态变化的，因此需要一种能够处理不确定性的推理方法。假设教练使用一个基于贝叶斯网络的智能推荐系统来辅助战术安排决策。已知，贝叶斯网络是一种处理不确定性的概率模型，能够根据已知信息动态更新战术建议。

在一场篮球比赛中，假设教练需要决定是否对对方的明星球员进行包夹防守。以下是不确定性推理的过程。

（1）数据收集

系统收集实时数据，包括球员的体能状态、得分效率、对手的战术布局等。例如，系统检测到对方明星球员的得分效率较高（概率为70%），但体能状态中等（概率为60%）。

（2）不确定性建模

系统使用贝叶斯网络建模，将球员的得分效率、体能状态和对手战术作为节点，并定义它们之间的概率关系。例如，如果对方球员体能中等且得分效率高，那么他被包夹后得分的概率会降低。

（3）动态推理

根据实时数据，系统通过贝叶斯网络进行推理，计算出当前情况下包夹防守的预期效果。系统推断出，如果对对方明星球员进行包夹，其得分效率降低的概率为 80%，但可能会给对方其他球员创造得分机会。

（4）战术推荐

系统综合考虑所有因素后，推荐教练对对方明星球员进行包夹，同时提醒注意防守对方其他球员的空位投篮。

（5）实时调整

在比赛过程中，系统根据新的数据（如对方球员的得分变化、体能消耗等）动态调整战术建议。

可以看出，不确定性推理在体育竞技的智能推荐系统中具有重要应用价值。它能够处理比赛中的不确定信息，如球员状态和对手战术变化，并通过动态推理为教练提供科学的战术建议。

6. 正向推理

正向推理是推理机中常用的推理策略，特别适用于从已知事实中逐步探索可能结论的场景。这种推理方式在 AI 医疗、故障诊断、智能推荐系统等领域都有广泛的应用。

正向推理是一种基于规则的推理策略，从已知事实出发，通过逐步应用规则，向前推进，直到得出结论或无法继续推理为止。由于正向推理是通过动态数据库中的数据“触发”规则进行推理的，因此又称为数据推动的推理。

正向推理的基本思路主要包括以下几点。

1）从已知事实出发。推理过程从已有的事实（初始条件）开始，这些事实通常由用户输入或系统感知到的环境信息组成。

2）应用规则。推理机检查知识库中的规则，寻找规则的前件（条件部分）与当前已知事实匹配的规则。

3）生成新事实或结论。一旦找到匹配的规则，推理机会根据系统的冲突解决策略决定是否应用该规则。如果应用规则，则将规则的后件（结论部分）作为新的事实或结论添加到工作记忆中。需要强调的是，这些新事实或结论会成为后续推理的已知事实的一部分，推理机将继续结合知识库中的其他规则和已知事实进行下一步推理。

4）循环推理。新生成的事实可能会触发更多的规则匹配，推理机继续应用规则，直到求得问题的解或者知识库中无法找到匹配的规则为止。

正向推理的最终目标是推导出系统能够得出的所有可能结论，或者达到某个预设的目标。

【例 4-9】 正向推理在 AI 医疗诊断中的应用。

假设有一个简单的 AI 医疗诊断系统，其知识库包含以下规则。

规则 1：如果患者有发热（fever）和咳嗽（cough）症状，则可能是流感（flu）。

规则 2：如果患者有发热（fever）和喉咙痛（sore throat）症状，则可能是感冒（cold）。

规则 3：如果患者有发热（fever）、咳嗽（cough）且呼吸困难（breathing difficulties）

症状，则可能是肺炎（pneumonia）。

（1）初始事实

- 患者有发热（fever）。
- 患者有咳嗽（cough）。
- 患者有呼吸困难（breathing difficulties）。

（2）推理过程

1）匹配规则：检查规则 1、规则 2 和规则 3。

- 规则 1 部分匹配（有发热和咳嗽，但没有呼吸困难）。
- 规则 2 不匹配（没有喉咙痛）。
- 规则 3 完全匹配（有发热、咳嗽和呼吸困难）。

2）应用规则 3：将“可能是肺炎（pneumonia）”添加到工作记忆中。

3）检查是否有更多匹配规则：如果没有其他规则可以匹配，则推理结束。

4）输出结论：患者可能患有肺炎。

说明：工作记忆是推理系统中的一个核心概念，类似于人类的短期记忆，用于存储当前推理过程中正在使用的事实和中间结论。

7. 逆向推理

在人工智能领域，逆向推理常用于专家系统和问题求解中，以帮助系统快速找到解决方案。这种推理方式在解决复杂问题时非常有效，特别适用于需要从结果反推原因的情况。尤其是在问题空间中有多条路径可以到达目标状态时，逆向推理可以帮助缩小搜索范围，提高效率。

在人工智能领域，逆向推理是一种基于目标驱动的推理方法，主要从问题的目标状态出发，逆向推导出可能的初始状态或前提条件。其基本思想是通过从目标出发，逐步分解目标为子目标，直到与已知条件建立联系或等同。

逆向推理通过逆推的方式验证结论的正确性，即从目标状态开始，按照知识库中的规则和证据，逐步向已知条件回溯。

逆向推理主要包含以下关键步骤。

1）确定目标。明确需要验证的目标或结论。

2）检查目标是否已知。查看目标是否已经存在于已知事实中。如果是，推理成功；如果不是，进入下一步。

3）查找支持目标的规则。在知识库中查找能够导出目标的规则。这些规则的前件会成为新的子目标。

4）递归验证子目标。对每个子目标重复上述过程，直到所有子目标都能被验证为真，或者无法找到支持的证据。

5）得出结论。如果所有子目标都能被验证为真，那么原始目标成立；否则，目标不成立。

【例 4-10】 逆向推理在 AI 医疗诊断中的应用。

假设有一个简单的 AI 医疗诊断系统，其知识库包含以下规则。

规则 1：如果患者有发热（fever）和咳嗽（cough）症状，那么可能是感冒（cold）。

规则 2：如果患者有发热（fever）和喉咙痛（sore throat）症状，那么可能是咽喉炎（pharyngolaryngitis）。

现在，需要验证一个目标："患者可能是感冒"。

1）确定目标：患者可能是感冒（cold）。

2）查找支持目标的规则：找到规则 1。

3）分解子目标：规则 1 的前件是"患者有发热（fever）"和"患者有咳嗽（cough）"症状。

4）验证子目标：一是检查"患者有发热（fever）"是否为真；二是检查"患者有咳嗽（cough）"是否为真。

5）得出结论：如果"患者有发热（fever）"和"患者有咳嗽（cough）"都为真，则目标"患者可能是感冒（cold）"成立；如果其中一个条件不成立，则目标不成立。

【例 4-11】 反向传播算法在神经网络中的应用。

反向传播算法是人工神经网络中极其重要的一个算法。在神经网络的训练过程中，网络会根据给定的数据分析得出一个结果。例如，在图片分类任务中，判断图片中的动物是小猫还是小狗。如果得出的结论与给定的标签不一致（如标签是小猫，但网络判断出的是小狗），神经网络就会通过反向传播算法调整神经元之间的权重，重新输出结果。如果输出结果仍然不一致，网络会继续调整，直到输出结果与标签一致为止。这种基于反向传播的调整过程，使神经网络能够不断优化自身，最终在面对新的数据时做出更加可靠的判断。

这个案例展示了逆向推理在人工智能中的重要性，即从错误的输出出发，通过反向调整模型参数，逐步优化性能，从而实现目标。这种方法在训练复杂的深度学习模型时尤为关键。

8. 混合推理

正向推理具有盲目、效率低等特点，推理过程中可能会推出许多与问题无关的子目标；在逆向推理中，若提出的起始目标不符合实际，也会降低系统的效率。为了解决这些问题，可以把正向推理和逆向推理结合起来，使二者发挥各自的优势。这种既有正向又有逆向的推理称为混合推理，也称为双向推理。

混合推理分为两种情况：一种情况是先进行正向推理，帮助选择某个目标，即从已知事实演绎出部分结果，然后再用逆向推理证实该目标或提高其可信度；另一种情况是先假设一个目标进行逆向推理，然后再利用逆向推理中得到的信息进行正向推理，以推出更多的结论。

4.2.3 模糊推理和模糊决策

人们日常思考问题实际上就经常在进行模糊推理。例如，已知有若干知识"如果室内温度高，那么空调的风要开大""如果室外温度低，那么多穿衣服""如果信用评分低，那么贷款风险高"，等等。现在的事实是"室外温度低"，推理的结论是"多穿衣服"，这些都涉及模糊知识表示和模糊推理。

1. 模糊逻辑的发展

模糊概念是人类感知万物、获取知识、进行推理、实施决策的重要特征。模糊比清晰所拥有的信息容量更大，内涵更丰富，更加符合客观世界。为了用数学方法描述和处理自然界出现的不精确、不完整的信息，1965 年，美国加利福尼亚大学自动控制理论专家洛特菲·A.扎德（Lotfi A. Zadeh）在关于“模糊控制”的一系列论著中，首先提出了模糊集合的概念，标志着模糊理论的诞生。

扎德为了建立模糊性对象的数学模型，把只取 0 和 1 二值的普通集合概念推广为在[0,1]上取无穷多值的模糊集合概念，并用“隶属度”这一概念来精确刻画元素与模糊集合之间的关系。

因为模糊集合是以连续的无穷多值为依据的，所以模糊逻辑可以看作运用无穷连续值的模糊集合去研究模糊性对象的科学。模糊逻辑善于表达界限不清晰的定性知识与经验。它区分模糊集合，处理模糊关系，模拟人脑实施规则型推理，解决各种不确定性问题。可以看到，传统的人工智能基于一些“清晰”的规则，这个“清晰”给出的结果往往是详细的、确定的，如一个具体的房价预测值；模糊逻辑模拟人脑的思考方式，对预测的房价给出一个类似“高了或低了”的结果。

创立和研究模糊逻辑有以下意义。

1）运用模糊逻辑变量、模糊逻辑函数和似然推理等新思想，为寻找解决模糊性问题的突破口奠定了理论基础。

2）模糊逻辑在原有的布尔代数、二值逻辑等数学和逻辑工具难以描述和处理的自动控制过程、医学疑难病症诊断、大系统的研究等方面具有独到之处。

3）为人类从精确性到模糊性、从确定性到不确定性的研究提供了正确的研究方法。但是，模糊逻辑理论本身还有待进一步系统化、完整化和规范化。

模糊逻辑系统是指利用模糊概念和模糊逻辑构成的系统，可以用来充当模糊逻辑控制器。图 4-8 所示是具有模糊产生器及模糊消除器的模糊逻辑系统结构图。这种模糊逻辑系统已经在许多工业过程和商业产品中得到成功应用，如空调、电冰箱、洗衣机等家用电器的自动控制中，以及游戏开发中。

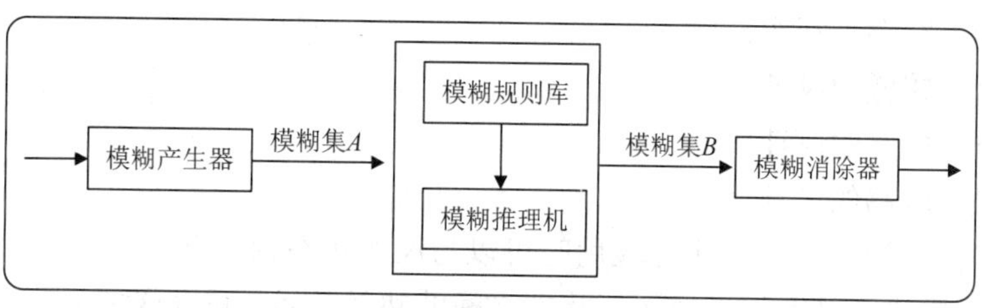

图 4-8 具有模糊产生器及模糊消除器的模糊逻辑系统结构图

在人工智能领域，特别是在知识表示方面，模糊逻辑具有相当广阔的应用前景。在自动控制、模式识别、自然语言理解、机器人、专家系统研制等方面，模糊逻辑应用取得了一定的成果，引起了计算机科学界越来越多的关注。目前，将神经网络与模糊控制技术相结合，形成了一种称为“模糊神经网络技术”的方法。这种技术结合了神经网络的学习能力与模糊控制的不确定性处理能力，能够更好地模拟人类的多模态信息处理和决策机制。通过这种结合，可以开发出更接近人脑的智能信息处理系统，在自动驾驶、智慧医疗、金融、控制、语音识别、图像处理、客户分类、智能交通、智能制造等领域，其应用前景广阔。

2. 模糊关系

模糊关系是模糊数学中的一个重要概念，用于描述模糊集合之间的关联性。模糊关系是普通关系的推广，普通关系描述两个集合中的元素之间是否有关联，而模糊关系则描述两个模糊集合中的元素之间的关联程度。模糊关系可以通过专家经验、数据统计、模糊规则、模糊聚类或数学建模等方法得到，并可用模糊关系矩阵、模糊关系函数或模糊规则等形式表示。模糊关系在控制系统、决策支持、图像处理和机器学习等领域有广泛的应用。

【例 4-12】 对于有限论域，可以采用模糊矩阵表示模糊关系。下面以智能控制系统——家庭空调温度控制系统为例，描述温度和空调运行状态之间的模糊关系。

传统的温度控制系统通常基于精确的数学模型，实际上温度的波动往往是非线性的，且受到多种不可预测因素的影响，传统的控制方法难以应对复杂多变的环境。模糊推理系统可以通过模糊规则进行有效的温度控制，无须复杂的数学模型。

温度论域是指室温的可能取值范围，通常是一个连续的区间，如[0℃, 50℃]。在这个区间内，划分了不同的模糊集合来描述温度的状态。

- 冰凉：室温≤20℃。
- 温暖：20℃<室温≤25℃。
- 微热：25℃<室温≤30℃。
- 较热：30℃<室温≤35℃。
- 炎热：室温>35℃。

关于温度的模糊集合，通过隶属函数来定义每个温度值属于某个模糊集合的程度。

空调运行状态论域是指空调的可能运行状态，通常是一个离散的集合，包括以下几种状态。

- 关闭：空调未开启。
- 轻风：较低的风速。
- 中风：中等的风速。
- 强风：较高的风速。
- 开启：空调已开启（实际应用时可以与风速状态相结合）。

模糊关系描述了温度与空调运行状态之间的映射关系。假设这种关系可以通过以下模糊规则来表示。

- 如果室温是“冰凉”，则空调运行状态为“关闭”或“轻风”。
- 如果室温是“温暖”，则空调运行状态为“轻风”或“中风”。
- 如果室温是“微热”，则空调运行状态为“中风”。

- 如果室温是“较热”，则空调运行状态为“中风”或“强风”。
- 如果室温是“炎热”，则空调运行状态为“强风”。

这些规则定义了温度与空调运行状态之间的模糊关系。具体来说，模糊关系可以表示为一个模糊关系矩阵 $\boldsymbol{R}$，其中矩阵的行表示温度模糊集合，列表示空调运行状态模糊集合，矩阵元素表示隶属度。隶属度越高，表示该温度状态下空调运行状态的倾向性越强。本题略去了隶属函数的计算过程。假设计算后，温度与空调运行状态的模糊关系（用 $\boldsymbol{R}$ 表示）见表 4-1。

表 4-1 温度与空调运行状态的模糊关系（用 $\boldsymbol{R}$ 表示）

X	Y			
	关闭	轻风	中风	强风
冰凉	0.8	0.2	0	0
温暖	0.1	0.8	0.2	0
微热	0	0.2	0.9	0
较热	0	0	0.4	0.8
炎热	0	0	0	1

模糊关系 $\boldsymbol{R}$ 可用矩阵表示为

$$\boldsymbol{R}=\begin{bmatrix} 0.8 & 0.2 & 0 & 0 \\ 0.1 & 0.8 & 0.2 & 0 \\ 0 & 0.2 & 0.9 & 0 \\ 0 & 0 & 0.4 & 0.8 \\ 0 & 0 & 0 & 1 \end{bmatrix}$$

在这个矩阵中，每个元素表示在某种温度状态下，空调运行状态的隶属度。例如，当室温为 22℃，属于“冰凉”集合的隶属度为 0.1，属于“温暖”集合的隶属度为 0.8，属于“微热”集合的隶属度为 0.2。通常选择隶属度最高的状态作为最终输出，因此，空调运行状态设置为“轻风”。当然，现实生活中的智能空调调控会更复杂。

3. 模糊推理

模糊推理作为一种基于模糊逻辑的推理方法，用于处理不确定性和模糊性信息。例如，规则是“如果室外温度低，那么多穿衣服”。现在温度有点低，需要穿多少衣服呢？

模糊推理可以表示为一般形式：若已知输入 $\boldsymbol{A}$，则输出为 $\boldsymbol{B}$；若现在已知输入为 $\boldsymbol{A}'$，则按照模糊推理，输出 $\boldsymbol{B}'$用合成规则求取，其矩阵形式为

$$\boldsymbol{B}'=\boldsymbol{A}'\boldsymbol{R}$$

式中，$\boldsymbol{A}'$是模糊集合向量；$\boldsymbol{R}$ 是模糊关系；模糊输出 $\boldsymbol{B}'$来自 $\boldsymbol{A}'$和 $\boldsymbol{R}$ 的模糊合成。

模糊推理包含以下四个关键步骤。

1）模糊化：将输入数据（如温度、成本、风险等）转化为模糊集合。

2）模糊规则库：建立“如果–则”（IF-THEN）规则。

3）模糊推理过程：结合规则和输入，生成模糊结论。

4）去模糊化：将模糊输出转化为具体数值（如空调功率设为70%）。

一般来说，由模糊推理得出的输出（结论或者操作）也是一个模糊量，不能直接应用，需要先转换为确定值，这一过程称为模糊决策或者清晰化、解模糊等。

小　结

本章重点介绍了人工智能领域的搜索策略和模拟人类思维的推理策略。

搜索是解决复杂问题、优化路径和实现智能决策的核心技术，是人工智能中应用最广泛的求解问题的一般方法。状态空间是问题求解过程中所有可能状态的集合，使用不同的搜索，找到的解的状态空间是有区别的。搜索算法的策略是确定状态空间的搜索次序。搜索过程中，状态空间通常被表示为图或决策树的形式，其中节点代表状态，边或分支代表状态之间的转换关系。搜索过程中经常用到回溯策略。如果在选择节点时利用了与问题相关的知识或者启发信息，则称为启发式搜索，否则称为盲目搜索。深度优先和宽度优先都是常用的盲目搜索方法之一，具有通用性好的特点，但是效率低下，不适合求解复杂问题。启发式搜索虽然不一定能找到最优解，但是利用与问题相关的启发信息，减少了搜索范围，提高了搜索效率。智能搜索旨在通过自然语言处理、机器学习等技术，理解用户的意图并提供更精准、更相关的搜索结果。它不局限于简单的关键词匹配，还能处理复杂的自然语言问题、多轮对话以及多媒体数据。

推理是知识表示和利用的核心机制，是智能决策的基础，是问题求解的关键，是自然语言理解的核心，是智能系统的核心能力，也是知识更新和学习的重要手段。推理使人工智能系统能够模拟人类的思维过程，处理复杂问题，适应动态环境。具体来说，推理过程是求解问题的过程，本质上是一种通过逻辑和规则逐步解决问题的方法，涉及从已知信息出发，通过一系列逻辑步骤，推导出新的结论，从而解决特定问题。按推出结论的途径，推理可分为演绎推理、归纳推理和默认推理；按所用知识的确定性，推理又可分为确定性推理和不确定性推理；按推理方向，推理还可分为正向推理、反向推理和混合推理。模糊推理可以看作不确定性推理的一部分，处理的是模糊信息，而不是完全不确定的信息。模糊推理本身可以同时支持正向推理和反向推理，因为当下的推理技术有新进展。

习　题　4

1. 什么是搜索？搜索在人工智能领域的重要性是什么？
2. 什么是盲目搜索？请分析常用的两种盲目搜索策略的基本思想和优缺点。
3. 什么是启发式搜索？它的优势和局限性有哪些？什么是启发信息？
4. 什么是回溯策略？
5. 什么是推理？推理的分类有哪几种情况？请详细描述。
6. 什么是模糊性？它与随机性有什么区别？请举例说明。

第5章 智能感知

教学目的和要求

智能感知作为连接物理世界与数字世界的桥梁，使机器能够模拟人类的感知能力，理解和响应复杂环境。在学习人工智能的过程中，智能感知技术不仅帮助人们构建更加精准的数据采集和处理系统，还为机器学习算法提供了丰富、高质量的训练素材。通过智能感知，机器能够更好地识别图像、声音、文本等多种信息形式，从而提升其决策和预测的准确性。因此，掌握智能感知的原理与应用，对于深入理解和实践人工智能至关重要，它促进了人工智能技术在各个领域的发展与创新。

- 智能感知
  - 内容描述
    - 智能感知系统
    - 智能感知的层次结构
    - 智能感知系统与传统感知系统的区别
    - 多模态感知与识别技术
  - 案例分析
    - 无人驾驶——环境感知
    - 智慧农业——生猪养殖场智能监测系统
    - 智慧养猪场——智慧农业与传统农业对比
    - 智慧工厂——智能“质检员”
  - 知识目标
    - 熟悉智能感知的层次结构、系统组成及关键技术
    - 了解智能感知系统和传统感知系统的区别
    - 掌握多模态感知与识别的技术核心
    - 熟悉生物识别的优点和步骤
    - 了解语音感知与语音识别的区别
    - 熟悉触觉感知、味觉感知、嗅觉感知的相关传感器以及应用领域
  - 能力目标
    - 掌握人脸识别、声纹识别、步态识别的具体应用
    - 掌握语音识别的关键步骤
    - 熟悉环境感知的前沿技术

智慧工厂——智能“质检员”

5.1 智能感知系统

导读案例

无人驾驶——环境感知

2025 年 3 月 13 日，杭州机场的两辆无人驾驶货物牵引车开始试运行，这是华东地区首批进入试运行的机坪无人车，如图 5-1 所示。机坪无人车基于通用自动驾驶技

术栈 U-Drive 打造，车身搭载 5 个激光雷达、7 个摄像头和差分全球定位系统（differential GPS，DGPS）等多类传感器，可实现厘米级高阶精准定位。机坪无人车不仅能精确感知周边环境，检测机坪上的飞机位置并自动停车避让，还能实现多车协同、精准停靠等功能。经过测试，无人车在复杂工况和雨雪等不利天气中均能安全高效运行，符合民航运行规范。杭州机场同步加入了“语义定位”技术。简单来说，这一技术在传统几何定位基础上，增加了对环境的算法分析，可以更精确地感知周边环境，实现多车协同、精准停靠等功能，确保运输过程的安全可靠。此外，基于无人车云端智能管理平台，机场工作人员可以进行有效管理调度和远程监控。

图 5-1　无人驾驶货物牵引车在杭州萧山国际机场机坪内运输货物

在人工智能学习过程中，智能感知占据着举足轻重的地位，堪称开启智能世界大门的关键钥匙。

计算赋能

在人工智能领域，智能感知是实现环境交互和自主决策的关键环节。智能感知中的“智能”是指感知系统在物联网、大数据等技术的支持下，通过学习、分析和决策，能够适应环境变化并优化自身行为，从而高效地完成特定任务或优化用户体验的属性。

从数据角度来看，智能感知是人工智能系统数据的源头活水，利用摄像头捕捉视觉图像、麦克风收录声音、传感器采集环境参数等，为模型训练提供丰富多样的原始数据。这些数据的质量直接影响模型的性能，精准的感知确保数据的准确性与完整性。理解智能感知的数据特点，能帮助人们选择、优化算法，从而更好地处理各类感知数据。

在模型与算法层面，智能感知是推动其进步的重要动力。对人类感知机制的深入研究，启发了一系列创新的模型架构与算法。例如，借鉴人类视觉系统对图像的分层处理方式，卷积神经网络得以诞生，极大地提升了图像识别的效率和准确性。

在应用领域，智能感知更是连接人工智能与现实世界的桥梁。智能家居借助智能感知实现设备的自动化控制，智能交通依靠它达成车辆的自动驾驶和交通流量优化。在人机交互中，智能感知让机器能够理解人类的语言、动作，实现更加自然流畅的交互体验。可以说，没有智能感知，人工智能就难以在实际场景中发挥作用，无法真正改善人们的生活。

要　点

智能感知：系统或设备通过模拟人类的感知能力，利用各种传感器和先进算法，自动检测、识别和理解环境信息的过程。

智能感知技术：一种将物理世界的信号通过摄像头、麦克风或者其他传感器的硬件设备，借助语音识别、图像识别等前沿技术，映射到数字世界，再将这些数字信息进一步提升至可认知的层次（如记忆、理解、规划、决策等）的技术。

多模态感知：指结合利用多种类型的感知模态（如视觉、听觉、触觉、温度等）来感知外部世界的过程。

人类和高等动物都具有丰富的感觉器官，能通过视觉、听觉、味觉、触觉、嗅觉来感受外界刺激，获取环境信息。但是机器在感知世界方面，比人类还有优势。人类都是被动感知的，但是机器可以主动感知，如激光雷达、微波雷达和红外雷达。越来越多的感知机器人，包括人形机器人、协作机器人、陪伴机器人、教育机器人等，都是充分利用了深度神经网络（deep neural network，DNN）和大数据的成果。机器在感知智能方面已越来越接近人类。

智能感知系统是人工智能与现实世界交互的基础和关键，帮助人工智能对信息进行识别、判断、预测和决策，对不确定信息进行整理挖掘，实现高效的信息感知，使得物理系统更加智能。

1. 智能感知系统的关键组成

智能感知系统主要由传感器子系统、数据采集与预处理单元、数据传输模块、数据处理与分析中心和执行机构等组成，如图 5-2 所示。

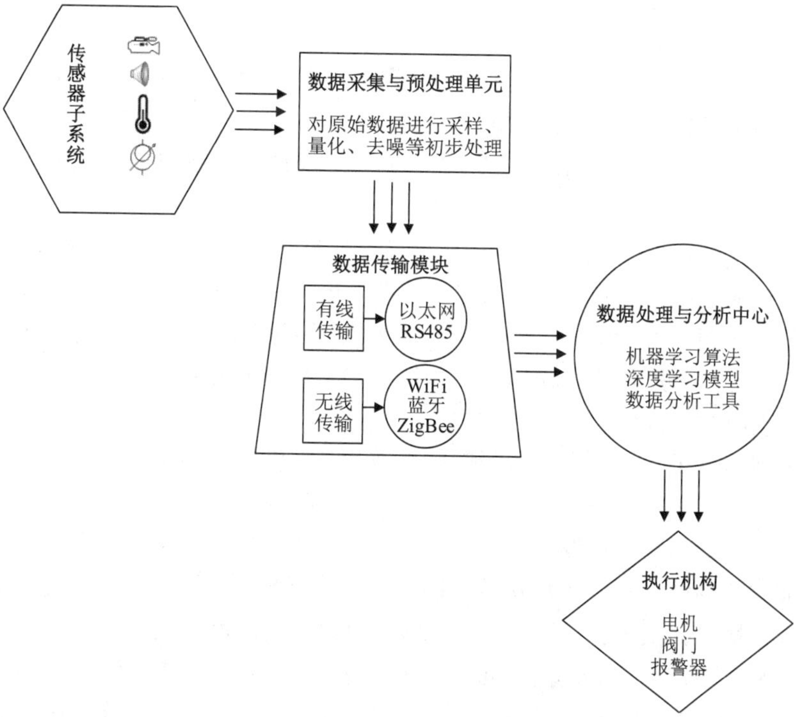

图 5-2 智能感知系统的组成

（1）传感器子系统

传感器子系统相当于系统的“眼睛”“耳朵”等感官器官，是智能感知系统的“触角”，能感知物理世界中的各种信息，如温度、湿度、光照、压力、位移等，并将这些非电量信号转换为电信号或其他便于处理的信号。以机器人为例，传感器子系统负责收集物理世界中的各种信息，起着不可或缺的重要作用。传感器技术从根本上决定着机器人环境感知技术的发展。目前主流的机器人传感器包括视觉传感器、听觉传感器、触觉传感器等，多传感器信息的融合决定了机器人对环境信息的感知能力。

在智能家居中，温度传感器、湿度传感器、光照传感器等可实时感知家居环境的变化，智能系统根据传感器收集的数据，自动调节空调温度、加湿器、灯光等设备，为用户营造舒适的居住环境。在智能交通中，激光雷达传感器、压力传感器、摄像头、毫米波雷达等多种传感器协同工作，实时感知车辆周围的环境信息，包括道路状况、车流量、行人、其他车辆、交通标志和信号灯。

（2）数据采集与预处理模块

数据采集与预处理单元负责对传感器收集的原始数据进行采集，并进行初步的清洗（如去噪、滤波等）、模数转换和格式化等操作，以便后续的数据传输和处理。这一步骤对于提高数据质量和减少处理时间至关重要。

例如，在工业生产线上，传感器可以监测生产设备的运行状态、工艺参数、产品质量等信息。数据采集与预处理单元对这些传感器数据进行实时采集和初步处理后，可以更准确地分析设备运行状态，及时发现生产过程中的异常情况和故障隐患，为后续的数据分析和决策提供支持。

（3）数据传输模块

数据传输模块负责将采集和预处理后的数据传输到数据处理与分析中心，可采用有线（如光纤、网线）或无线（如 WiFi、蓝牙、ZigBee、4G/5G）等传输方式。这一过程需要保证数据的完整性、准确性和实时性，同时考虑通信网络的带宽、延迟和可靠性等因素。

在智慧农业中，部署在农田里的传感器节点通过 ZigBee 或 4G/5G 网络将土壤湿度、养分等数据传输到远程控制中心，以方便管理人员实时了解农田状况。智能手环通过蓝牙将健康数据传输到用户手机；城市交通系统中的摄像头通过光纤将视频数据实时传送到控制中心。这些都是数据传输模块在智能感知系统中的应用。

（4）数据处理与分析中心

数据处理与分析中心相当于智能感知系统的“大脑”，是智能感知系统的核心部分，负责接收、存储、处理和分析来自数据传输模块的数据。通过运用大数据分析、机器学习等技术，对采集的数据提取有价值的信息，并给出相应的决策和指令。

在智能安防领域，对监控视频数据进行分析，可实现人脸识别、行为分析等功能，及时发现异常情况并报警。在智能交通领域，对收集到的交通数据进行分析，可以优化交通信号控制策略，缓解交通拥堵问题。在智慧农业领域，分析天气和土壤数据，可以提供精确的灌溉和施肥方案，提高农作物的产量和质量。在远程医疗领域，穿戴式设备或植入式传感器可以实时监测患者的生理参数，并将数据传输给数据处理与分析中心，医生或监护人可以通过远程监控平台及时了解患者的健康状况，进行远程诊断和治疗。

（5）执行机构

执行机构负责根据数据处理与分析中心的决策结果，对物理世界进行操作和控制，实现相应的功能或执行相应的任务，如控制设备的开启/关闭、调整设备的运行参数、触发警报、发送通知等。

在智能照明系统中，当数据处理与分析中心根据环境光照和人员活动情况发出指令时，执行机构（如智能开关、调光器）可自动调节灯光的亮度或开关状态。在智能家居领域，通过智能家居 APP 可以远程控制家里的智能灯光、空调等设备，这些设备的控制就是由执行机构完成的。在智能安防领域，当系统检测到异常行为时，执行机构会触发警报，通知用户或采取相应的防范措施。

2. 智能感知系统的关键技术

在导读案例中提及的无人驾驶技术，是一个复杂的系统工程，涉及环境感知、决策规划、控制执行、高精度地图与定位、网络通信以及数据处理与人工智能等多个关键技术领域。其中，环境感知能力是无人驾驶的核心，是无人驾驶车辆安全、高效行驶的基础。环境感知是指无人驾驶系统通过搭载的各种传感器，如激光雷达、相机、毫米波雷达等，从周围环境中获取多模态的信息，并通过算法处理和分析，形成对环境的理解和认知的过程。环境感知包括对障碍物、道路标志、行人、车辆等各类目标的感知，以及对环境拓扑结构和地标的感知。其涉及的关键技术主要有传感器技术、数据融合技术、深度学习技术。

智能感知系统所涉及的关键技术有传感器技术、物联网技术、大数据与云计算技术和人工智能技术。

（1）传感器技术

传感器技术是智能感知系统的基础，负责采集环境中的各种物理量或化学量，并将其转换为可测量和可处理的电信号。这些信号是智能感知系统进行后续处理和分析的基础数据。传感器的精度、灵敏度等性能决定了系统感知的准确性和可靠性。红外传感器、烟雾传感器等可用于监测火灾、入侵等异常情况，及时触发警报并采取相应的防范措施；心率传感器、血压传感器等可用于实时监测患者的生理参数，为医生提供即时的医疗数据支持。

例如，在静脉识别技术中传感器技术就扮演着至关重要的角色。静脉识别技术是一种利用人体内部静脉血管的分布和特征来进行身份识别的生物识别技术。这种技术通过获取和比对个人静脉血管图像，来实现对个人身份的准确识别和验证。在静脉识别系统中，通常会使用红外相机或类似设备作为传感器，以特定波长的光线照射被识别者的手指或手掌，并捕捉静脉血管的图像。这些图像随后被用于生成静脉特征模板或进行比对分析。捕捉到的静脉图像可能包含噪声或干扰信息。传感器技术还包括对捕捉到的图像进行预处理，如去噪、增强、滤波等，以提高图像质量和特征提取的准确性。针对预处理的静脉图像，传感器技术可以进一步用于提取静脉血管的特征信息，如分布、形态、粗细等。这些特征信息被用于生成个人静脉特征模板，或用于与预先存储的模板进行比对分析。2019 年 12 月 27 日，四川省人民医院正式上线了全国首家基于“指静脉医保支付+聚合扫码支付”的随诊随结算系统。患者将手指放入采集设备录入静脉图像后，后续进行医保支付时，通过静脉图像一次性验证即可完成支付，无须携带医保卡和输入密码，减少了密码泄露和被盗刷的风险。

当前，传感器技术正朝着多传感器融合和新型传感器研发的方向发展。多传感器融合就是将不同类型、功能的传感器（如温度传感器、湿度传感器、压力传感器、图像传感器等）获取的数据进行有机结合，以便更全面、准确地感知环境信息。新型传感器的研发方向是更高灵敏度、更高分辨率、更高响应速度及更高稳定性，如纳米传感器、量子传感器等，以满足不同应用场景的需求。

（2）物联网技术

物联网技术通过网络协议将各种设备和物品连接起来，实现数据的互联互通，为智能感知系统提供了更广阔的应用空间。物联网技术实现了传感器之间、传感器与数据处理中心等设备的互联互通，通过网络协议将感知设备接入网络，使数据能够在不同设备和系统之间传输和共享。

在智能家居中，物联网技术连接智能家电、门窗传感器等设备，用户可以通过手机 APP 或语音助手对这些设备进行远程控制，如图 5-3 所示。工业物联网中，物联网技术能将生产线上的设备连接起来，实现生产过程的自动化监控和管理。在智能交通中，物联网技术可用于实现车辆之间的通信和协调，提高交通效率和安全性。

图 5-3　智能家居

（3）大数据与云计算技术

大数据与云计算技术为智能感知系统提供了强大的数据处理和分析能力。大数据技术能对智能感知系统产生的海量、多源、异构数据进行高效存储、管理和分析，挖掘数据中的潜在价值。云计算技术为数据处理提供了强大的计算能力和灵活的存储资源，使系统能快速处理和分析数据。

在智慧城市中，可以利用大数据与云计算技术分析交通流量、能源消耗等数据，实现资源优化配置。在物流领域，利用大数据与云计算技术可分析物流数据，优化配送路线和库存管理。在电商平台上，利用大数据与云计算技术可根据用户的购物历史和行为习惯，为其推荐相关的商品和服务。

（4）人工智能技术

人工智能技术是智能感知系统的核心驱动力之一。人工智能技术能够利用深度学习等算法，实现模式识别、预测、决策等功能，使系统具有智能化的自主判断和处理能力。

在智能安防中，利用人工智能的图像识别技术进行人脸识别、行为分析，实现安防预警。在智能医疗影像诊断中，通过深度学习算法分析医学影像，辅助医生进行疾病诊断。在智能交通系统中，可以通过车牌识别技术来识别违规车辆，还可以根据交通流量和路况信息自动调整交通信号灯的时长和交通流线。其中，交通流线是指交通参与者（如行人、车辆等）在交通空间内移动的轨迹或路径，反映了交通流的运动方向、分布规律和运行状态，是交通管理和规划中非常重要的一个概念。

人工智能技术还可以实现自然语言处理与交互功能，使用户能够通过语音或文本方式与智能感知系统进行交互和沟通。例如，在智能音箱中，用户可以通过语音指令来控制音箱的播放内容、音量等参数；在智能客服系统中，用户可以通过文本聊天方式与客服人员进行沟通和咨询。

5.2 智能感知的层次结构

导读案例

智慧农业——生猪养殖场智能监测系统

在智慧农业系统中，通过体重传感器、广角摄像头、温湿度传感器等智能设备采集生猪的关键指标数据，实现体重、计数、体温和环境监测等多场景应用，助力养殖户大幅降低综合养殖成本。其目标是实时监测生猪健康、环境参数，优化养殖效率，降低成本。有关数据显示，应用效果是降低人工成本约30%、减少饲料浪费约15%、病死率下降约20%。

（1）感知层（数据采集）

通过体重传感器测量生猪体重。广角摄像头结合先进的AI视觉技术，自动计数统计猪群数量并进行行为分析，识别异常行为，进行疾病预警。利用红外测温设备监测生猪体温，搭配环境传感器检测温湿度、CO_2浓度等，优化通风方案。为每头生猪配备RFID耳标，绑定个体身份信息，关联其生长、免疫等多维度数据。

（2）信息层（数据处理与分析）

将采集的体重、体温、环境等海量数据进行深度整合，运用算法建立生猪健康模型，精准描绘生猪健康状况。结合历史数据，预测生猪生长趋势，优化出栏时间，助力养殖户把握最佳销售时机。

（3）应用层（决策与执行）

基于信息层的分析结果，智能控制系统实时调节风机、加热器等设备，维持猪舍最佳环境条件。依据生猪体重、生长阶段等数据，制定个性化饲喂方案，有效减少饲料浪费，提高饲料利用率。手机APP实时推送各类异常警报，如高温预警、疾病风险提示等，让养殖户掌握即时猪舍动态。同时，生成养殖报告，涵盖成活率、料肉比等关键指标，辅助养殖户做出科学的经营决策，提升养殖效益。

智能感知的层次结构主要分为感知层、信息层和应用层三个层次，如图 5-4 所示。每个层次都有其特定的功能和作用。

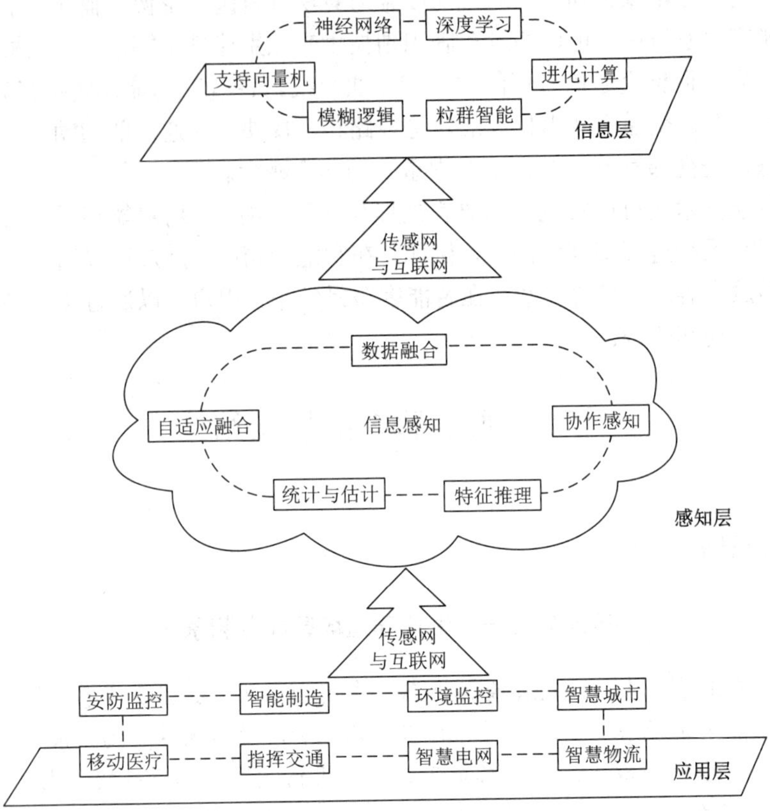

图 5-4　智能感知的层次结构

1. 感知层

感知层是智能感知系统的核心层次，通过多种传感器（如摄像头、雷达、超声波传感器等）来收集外部环境的信息。例如，这些传感器能够实时感知车辆周围的障碍物、交通标志、行人等，并将这些信息转化为数字信号，供后续处理和分析。感知层的功能相当于无人驾驶汽车的“五官”，是获取驾驶环境信息的重要途径之一。

2. 信息层

信息层位于感知层和应用层之间，负责对感知层收集到的信息进行预处理、融合和解析。信息层通过先进的算法和模型，对原始数据进行清洗、去噪、特征提取等操作，以提高信息的准确性和可靠性。同时，信息层还可以将不同传感器的数据融合在一起，以获得更全面、更准确的环境描述。这些信息将作为应用层进行决策和控制的重要依据。

3. 应用层

应用层是智能感知系统的最高层次，负责根据实际需求，将感知到的信息转化为具体的控制指令或决策结果。在无人驾驶汽车中，应用层可能包括路径规划、行为决策等模块，它们根据感知层提供的信息，制定出最优的行驶路径和驾驶策略。

在实际的智能感知应用系统中，如安防监控、环境监测、智能制造等，这些层次是相互关联和相互作用的。实际应用中，传感器网络采集的数据通过感知层进行初步的处理和融合，然后传输到信息层进行更深入的分析和处理。最终，处理后的数据又被用于支持各种实际应用。此外，智能感知系统还可能包括其他组成部分，如执行器、感知处理器等。执行器负责对外界对象发生作用，实现系统的输出；感知处理器负责处理传感器采集的数据，提取有用的信息。这些组成部分共同协作，构成了完整的智能感知系统。

智能感知能够更加准确地获得被测对象或环境的信息，而且比任何单一传感器所获得的信息具有更高的精度与准确性。通过各个传感器性能的互补，获得单一传感器所不能获得的独立的特征信息。与传统的单一的传感器系统相比，能够以更少的时间、更小的代价获得同样的信息。能根据系统的先验知识，通过对多传感器信息的融合处理，完成分类、判决、决策等任务。

5.3 智能感知系统与传统感知系统的区别

导读案例

智慧养猪场——智慧农业与传统农业对比

下面从传统农业和智慧农业对比的视角，举例说明传统感知系统和智能感知系统的区别。

（1）传统感知系统（养猪场）

感知层：仅安装温度传感器，温度超标时触发报警机制。

信息层：数据记录在本地，需要人工查看日志。

应用层：工人手动调节通风设备。

问题：无法识别生猪的个体健康（如发烧）；环境调控滞后，易造成损失。

（2）智能感知系统（智慧养猪场）

感知层：配备红外摄像头，监测生猪体温；运用AI技术识别异常个体；氨气传感器、温湿度传感器相互配合，联动控制风机的启停与转速。

信息层：借助机器学习算法对历史数据进行深度分析，包括生猪个体的生长数据、健康数据、环境数据等，从而预测疾病爆发的风险。

应用层：根据信息层的分析结果，自动调节通风系统；能够将告警信息即时推送至手机APP，方便养殖人员随时随地接收异常情况通知。

优势：减少人工巡检；及时发现异常猪只并采取相应措施，降低病死率。

传统感知系统是发现问题之后才处理，而智能感知系统的核心优势是从“被动响应”转变为“主动预测”，会提前预警（如设备故障、动物疾病）。这主要体现在三个方面。一是从“单一数据”到“多模态融合”的改变：传统模式仅监测温度或振动，智能模式结合图像、声音、环境数据进行综合判断。二是从“人工决策”到“自动化执行”的改变：传统方法依赖人工操作，智能方法实现自动调节（如温控、灌溉）。三是从“固定逻辑”到“自适应学习”的改变：传统控制阈值固定（如温度>30℃报警），智能控制动态调整（如根据季节优化养殖参数）。二者的关键技术对比见表 5-1。

表 5-1　传统感知系统与智能感知系统的关键技术对比

维度	传统感知系统	智能感知系统
传感器类型	单一传感器（如温度、压力）	多模态融合（摄像头+激光雷达+雷达等）
数据处理	简单信号处理（如滤波）	深度学习（如 CNN、Transformer）、实时特征提取
计算能力	本地固定逻辑，无复杂计算	边缘计算/云计算支持 AI 模型推理
自适应能力	无学习能力，参数需要人工调整	在线学习、迁移学习、环境自适应
输出结果	原始数据或简单报警信号	语义级理解（如“行人过马路”“设备异常”）
系统复杂度	低，易于部署	高，需要算法优化和硬件加速

智能感知系统正在取代传统感知方式，成为农业、工业、城市管理等领域的核心技术。以下是传统感知系统和智能感知系统之间的主要功能差异。

（1）环境理解能力

传统感知系统仅提供简单的物理量测量，如“温度=25℃”，只能获取环境或对象的单一物理参数，缺乏对数据的深入分析和理解。智能感知系统不仅能够测量物理量，还能通过数据处理和分析输出语义信息，如“有行人正在过马路”，对周围环境和物体的行为、状态等有更深入的理解，为后续的决策和操作提供依据。

（2）实时性与动态响应

传统感知系统通常按照预设的规则和程序对固定场景进行响应，面对未知变化或突发情况时，难以及时做出准确的反应。智能感知系统具备较强的动态适应能力，能够实时感知环境变化并迅速做出响应。例如，在自动驾驶场景中，智能感知系统可以实时监测道路状况和周围车辆、行人的动态，及时应对突发障碍物，如前方车辆突然制动或有行人横穿马路，迅速做出避让或停车决策，保障行驶安全。

（3）多任务协同

传统感知系统的各功能相对孤立，如烟雾报警器仅专注于检测烟雾，不同设备之间缺乏有效的协同和数据共享。智能感知系统可以同时实现多任务的协同运行，如智能摄像头在监控场景中，能够同时进行人脸识别、行为分析以及异常检测等多种任务。它不仅可以识别出人员的身份，而且能分析其行为是否异常，如在禁止通行区域徘徊、奔跑等，并及时发出异常检测警报。

随着技术的快速发展，智能感知系统的未来呈现三大核心趋势：边缘智能、数字孪生和自主系统。

首先，边缘智能将 AI 分析能力下沉至传感器端，实现本地化实时处理，如摄像头无须依赖云端即可完成人脸识别，大幅降低了延迟并提升了隐私安全性。

其次，数字孪生技术通过构建物理世界的虚拟镜像，实现数据驱动的实时仿真与优化，如在智慧农业中模拟作物生长环境以精准调控水肥策略。

最后，自主系统将彻底摆脱人工干预，如自动驾驶农机、全自动智能工厂等应用场景，通过多模态感知与AI决策闭环，可以实现完全自主化的运行。

这些趋势共同推动智能感知系统向更高效、更智能、更自主的方向演进，将深刻重塑工业、农业、城市管理等领域的未来图景。

5.4 多模态感知与识别技术

导读案例

智慧工厂——智能“质检员”

一家现代化饼干工厂需要高效检测饼干质量，避免次品流入市场。传统方法依赖人工肉眼检查，效率低且易出错。引入多模态感知与识别技术后，工厂实现了自动化质检。那么，多模态感知是如何工作的？具体做法是工厂在生产线上部署了多种传感器，就像给机器装上了“眼睛”“耳朵”“触觉”。

视觉传感器（摄像头）像“眼睛”一样拍摄饼干照片，识别饼干形状是否完整（如是否断裂）、表面是否有异物（如芝麻分布不均）。

重量传感器（电子秤）像“触觉”一样测量每块饼干的重量，判断是否符合标准（如每块饼干应为10克±0.2克）。

声音传感器（麦克风）像“耳朵”一样捕捉饼干在传送带上的声音，判断是否有异常（如饼干碎裂时发出的“咔嚓”声）。

可见，智慧工厂的多模态感知与识别系统通过融合视觉、重量、声音等多模态传感器数据，取得了显著的实际应用效果。在效率提升方面，系统每秒可检测约10块饼干，速度约是人工检测的10倍，大幅缩短了质检周期；在准确率上，次品检出率从人工的85%提升至99%，有效避免了漏检问题，保障了产品质量；同时，系统减少了人工质检员的需求，显著降低了长期运营成本。

相较于单一传感器，多模态感知与识别系统能提升准确性、增强鲁棒性，适用于复杂场景。其技术核心在于数据融合与机器学习。通过整合多源传感器数据，多模态感知系统弥补了单一传感器的局限性（如视觉可能忽略饼干内部空洞，但结合重量数据可辅助判断），并通过大量样本训练模型，使系统能够自主学习“合格”与“次品”的特征模式（如裂纹形状、声音频率异常），从而实现精准分类。多模态识别可扩展至其他应用场景，如手机屏幕划痕检测、汽车零件表面缺陷检测等。

要 点

多模态感知与识别技术：一种通过融合多种传感器或信息源（如视觉、听觉、触觉等）的数据，再结合 AI 算法，实现对环境或对象的全面感知、理解与决策的前沿技术。

多模态感知：通过整合不同传感器（如视觉、听觉、触觉等）采集的多源异构数据，实现时空校准、数据融合与语义理解，构建对环境或对象的全面感知基础。

多模态识别：在多模态感知的基础上，利用机器学习模型对融合后的数据进行分析，完成目标分类、事件检测或行为理解等决策任务。

生物识别技术：一种使用某个人所特有的生物特征对其进行模式识别的技术。其核心是通过采集、分析和比对生物特征数据，实现高安全性的身份验证。

环境感知：通过传感器、数据处理和智能算法，对周围环境进行实时探测、识别和理解的技术过程。它是自动驾驶、机器人、智能系统等领域的关键技术，旨在为系统提供对物理世界的动态认知能力，以支持决策和行动。

5.4.1 生物特征识别

生物特征识别技术通过将计算机技术与多种声学、光学、物理传感器以及生物统计学原理相结合，利用人体固有的生理和行为特征（如虹膜、人脸等特征）进行身份验证和识别。每个人都是独特的个体，具有独一无二的生物特征，生物特征识别技术正是利用这一特点逐步发展起来的。

日常生活中经常接触到的生物特征一般可以分为两类。一类是生理特征，是人们与生俱来、先天的特征，包括虹膜、人脸、步态、指纹和声纹等；另一类是行为特征，是人们由长期习惯所形成的特征，包括签名、步态等。

并非所有的生理和行为特征都可作为识别特征，可用于身份识别的生物特征的选取通常会考虑以下几个方面。

1）普遍性，即人人具有。

2）可区分性，即具有唯一性。

3）稳定性，即在一段时间内，相对于匹配准则特征是不变的。

4）可测性，即人的特征能够被测量和量化。

近年来，由于人们对快速有效的自动身份识别的需求越来越大，生物特征识别技术得到了飞速发展。生物特征识别的优点：一是可以减少、消除身份假冒现象，有助于真实身份的确认；二是降低管理成本，取代人工认证身份过程；三是方便使用者，使用者本人作为身份标识，消除了需要携带卡、钥匙或者记忆密码等问题。

生物识别一般可分为两步：一是注册，二是识别，如图 5-5 所示。

1. 人脸识别

智能感知系统在人脸识别中的应用，可以帮助计算机更准确地识别和区分不同的人脸。目前，基于人脸识别的身份认证、门禁、考勤等系统开始大量部署。

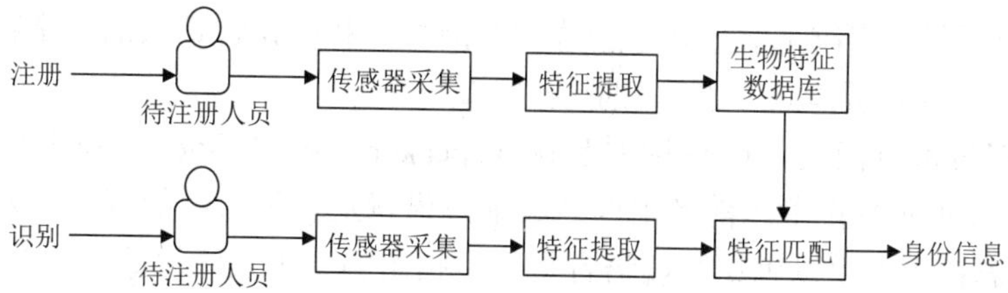

图 5-5 生物识别的过程

人脸识别技术主要基于人的面部特征进行身份识别，其识别过程一般包括以下几个关键步骤。

1）图像采集。通过摄像头等设备获取包含人脸的图像或视频流。为了保证识别效果，需要采集不同角度、光照条件和表情下的人脸图像，以涵盖各种可能出现的情况。同时，要考虑图像的分辨率、帧率等参数，确保采集到的图像质量能够满足后续处理的要求。

2）人脸检测。从采集到的图像或视频中定位并提取人脸区域。这需要使用专门的人脸检测算法，以快速准确地在复杂背景中识别出人脸的位置和大小。常用的方法有基于 Haar 特征的级联分类器、基于深度学习的目标检测算法（如 SSD、YOLO）等。

3）特征提取。将检测到的人脸图像转化为一组特征向量，这些特征向量应能够准确地描述人脸的独特特征，以便进行身份识别。传统的特征提取方法包括主成分分析（PCA）、线性判别分析（linear discriminant analysis，LDA）等。基于深度学习的方法如卷积神经网络（CNN），能够自动学习到更具代表性的人脸特征，大幅提高了特征提取的准确性和鲁棒性。

4）特征匹配。将待识别的人脸特征向量与数据库中已注册的人脸特征向量进行比对，计算它们之间的相似度。常用的相似度度量方法有欧氏距离、余弦相似度等。根据相似度的大小来判断待识别人脸与数据库中的人脸是否属于同一人。

5）活体检测。为了防止照片、视频等被伪造攻击，人脸识别系统通常需要加入活体检测技术。通过检测人脸的生理特征（如呼吸、心跳、血液流动等）或行为特征（如眨眼、张嘴、转头等）来判断所呈现的人脸是否为真实的活体。常见的活体检测方法包括基于红外成像的检测、基于多光谱成像的检测、基于深度学习的行为分析等。

6）身份识别。根据相似度的大小来判断是否为同一人，如果相似度超过设定的阈值，则认为是同一人，从而完成身份识别。

人脸识别技术已经广泛应用于安全、金融、智能设备、公共服务、医疗、教育、零售、娱乐等多个领域。随着技术的不断进步和应用场景的不断拓展，人脸识别技术必将在未来发挥更加重要的作用。

2. 声纹识别

声纹识别技术是一种通过声音特征来识别说话人身份的生物识别技术。人类语言的产生是人体语言中枢与发音器官之间一个复杂的生理物理过程，每个人在讲话时使用的发声器官——舌、牙齿、喉、肺、鼻腔在尺寸和形态方面差异很大，因此任何两个人的声纹图谱都有差异。声纹是对语音中所蕴含的能表征和标识说话人的语音特征，以及基于这些特征（参数）所建立的语音模型的总称。

声纹识别技术有两类，即说话人辨认（speaker identification）技术和说话人确认（speaker verification）技术。前者用以判断某段语音是若干人中的哪一个人所说的，是“多选一”问题；后者用以确认某段语音是否是指定的某个人所说的，是“一对一判别”问题。不同的任务和应用会使用不同的声纹识别技术，如缩小刑侦范围时可能需要辨认技术，而银行交易时则需要确认技术。不管是辨认还是确认，都需要先对说话人的声纹进行建模，这就是所谓的“训练”或“学习”过程。

在声纹模型的训练过程中，首先，需要收集大量涵盖各种因素的声音样本，以确保模型的泛化能力。其次，通过降噪、滤波等预处理步骤，提升信号的品质。然后，提取出梅尔频率倒谱系数（Mel-frequency cepstral coefficients，MFCC）和感知线性预测系数（perceptual linear prediction coefficients，PLPC）等声音特征，这些特征能够精确地反映声音的时频特性。最后，利用机器学习算法来训练和优化模型，从而不断提高识别的准确率和鲁棒性。

除了生理因素，每个人在说话时还有独特的行为习惯，包括发音方式、语调、语速、停顿习惯等，这些特征也为声纹识别提供了依据。例如，有些人说话语速较快，有些人则喜欢在句子之间有较长的停顿。通过采集语音信息，提取反映说话人生理和行为特征的语音参数（如波长、频率、强度等），进而与声纹库中的数据进行比对，实现身份识别。

声纹识别强调说话人的个性特征，通过比对语音参数实现身份识别。声纹具有稳定性、可测量性和唯一性等特点，但也会受到生理、病理、心理、模拟、伪装以及环境干扰等因素的影响。例如，不同环境中的噪声会干扰语音信号，影响声纹特征的提取和匹配准确性；说话人的年龄、健康状况、情绪等因素会导致声纹发生变化，增加识别难度；存在被他人模仿声音进行欺骗的风险，尤其是对于一些经过专业训练的模仿者。

3. 步态识别

步态识别是一种创新的生物识别技术，专注于分析个体行走时的身体姿态和运动轨迹。它利用计算机视觉、模式识别和视频/图像序列处理等技术，提取人体行走时的步态特征，如步幅、步长、步频、关节角度等。这些特征不仅揭示了个体的身体结构，而且反映了其独特的运动模式。通过将这些步态特征与数据库中的已知步态特征进行比对，步态识别技术能够精确识别个体身份，甚至评估其健康状况。

每个人的步态受生理特征的影响有所不同。例如，腿长的人通常步幅较大，而关节灵活性好的人行走时的动作可能更加流畅。除了生理特征，人们在长期的行走过程中还形成了各自独特的行为习惯，如摆臂方式、脚步落地的力度和节奏、身体的晃动幅度等，这些习惯也构成了步态识别的重要依据。

步态识别的技术实现是一个复杂而精细的过程，涉及多个关键步骤和多种技术的综合运用。步态识别技术的实现通常包括以下几个步骤。

1）图像采集。步态识别的第一步是采集含有步态信息的图像或视频。通常通过安装在不同角度的摄像机来完成，以确保能够捕捉到人体行走时的全方位信息。摄像机捕捉到的视频序列将被用于后续的步态分析。

2）预处理。预处理阶段主要包括背景去除、前景分割、行人检测与跟踪等步骤。背景去除的目的是将行人从复杂的背景中分离出来，以便更准确地提取步态特征。前景分割则是将行人区域与背景区域进行划分，确保后续分析的准确性。行人检测与跟踪则用于在视频序列中定位并跟踪行人的位置和运动轨迹。

3）特征提取。特征提取是步态识别中的核心步骤，主要任务是从处理后的图像中提取出具有身份辨识度的步态特征。这些特征可以分为静态特征和动态特征两类。静态特征包括体型、身高、步长等，动态特征包括步态周期、关节角度变化、步速等。同时，有效的特征提取方法对于提高识别准确率至关重要。

4）分类识别。在提取步态特征后，需要通过分类器将这些特征与已知身份的特征库进行比对，以实现身份识别。这一步骤通常涉及机器学习或深度学习算法的应用，如卷积神经网络、循环神经网络等。这些算法能够自动学习步态特征的高层抽象和分类，从而实现对身份的准确识别。

5）后处理与优化。为了提高步态识别的准确性和鲁棒性，通常还需要进行后处理与优化步骤，包括使用注意力机制关注步态的关键部分、结合多模态数据增强识别能力、采用多任务学习提升模型性能等。此外，还可以利用数据增强和半监督学习方法增加训练数据的多样性和数量，从而提高模型的泛化能力。

随着机器学习、深度学习等技术的不断发展，步态识别技术的精度和效率不断提升。未来，步态识别技术将能够更准确地识别不同人员的步态特征，实现更广泛的应用。同时，政府对于安防领域的重视程度不断提高以及市场需求的不断增长也将推动步态识别技术的快速发展。

5.4.2 语音感知与语音识别

语音感知和语音识别是语音信号处理的两个关键环节，前者关注人类或机器如何“理解”语音，后者侧重技术实现“识别”语音内容。两者在人工智能、人机交互等领域有广泛应用。

1. 语音感知

语音感知是指人类或机器系统对语音信号进行接收、解析和理解的过程，旨在使机器能够像人类一样“理解”语音所传达的信息。它融合了多个领域的知识和技术，在人工智能、人机交互等领域有着重要的应用价值。

语音感知的关键处理过程如图5-6所示。

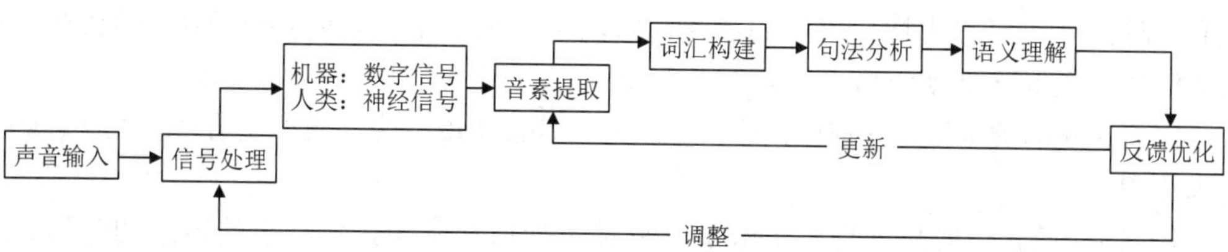

图5-6 语音感知的过程

（1）听觉信号处理

机器或人类听觉系统首先接收到语音信号，这一信号通常是复杂且包含噪声的模拟信号。在机器中，需要通过传感器（如麦克风）将声音转换为电信号，然后进行一系列的预处理操作，如滤波、采样和量化等，以去除噪声、增强信号质量，为后续的处理提供清晰可靠的输入。

（2）音素范畴化解析

音素是语音中最小的语音单位。语音感知需要对连续的语音信号进行分割，识别出其中的音素，并将这些音素归类到特定的音素范畴中。例如，在英语中，/p/、/b/、/t/等都是不同的音素范畴。这一过程需要借助声学模型和语音学知识，通过分析语音信号的频谱特征、共振峰等参数来实现。

（3）词汇句法整合

在识别出音素之后，需要将音素组合成词汇，并理解词汇之间的句法关系。这涉及词汇的识别、词性的标注以及句法结构的分析。例如，识别出“apple”这个词汇，并确定它在句子中的词性（名词）以及与其他词汇的语法关系（如主语、宾语等）。这一过程需要结合语言模型和句法规则来完成。

（4）语义情境理解

仅仅理解词汇和句法是不够的，还需要结合上下文情境来理解语音的语义。语义情境理解需要考虑说话者的意图、背景知识、语境等因素。例如，听到“It’s cold in here”这句话，结合当前的环境（如在寒冷的房间里），可以理解说话者的意图是希望调高室内温度。

（5）认知反馈优化

语音感知是一个动态的过程，需要不断地根据反馈进行优化。机器可以通过用户的反馈（如纠正识别错误）来调整其感知模型和参数，提高语音感知的准确性和鲁棒性。人类也会根据自身的经验和认知不断调整对语音的理解。

语音感知关注人类如何“听懂”语音，服务于认知研究和医疗辅助。例如，研究人类大脑如何解析语音信号，帮助优化助听器、人工耳蜗等听觉辅助设备的设计，并指导语言学习中的发音训练。在神经科学中，语音感知机制的研究为失语症康复提供理论支持，同时改进语音合成技术，使其更符合自然听觉习惯。此外，心理学实验通过语音感知探索人类如何处理模糊发音或口音差异，为认知模型提供依据。

2. 语音识别

语音识别是一种通过计算机技术将人类语音信号转换为对应文本或指令的技术。其核心目标是让机器“听懂”人类的语言，实现语音到文本（speech-to-text）的转换，或直接触发相关操作（如语音助手控制）。

语音识别的关键步骤：原始语音→预处理→特征提取→声学模型→语言模型→解码→文本输出。

1）预处理。信号预处理对语音进行分帧、加窗和降噪，将连续的声波切分为短时片段并消除环境干扰，为后续分析提供干净的时域信号。

2）特征提取阶段。通过梅尔频率倒谱系数或滤波器组等方法，将声波转换为反映人耳听觉特性的数值特征向量，这些特征能够有效表征语音的频谱和时序信息。

3）声学建模。利用深度学习模型[如长短期记忆（long short-term memory，LSTM）网络或 Transformer]建立声学特征与语音单元（音素或子词）之间的映射关系，传统方法依赖隐马尔可夫模型（hidden Markov model，HMM）和高斯混合模型（Gauss mixed model，GMM）的统计建模。

4）语言建模。系统通过统计方法[如 *N* 元组（*N*-gram）或神经网络（如 Transformer）]学习词序列的概率分布，从而解决同音词歧义并提升语义合理性，确保输出的文本符合语言习惯。

5）解码过程。结合声学和语言模型的输出，通过动态束搜索或端到端解码技术，如连接时序分类（connectionist temporal classification，CTC）、循环神经网络转录器（recurrent neural network transducer，RNN-T），搜索概率最高的文本序列，生成最终的识别结果。

语音识别技术还与自然语言处理、机器学习等技术密切相关，这些技术共同推动了语音识别在智能人机交互中的深度应用。例如，智能语音助手（如 Siri、小爱同学）、实时会议字幕生成、语音导航等领域。此外，教育领域的语音评测系统可以帮助语言学习者纠正发音。与语音感知不同，语音识别更注重将声学信号准确转化为文本或指令，依赖于数据训练和算法优化。

5.4.3 视觉感知与图像识别

视觉感知与图像识别是计算机视觉中两个紧密关联但层次不同的核心技术，它们构成了机器理解视觉信息的基础框架，如图 5-7 所示。图像识别相当于人类视觉的“视网膜-初级视皮层”功能，解决“是什么”的问题。视觉感知对应人类“高级视皮层-联合皮层”功能，解决“为什么和怎么办”的问题。

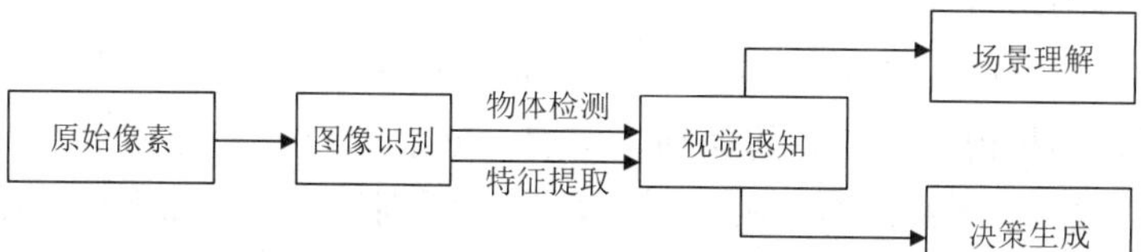

图 5-7 机器理解视觉信息的基础框架

1. 视觉感知

视觉感知是计算机系统模仿人类视觉系统，从图像或视频中提取、分析和理解视觉信息的能力，涵盖从低层特征检测到高层语义理解，旨在使机器像人类一样“看懂”视觉内容并做出合理决策，形成完整视觉认知链条。以下是视觉感知的关键步骤。

1）特征提取。借助卷积操作提取图像的边缘、纹理等基础视觉特征，类似大脑 V1 初级视觉皮层功能，V1 位于枕叶后极，是最早、最简单的皮层视觉区域，接收眼部信息并进行方向、空间频率、视差、颜色等基本视觉特征的初步分析。

2）特征组合。构建局部到全局的特征表征，开展物体部件检测和空间关系分析，对应视觉皮层 V2～V4 区功能。V2 负责更复杂视觉处理，如颜色对比、纹理分析及高级形状识别；V3 处理更大范围视觉信息，尤其是与运动相关信息；V4 参与颜色感知和物体识别，在面部等复杂物体识别中起关键作用。

3）语义理解。深度解析提取的视觉特征，实现对象识别与场景分类，建立三维空间结构模型，分析动态事件发展趋势与未来预测，把原始视觉信息转换为有实际意义的语义表征，为后续决策提供认知基础。

4）认知决策输出。依据语义理解结果，结合任务需求生成行为指令，同时经反馈机制持续优化感知过程，构成“感知-认知-行动”的闭环，确保视觉信息有效指导实际应用，如自动驾驶路径规划，完成从环境理解到智能决策的跨越。

视觉感知技术已广泛应用于自动驾驶、智能监控、医疗影像分析、机器人导航、增强现实以及工业质检等领域。该技术通过模拟人类视觉认知机制，使机器能够从复杂视觉输入中提取语义信息并做出智能决策，显著提升了各行业在环境交互、自动化分析和精准执行方面的能力。其核心价值在于将像素数据转化为可操作的认知理解，推动人工智能系统实现从“看到”到“看懂”的跨越。

2. 图像识别

图像识别是视觉感知的一个子任务，专注于对静态图像或视频帧中的物体、人脸、场景等进行分类或检测。它依赖机器学习从像素数据中学习特征，并匹配预定义的类别，如“猫”“狗”“汽车”等。

以下是图像识别的关键步骤。

1）图像采集：通过图像采集设备（如摄像头）获取数字图像。

2）图像预处理：通常包括对图像信息进行降噪、增强、归一化处理等操作。

3）特征提取：可采用卷积神经网络等模型，分层提取如边缘、纹理等低级特征，以及物体部件等中级特征。

4）特征整合与分类：借助全连接层或 Transformer 架构实现特征整合与分类，进而输出识别结果，结果内容涵盖物体类别、位置、分割掩码等方面。

5）后处理优化：最终结合后处理进一步优化识别精度，从而形成“图像输入-特征提取-分类决策-结果输出”的闭环。

整个过程依赖大数据训练优化模型参数，在保持实时性的同时实现端到端的精准识别。

5.4.4 触觉感知

触觉感知是指通过触觉系统感受外界物体的物理特性，如压力、温度、湿度、形变等，并将其转换为神经信号传递给大脑进行处理和分析的过程。在人工智能领域，触觉感知是指通过人工传感器模拟生物触觉系统，获取、处理并理解物理接触信息（如力、振动、纹理、温度等），使机器能够感知和适应环境的过程。触觉感知被广泛应用于机器人、智能设备等领域。其核心目标是赋予机器“触觉智能”，使其能够像人类一样通过触摸感知物体属性、完成精细操作，并与其他感知模态（如视觉、听觉）协同工作。

1. 触觉传感器

触觉传感器是触觉感知的基础硬件，主要分为基于物理原理的传感器和仿生触觉传感器两大类。

（1）基于物理原理的传感器

基于物理原理的不同，触觉传感器可分为压阻式传感器、电容式传感器、压电式传感器、光学触觉传感器等。

1）压阻式传感器：通过检测材料电阻值的变化来感知外界压力的大小。

2）电容式传感器：依据电容变化来测量接触力，常应用于触觉手套等设备中，可实现对接触物体形状和力度的感知。

3）压电式传感器：利用压电效应，能够检测动态力或振动，如聚偏二氟乙烯（polyvinylidene fluoride，PVDF）薄膜传感器，常用于需要检测微小振动或快速变化力的场景。

4）光学触觉传感器：借助摄像头捕捉弹性体在接触物体时产生的形变，进而获取物体的形状、硬度等信息。

（2）仿生触觉传感器

基于仿生触觉原理，人们研发了仿生触觉传感器，包括电子皮肤、多模态触觉传感器和自修复触觉材料等。

电子皮肤（electronic skin，简称 E-Skin）：具有柔性、可拉伸的特性，由触觉传感器阵列构成，能够贴合复杂曲面，被广泛应用于机器人皮肤、可穿戴设备等领域，实现对接触物体的多点触觉感知。

多模态触觉传感器：能够同时检测压力、温度、湿度等多种物理量，模仿人类皮肤的综合感知功能，可应用于智能假肢、环境监测等领域，为设备提供更全面的触觉信息。

自修复触觉材料：在受损后能够自行恢复功能。例如，基于液态金属的传感器，液态金属具有良好的导电性和流动性，当传感器出现划痕或破损时，液态金属会自行流动修复损伤部位，从而延长了传感器的使用寿命，适用于长期工作的触觉感知系统。

2. 触觉信号处理与特征提取

触觉数据通常是高维、时序性强的信号，需要进行预处理和特征提取，通常包含以下操作。

1）信号滤波。去除噪声干扰，常用方法包括卡尔曼滤波、小波变换等。

2）触觉图像生成。将压力分布数据转换为 2D 或 3D 触觉图像，通过可视化处理，直观呈现触觉信息的分布和变化，便于后续分析。

3）时序特征提取。利用 LSTM 网络、Transformer 等深度学习模型处理动态触觉信号，捕捉时序动态特征，实现如滑动检测、抓握操作识别等功能。

3. 触觉感知的 AI 算法

（1）触觉物体识别

可采用卷积神经网络处理触觉图像，以识别不同的纹理。此外，也可利用图神经网络处理分布式触觉传感器所采集的数据。

（2）触觉-视觉多模态融合

通过跨模态学习将视觉数据和触觉数据相结合，可以有效提升物体识别率。例如，可以借助触觉反馈辅助机器人实现更精准的抓取操作。同时，该技术还可采用自监督学习方法，利用触觉数据来增强视觉模型的鲁棒性。

（3）触觉强化学习

触觉强化学习（tactile reinforcement learning，Tactile RL）通过引入触觉反馈机制，使机器人能够在与环境交互的过程中动态优化抓取策略。例如，DeepMind 等机构提出的触觉强化学习框架，利用触觉传感器实时获取接触面的压力分布、纹理特征等物理信息，并结合强化学习算法调整机械臂的抓取力度、姿态和接触轨迹，从而提升在复杂场景中的操作成功率。这一方法不仅适用于工业装配中的精密操作，还可应用于非结构化环境（如家庭服务场景）中的物体抓取任务，通过触觉反馈弥补视觉感知的局限性。

触觉感知技术是人工智能与机器人领域的重要研究方向，其与深度学习、柔性电子及神经科学的交叉融合，正在推动触觉人工智能向高精度、仿生化的方向发展。未来，触觉感知有望在医疗手术机器人、工业精密装配、人机交互设备等场景实现更深度的应用，但仍需要克服耐久性、环境适应性及伦理规范等挑战。

5.4.5 味觉感知

在人工智能领域，研究味觉感知旨在让机器系统模拟人类的味觉能力，实现对食物或化学物质的味道识别、成分分析和品质评估。该技术结合传感器技术、模式识别和机器学习，广泛应用于食品工业、健康监测、智能餐饮等领域。

1. 味觉传感器

以下是一些典型的味觉传感器。

（1）电子舌

电子舌（electronic tongue）是一种模拟人类味蕾的多传感器阵列系统，通过多传感器的协同工作来检测化学物质的味道（如酸、甜、苦、咸、鲜），其中电位型传感器、伏安型传感器和光学传感器是电子舌系统中的主要传感器类型。

电位型传感器通过测量溶液中的离子活度（如 H^+、Na^+）产生的电位差来判断味道。电位型传感器被广泛应用于食品、医疗和环境检测领域。在食品行业，它被用于果汁、碳酸饮料的 pH 值检测和酸奶发酵过程的酸度监控，以及葡萄酒的酸度平衡。在医疗健康领域，胶囊型 pH 传感器（如 Bravo 胶囊）可诊断胃食管反流病（gastroesophageal reflux disease，GERD），而便携式 pH 检测仪能通过唾液分析评估口腔健康及龋齿风险。在环境监测领域，它可以用于地表水和工业废水的酸碱度检测，以确保符合环保标准。

伏安型传感器通过施加电压激发氧化还原反应，测量电流变化来分析电活性物质（如生物碱、多酚）。伏安型传感器在苦味物质检测、食品安全和生物医学领域发挥着关键作用。在药物开发中，它用于量化药物苦味以优化儿童药物的掩味技术；在食品工业，它用于检测咖啡因和啤酒花苦味成分以控制咖啡、啤酒的品质。在食品安全领域，该传感器能快速筛查坚果、谷物中的黄曲霉毒素以及蔬菜中的有机磷类农药残留。此外，在生物医学领域，伏安型传感器通过电化学检测多巴胺、血清素等神经递质，为帕金森病等神经系统疾病的研究提供重要技术支持。

光学传感器利用物质对特定波长光的吸收、反射或散射特性进行成分分析（如糖、脂肪、水分）。光学传感器在食品工业和农业领域均得到广泛应用。在糖分检测方面，近红外（near infrared，NIR）光谱技术可无损评估水果成熟度（如测定西瓜、苹果的糖度值），并在饮料行业实现生产线含糖量的实时监控（如可乐糖浆配比优化）。在成分分析领域，该技术能精准检测乳制品的脂肪含量（全脂/脱脂分类）以及生鲜肉的水分活度（用于预测保质期）。此外，在工农业质检中，光学传感器可用于谷物品质分级（如小麦蛋白质含量测定）和假酒鉴别，为产品质量控制提供技术支持。

（2）仿生味觉传感器

仿生味觉传感器通过模拟生物味觉系统，利用生物功能部件（如味觉受体、细胞）或生物活性材料（如酶、DNA）作为敏感元件，与目标分子结合产生特异性响应，并借助微纳传感器等换能器将响应信号转换为易于处理的物理信号（如电信号、光信号），实现对化学物质味道的检测与识别。以下是常用的仿生味觉传感器。

1）分子印迹聚合物（molecular imprinted polymer，MIP）传感器：模仿生物受体选择性识别分子（如咖啡因、糖）。在食品工业领域，MIP 传感器被广泛应用于咖啡和茶饮中咖啡因含量的精确检测；在药品检测领域，MIP 传感器能够准确识别药物中的特定活性成分，为药品质量控制提供可靠保障。

2）生物传感器：采用生物活性元件，其中酶传感器（如葡萄糖氧化酶传感器）通过催化特定化学反应来测定甜度等味觉指标。在医疗诊断中，葡萄糖氧化酶传感器是糖尿病患者血糖监测的重要工具；在食品加工行业，使用其测定乳制品中的乳糖含量；在发酵工业中，酶传感器能够实时监控发酵过程中的糖分变化，为工艺优化提供数据支持。

3）细胞传感器：直接利用活体味觉受体细胞（如苦味受体细胞）对刺激的真实反应，实现对复杂味觉信号的生物仿生检测。在药物研发领域，利用细胞传感器可评估新药苦味程度，帮助改善儿童用药口感；在食品安全领域，通过苦味受体细胞可有效检测食品中的有毒生物碱；在基础研究层面，细胞传感器为探索人类味觉受体的作用机制提供了重要研究手段。

这些仿生技术大幅提升了味觉检测的选择性和灵敏度，在食品分析、医疗诊断等领域展现出独特优势。

2. 味觉数据处理与 AI 分析

（1）特征提取

味觉数据的特征提取主要包括化学特征、光谱特征和时序数据三个方面。化学特征涉及 pH 值、电导率、离子浓度等指标，能够反映食物的酸碱度和电解质组成。光谱特征则通过特定波长下的吸光度或散射模式来分析物质的分子结构，常用于食品成分的定性或定量检测。时序数据则关注动态味觉响应曲线，如苦味的延迟感知，可用于研究味觉随时间变化的规律，提升味觉传感器的响应精度。

（2）机器学习模型

机器学习在味觉数据分析中广泛应用，不同任务采用不同的算法模型。味道分类通常使用支持向量机、随机森林或卷积神经网络，如区分可口可乐与百事可乐的风味差异。成分预测依赖回归模型，如 XGBoost（一种基于梯度提升的机器学习算法）、偏最小二乘回归（partial least squares regression，PLSR）可用于预测葡萄酒的甜度或酸度。风味推荐系统常采用协同过滤算法，结合用户偏好数据实现个性化膳食推荐。此外，异常检测算法[如孤立森林（isolation forest）]可用于食品变质检测，通过分析味觉数据的变化识别异常情况。

（3）多模态融合

多模态融合技术通过结合味觉、嗅觉和视觉数据，提升风味识别的准确性。例如，电子舌与电子鼻的结合可以综合味觉和气味数据，用于咖啡品质评估，更全面地分析风味特征。此外，味觉与视觉数据的融合，如通过图像分析肉类颜色来辅助判断新鲜度，增强食品质量检测的可靠性。

5.4.6 嗅觉感知

嗅觉感知技术是一种模拟人类嗅觉系统实现气味识别和分析的技术。

嗅觉感知技术主要通过嗅觉传感器捕获和分析气体信息，其核心类型包括气体传感器、电化学传感器以及仿生嗅觉传感器。

1）气体传感器：主要通过检测气体成分对电学或物理性能的变化来实现气体检测和识别。气体传感器被广泛应用于环境污染物监测[如检测与细颗粒物（particulate matter 2.5，PM2.5）伴生的臭氧]、工业安全（如石化厂可燃气体泄漏预警）以及室内空气质量评估（如甲醛浓度检测）。

2）电化学传感器：通过目标气体在电极表面的氧化还原反应产生的电信号来实现气体的检测和识别。凭借高灵敏度和抗干扰能力，化学传感器被广泛应用于医疗领域（如无创监测糖尿病患者呼气中的丙酮浓度）和食品供应链管理（如冷链运输中三甲胺含量检测，以预警水产腐败）。

3）仿生嗅觉传感器：通过固定化嗅觉受体蛋白、人工脂质膜或功能化纳米材料模拟生物嗅觉分子识别机制来实现气体的检测和识别。这类传感器能够区分结构相似的气味分子（如果蔬成熟度相关的酯类差异），在爆炸物痕量检测、精准医疗（如肺癌呼出气标志物筛查）和风味工业中展现出独特优势。

嗅觉感知在医疗、环境、食品、消费科技、工业、军事及科研等领域应用广泛。例如，通过电子鼻或嗅癌犬早期诊断疾病，监测环境污染和灾害预警，检测食品新鲜度或农作物病虫害，结合增强现实技术提升沉浸式体验，利用气味营销增强消费行为，优化工业制造流程，探测化学武器或协助搜救行动，以及研发脑机接口技术。未来随着人工智能和传感技术的进步，嗅觉感知将在智能医疗、环境监测、人机交互等领域发挥更大作用。

5.4.7 环境感知

环境感知是指通过传感器、算法和系统获取并理解周围环境信息的能力，旨在识别物理空间中的物体、状态、动态变化及其相互关系。

环境感知的核心价值在于将物理世界数字化，为决策提供可靠依据，其发展正推动智慧城市、人机协作等领域的革新。

在自动驾驶领域，车辆通过激光雷达（light detection and ranging，LiDAR）、摄像头、毫米波雷达等传感器融合，实时采集道路、障碍物、行人等信息。在智能家居领域，通过温湿度传感器、人体红外传感器、声音识别模块等，感知室内环境与用户行为。在环境监测领域，智能气体监测技术可以实时监测大气中各种有害气体的浓度，也可以监测温度、湿度等环境参数；智能水质监测技术可以监测水源的水质，如水中的化学物质、微生物、重金属等；智能噪声监测技术可以实时监测城市、工厂等环境中的噪声水平；智能地震监测技术可以实时监测地震的发生和强度，对于提高地震预警和防灾能力有着重要意义。

未来，环境感知技术将朝着多模态深度融合、认知智能化、纳米级精度、边缘实时计算、隐私合规性与跨场景泛化的方向发展。通过整合视觉、触觉、声学等多源传感器数据，结合算法与推理模型，构建动态环境语义地图；同时依托量子传感、光子芯片等硬件突破，以及联邦学习、差分隐私等合规框架，实现在自动驾驶、工业检测、智慧医疗等场景中的高可靠、低时延、安全可控的感知能力。

小 结

智能感知通过模拟人类多感官协同机制，结合先进传感器、算法与计算架构，实现对复杂环境的高效理解与动态响应。本章介绍了智能感知系统、智能感知的层次结构、多模态感知与识别技术，以及智能感知技术在生物特征识别（如人脸识别）、语音感知与识别等多模态感知领域的具体应用。

智能感知系统是一种集成了多种先进传感器和智能处理技术的系统，实现了对环境与对象的精准识别与理解。它是物联网、智慧城市等领域的基础设施，也是推动人工智能发展的重要力量。

智能感知的层次结构主要包括感知层、信息层和应用层三个层次。感知层通过多种传感器收集外部环境的信息；信息层负责对感知层收集到的信息进行预处理、融合和解析；应用层负责根据实际需求，将感知到的信息转化为具体的控制指令或决策结果。

多模态感知与识别技术是一种通过融合多种传感器或信息源（如视觉、听觉、触觉等）的数据，再结合人工智能算法，实现对环境或对象的全面感知、理解与决策的前沿技术，其主要技术分支包括生物特征识别、语音感知与识别、视觉感知与图像识别、触觉感知、味觉感知、嗅觉感知和环境感知。

这些技术各有侧重，相互关联、相辅相成，共同推动人工智能迈向更高阶段，持续拓展智能应用边界，深刻改变人们的生活与工作模式，未来应用前景广阔。

习 题 5

1. 什么是智能感知？什么是智能感知技术？

2. 简述智能感知系统的关键组成及其功能。
3. 智能感知系统所涉及的关键技术有哪些？
4. 如何理解多模态感知与识别技术？
5. 请对比人脸识别技术和步态识别技术在生物特征识别方面的异同点。
6. 什么是环境感知？环境感知的核心价值是什么？

第6章 自然语言处理

教学目的和要求

人工智能系统的核心目标之一是模拟人类的智能行为，其中交互与理解能力至关重要。交互能力决定了人工智能能否顺畅地与人类进行对话，而理解能力则进一步决定了系统能否准确捕捉并理解人类的需求与意图，从而达成共识。这两者共同构成了人工智能与人类有效沟通的基础。自然语言处理（NLP）关键技术和理论，是实现人机之间高效交互的基石。

- 自然语言处理
  - 内容描述
    - 自然语言处理基础
    - 自然语言交互技术
    - 自然语言处理的核心任务
    - 预训练大语言模型
  - 案例分析
    - 智能商务——跨境电商的智能客服与营销系统
    - 智能生活——双向理解构建美好生活
    - 智能司法——法律条文与案例推荐
    - 智能大模型——数据报表分析
  - 知识目标
    - 掌握自然语言处理步骤和技术
    - 熟悉人机交互的有效提问方式
    - 掌握机器翻译的主要工作方式
    - 掌握内容生成的核心技术与方法
    - 掌握情感分析主要任务和关键技术
    - 掌握大语言模型中Transformer模型的基本架构
  - 能力目标
    - 具备对话理解、对话管理、有效交互问答能力
    - 能独立进行文本理解、词法分析、句法分析、语法分析、语义分析
    - 能独立实现机器翻译、内容生成
    - 能独立完成情感描述、情感分析任务
    - 掌握AI大语言模型的运用

智能生活——双向理解构建美好生活

6.1 自然语言处理基础

导读案例

智能商务——跨境电商的智能客服与营销系统

当一位法国客户用法语咨询：“这款沙发适合小公寓吗？”，自然语言处理系统不仅能即时将法语翻译为中文供内部处理，还能结合本地化数据精准回复：“这款

1.5m 宽的沙发特别适合巴黎常见的 30m^2 左右公寓，过往统计显示，很多购买该沙发的法国客户都居住在类似面积的公寓中，其中约 80%客户选择了灰蓝色系，这个颜色在法国市场很受欢迎。”这里体现了自然语言处理系统多语言翻译与精准理解能力，以及结合知识库提供个性化信息的特点。

在营销环节，自然语言处理系统的文本生成功能通过分析用户行为（如浏览记录、购买历史）自动生成文案。例如，对于经常浏览英伦风格家居产品的英国用户，“经典英伦设计风格，为您的家居增添优雅气质。”而对于偏好促销活动的美国客户，则突出“黑五限时优惠，错过再等一年！”这些都展示了自然语言处理基于用户特征生成定制化内容的能力。

面对海量商务邮件，自然语言处理的文本分类功能通过识别邮件关键词和语义，可以自动判断紧急程度。像“急需 500 件产品参展”这类邮件会被优先处理，而普通询价邮件则自动回复标准报价单。

在合同审查方面，自然语言处理的信息抽取功能通过解析合同文本，识别风险条款系统能在几秒内标出风险条款，如模糊的付款期限等。

未来更智能的自然语言处理系统可通过情感分析和微表情识别（结合计算机视觉），实时调整销售策略。例如，分析视频会议中客户的语气和表情，判断其兴趣度并动态推荐产品。

自然语言处理因其强大的文本理解和生成能力，已广泛应用于多个领域，包括智能客服、机器翻译、信息抽取、情感分析、智能写作辅助、语音识别与合成等，极大地提升了人机交互的效率和体验，推动了人工智能技术的快速发展。

在消费领域，智能语音助手（如 Siri、天猫精灵、小爱同学）借助语音识别和语义理解技术，不仅实现了对各类设备的功能控制，还能提供聊天等日常服务。在医疗健康领域，自然语言处理技术被广泛用于解析电子病历，从而快速提取患者病史或辅助医生进行诊断。在媒体与内容行业，依赖自然语言处理技术实现新闻的自动生成（如体育赛事快讯）、视频字幕的自动生成，以及社交媒体舆情的监控（如追踪公众情绪或危机事件）。在教育领域，自然语言处理技术的应用范围广泛，包括作文的自动批改、个性化学习推荐，以及提供语言学习工具。随着多模态和大模型技术的不断发展，自然语言处理技术正进一步与视觉、语音技术相结合，推动虚拟数字人、智能驾驶语音交互等创新应用的落地。

6.1.1 自然语言处理概述

自然语言处理是人工智能与计算语言学的交叉学科，旨在使计算机能够理解、生成、翻译和交互人类语言。其核心目标是让机器具备语言理解能力和语言生成能力，从而在人机交互、信息处理和自动化决策中发挥作用。

在自然语言处理中，主要处理过程可以分为三个层次：词法分析、句法分析和语义分析。

要 点

词法分析：将句子从字符序列转换为单词和词性序列的过程。

句法分析：分析句法结构并产生句子对应句法树的过程。

语义分析：将句法分析信息与领域知识相联系，从而识别文本中的实体、关系、情感等语义信息，理解句子的实际意义的过程。

词素：语言中最小的有意义的单位，是构成单词的基本要素，主要包括词根、词缀等。例如，中文中的“老师”一词，其词素组成是“老”（前缀）/“师”（词根）。其中的“老”并不表示年龄上的老，而是一个尊称的前缀，用于表示对某人的尊敬。“师”则表示师长或教师的意思。在英文中，“teacher”一词的词素组成是“teach”（词根）/“-er”（后缀）。“teach”是表示“教学”或“教授”的词根词素，而“-er”是一个常见的后缀词素，用于表示从事某种行为或职业的人。

1. 词法分析

在自然语言处理中，词法分析是指从句子中识别并分割出单词（即分词），然后将其分解成更小的、有意义的单元（词素），如单词、标点符号等，并为这些单元赋予类别标签，如名词、动词、形容词等，从而确定单词具体意义的过程。

不同语言在词法分析上有着不同的要求。例如，英语和汉语在这方面就存在较大的差异。

在英语等以空格分隔词汇的语言中，切分单词相对容易，因此可以很方便地找出句子的各个词。然而，由于英语中的词具有词性、数、时态、派生等多种变化，要进一步分析出词中的各个词素就复杂得多了，通常需要对词尾或词头进行细致的分析。词法分析能够从词素中提取许多有用的语言学信息，这些信息对于后续的句法分析非常有价值。以“importable”为例，它可以被分解为“im-port-able”或“import-able”，这是因为“im”“port”“import”“able”这四个部分都是独立的词素。自然语言理解系统中的电子字典一般只存放词根，并支持词素分析，这样可以大幅压缩字典的存储空间，同时提高词法分析的效率和准确性。

在中文处理中，词与词之间不像英文那样有明确的空格间隔，因此分词（即将连续的汉字序列切割成有意义的词）是一个重要的步骤，不仅需要对语言的构词规则有深入的了解，还需要处理切分歧义。分词后的词，再被分解为单个汉字词素。

在 Python 程序设计语言中，也提供了多种分词工具和库，如 Jieba、HanLP、THULAC 等，它们都可以用来进行中文分词。

2. 句法分析

句法分析的目的是确定句子的句法结构，包括主语、谓语、宾语、定语、状语等成分，以及它们之间的关系。这通常通过构建句法树或依存关系图来实现。例如，分析“人工智能推动司法公正”的句法树和依存关系，如图 6-1 和图 6-2 所示。

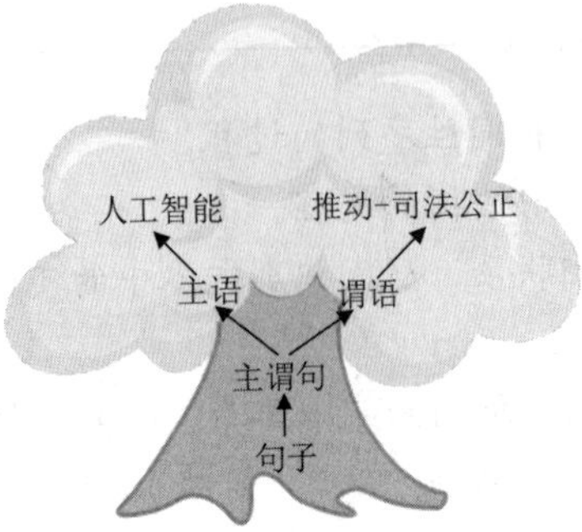

图 6-1　句法树示例

```
1. [人工智能] NP
   └──(nsubj)→[推动] V(ROOT)
2. [推动] V(ROOT)
   ├── ← (nsubj) [人工智能] NP
   └──(obj)→ [司法公正] NP
3. [司法公正] NP
   └──(obj)→[推动] V(ROOT)
```

图 6-2　依存关系图示例

句法树是一种用于表示句子结构的树状图。它根据句子的成分（如主语、谓语、宾语、定语、状语等）以及这些成分之间的关系来构建。

依存关系图是一种用于表示句子中词语之间依存关系的图形，通过直观地展示句子中每个词语的依赖关系，揭示句子的语法结构。

在图 6-2 中，NP 代表名词短语，V 代表动词，nsubj 表示名义主语关系，obj 表示直接宾语关系，“[推动]V(ROOT)”标识了动词“推动”是句子的核心（ROOT）。

这些被标记好的句子数据，被自然语言理解系统用来训练模型，使模型能够自动学习语言的句法特征。

3. 语义分析

语义分析在自然语言处理中起着核心作用，帮助机器深入理解文本含义，以提升语言处理的准确性和智能性。与前面两个阶段不同，语义分析关注的是理解句子的实际意义，而不仅仅是其结构，包括理解词汇的意义、句子成分之间的关系、上下文含义等。语义分析通常包括语义角色标注、文本相似度计算以及关系抽取等。

【例 6-1】 利用句子“人工智能推动司法公正”，说明语义角色标注过程。

“人工智能”作为施事者（agent），正在执行“推动”这一行为。

“司法公正”作为受事者（patient），是“推动”行为的目标。

施事者是执行动作的主体。

受事者是承受动作影响的客体。

通过标注施事者和受事者可以清晰地识别出句子中动作的发起者和受事者。

关系抽取结果：“人工智能（主体）—推动（关系）—司法公正（客体）”。

在此基础上，进行语义解析，将句子中的词汇和短语映射到对应的语义概念上。例如，“人工智能”会被映射到一个表示智能技术的语义概念上，“推动”会被映射到一个表示促进或影响的语义动作上，“司法公正”会被映射到一个表示司法公平、正义的语义状态上。

最后，系统将这些语义概念、动作和状态组合起来，形成对句子的整体语义理解。结合背景知识，从互联网、学术数据库、新闻网站等外部知识源中检索相关信息来回答问题。例如，通过组合“人工智能”“推动”“司法公正”的语义，系统可以得出“人工智能对司法公正起到了推动作用”的理解。

6.1.2 自然语言处理的一般步骤

一旦接收到用户的提问信息，交互系统会进入理解和分析阶段。这一阶段主要依赖自然语言处理技术和机器学习算法来对输入进行深入的分析和解读。以下是该阶段涉及的主要步骤和技术。

1）分词。中文文本在识别前需要分词，将连续文本切分为独立的词汇单元。该步骤是自然语言处理中最底层和最基本的任务。

2）语法分析。为每个词标注一个词性，检查句子的语法结构是否正确，确保理解的准确性。

3）句法分析。深入分析句子内部各成分之间的关系，预测句子中词与词之间的依存关系，如主语与谓语的关系，进一步明确句子的意义。

4）语义角色标注。这是对句子结构进行深层次解析的过程，主要分析文本中的主谓宾关系以及状语修饰等语义成分。该步骤有助于系统更准确地理解句子的实际含义及其表达的意图，为生成恰当的回答奠定基础。

5）实体识别。实体识别是指从文本中识别出特定类型的实体，如地名、人名、机构名等关键信息。将识别出的实体与知识库中的实体进行链接，可以获取实体的更多信息。

6）语义理解。基于句法分析和实体识别，机器能够深入理解句子的含义，为后续任务提供语义支持。它抽取句子中的语义关系，如实体间及实体与属性间的关系，并结合语境（如上下文、交际场景、说话人意图等）进行分析。在此基础上，机器推断隐含信息，判断句子真实性或合理性，通过推理与判断进一步加深对句子含义的理解。

7）情感分析。该步骤用于判断文本的情感倾向是正面、负面还是中立。通过分析用户话语中的情感色彩，系统可以更好地理解用户的情绪状态，从而调整回复的语气和内容，使交流更加贴心和有效。

【例 6-2】 以“祖国，您是每一位中华儿女心中的骄傲”为例，说明自然语言处理一般步骤的实现过程。

句子输入：“祖国，您是每一位中华儿女心中的骄傲”。

分词结果：“祖国 / ，/ 您 / 是 / 每一位 / 中华儿女 / 心中 / 的 / 骄傲”。

语法分析：

祖国	，	您	是	每一位	中华儿女	心中	的	骄傲
名词		代词	动词	量词	名词	方位词	助词	名词

句法分析：

祖国	，	您	是	每一位	中华儿女	心中	的	骄傲
主题		主语	谓语					宾语

其中，“祖国”虽然不是严格句法成分，但是表示句子主题。

语义角色标注：[动词]是

├── [施事] 您（指“祖国”，但在这里用代词“您”表示）

└── [受事] 骄傲（受事是指动作或行为的承受者）

```
├── [领属] 的 [专有名词]
|      |（这里表示“骄傲”属于“每一位中华儿女”）
|      └── [名称] 中华儿女（专有名词）
|            └── [修饰] 每一位
└── [属性-反关系] [动词]心中
       |（这里表示“骄傲”存在于“中华儿女心中”）
       └── [施事] [专有名词]（隐含施事“中华儿女”）
```

施事“祖国”与受事“骄傲”之间通过动词“是”建立了等同关系，而“骄傲”又作为“中华儿女心中”的属性出现，进一步强调了这种骄傲是全体中华儿女共同的感受。

实体识别：“祖国”“中华儿女”。

语义理解：“祖国”是“中华儿女”心中的“骄傲”。

推断隐含信息：句子表达了强烈的爱国情怀（这一过程依赖于深度学习算法）。

情感倾向：正面（句子中“骄傲”一词表达了强烈的正面情感）。

6.2 自然语言交互技术

导读案例

智能生活——双向理解构建美好生活

自然语言交互过程中需要人和机器之间建立理解。理解是双向的，既包括人类理解机器的行为和意图，也包括机器理解人类的需求、指令和情感。

扫地机器人作为智能家居中较为常见的一种智能体，在提高生活品质方面扮演着重要角色。它不仅能够自主执行日常的地面清扫任务，有效减轻家庭成员的家务重担，还凭借智能交互能力，为用户带来便捷的生活体验。

如果有一天，用户发现扫地机器人出现故障，陷入某种思维混乱状态，原地转圈，这时用户可能采取哪些方式来帮助这台人工智能设备恢复正常呢？

1）数字交互。首先，可以采用语音问答系统尝试问扫地机器人“扫地机器人，你怎么了？”，机器人足够智能的话可能回答“传感器故障，无法识别路径”。用户可能继续追问“我如何帮助你解决问题？”，机器人回答“请擦拭传感器镜头”。

2）物理交互。假设用户具备基本智能体构成知识，可以找到传感器位置，清理污渍后，扫地机器人恢复正常。

假设扫地机器人走了几步之后，又停下，开始转圈。用户用语音询问它，它毫无反应。如果用户对智能机器人有足够的认识，理解它的工作原理，可能有如下推测。

1）机器本身故障。智能控制模块或语音系统出现问题。用户可能的思考是——刚才还正常使用，因此这种可能性较低。

2）网络故障。扫地机器人需要连接网络才能正常使用语音问答功能。用户的判断是——可能需要检查一下网络。

3）人为干扰。在使用扫地机器人时，如果人为干扰阻挡了其正常工作，也可能影响语音问答功能的正常使用。但用户什么也没做，地上也没有其他障碍物，可以排除这种可能。

分析这些可能后，用户可能采取的行动又是什么呢？

1）数字交互。用户可以选择查看手机无线局域网络（wireless local area network，WLAN），或打开手机里的小程序（APP）控制端，进行界面交互，控制界面可能显示“无法连接网络”。

2）物理交互。这时候，用户需要立即检查路由器等网络设备，帮助扫地机器人尽快恢复正常工作，或帮助扫地机器人结束本次清扫，确保它的硬件和软件安全，从而延长其使用寿命。

通过扫地机器人这个案例，可以对人机交互有更深层次的理解。众所周知，人工智能领域已经取得了显著的进步，在多个领域展现出了非凡的能力，极大地丰富了人们的日常生活，为人们带来了前所未有的便捷与舒适体验。然而，人们也必须清醒地认识到，人工智能并非全知全能，其运行仍然需要人类智慧的参与，尤其是在某些关键时刻。因此，人类不仅要掌握高效的人机交互技巧，以更好地利用这一技术为人类服务，还应该具备对智能体行为深入透彻的理解能力，弄清其底层逻辑，而不是盲目地接受其输出和行为。

智能人机交互的核心在于实现多通道、上下文感知、个性化及情感化的交流，要求系统不仅能理解用户的语音、手势等自然行为，还能根据上下文做出智能响应，同时根据用户偏好进行个性化定制，并通过情感识别与表达增强交互体验。这种交互方式强调及时反馈与自适应调整，确保交互过程流畅且高效。

在自然语言人机交互中，首先系统通过对话理解来解析用户的意图，然后利用对话管理技术维护和决策对话流程，接着根据当前状态生成合适的回复，最终完成 AI 问答过程，从而实现与用户的高效沟通。对话系统示意图如图 6-3 所示。

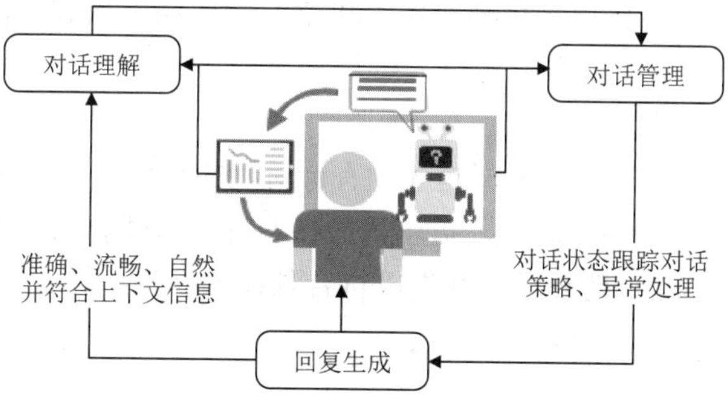

图 6-3　对话系统示意图

要　点

对话理解：系统首先需要解析并理解用户的意图和需求。

对话管理：利用对话管理技术维护对话状态并做出决策，以推进对话流程。

回复产生：根据对话管理和从对话理解中获取的信息，系统生成符合上下文的回复。

自然语言处理是计算机科学与人工智能领域的一个核心组成部分，致力于研究如何使人与计算机能够通过自然语言进行高效、准确的通信，涉及多种理论和技术。

【例 6-3】 一个关于对话理解、对话管理、回复产生和 AI 回答过程的实例。

假设用户在家中通过智能音箱的语音助手查询天气情况。

用户："今天的天气怎么样？"

在这一步，用户通过自然语言与智能家居设备（智能音箱）进行了交互。

（1）对话理解

语音助手接收到用户的语音输入后，首先进行语音识别，将语音转换为文本"当地，今天的天气怎么样？"；然后，语音助手进行语义理解，分析用户的意图是查询天气情况，并识别关键信息"今天"。但是，对"当地"的理解由于没有明确说明，语音助手会默认采用用户所在地（如北京）作为参考标准。整理后的关键信息为"北京、今天、天气"。

（2）对话管理

在对话管理阶段，语音助手还需要处理可能的对话上下文，如用户之前询问过"哈尔滨的滑雪场"，那么大概率询问的是哈尔滨天气。整理后的关键信息为"哈尔滨、今天、天气"。语音助手根据用户的意图和关键信息，决定调用天气预报 API 来获取哈尔滨的天气情况。

（3）回复产生

语音助手通过天气预报 API 获取哈尔滨的天气情况后，需要生成一个自然、流畅的回复。回复可能包括时间、地点、天气状况、空气质量指数等信息，并且需要以用户易于理解的方式呈现。

（4）AI 回答过程

语音助手："今天是 12 月 8 日，哈尔滨当地天气晴朗，-22～-10℃，空气质量指数 31%，空气很好。"

在这个过程中，AI 的回答不仅包含了用户所需的具体天气信息，还以自然语言的形式进行了友好的交流，体现了自然语言人机交互的便捷性和高效性。

6.2.1 对话理解

对 AI 提问时，应该采用清晰、具体和有针对性的提问方式，避免模糊不清、含有歧义或超出能力范围的提问。同时，提示词应该明确、具体、与问题相关且简洁明了。这样才能确保 AI 能够准确理解意图并生成符合预期的回答。

1. 有效的提问方式

在对话系统中，主要有以下几种提问方式。

（1）指令式提问

明确设定问题范围以及对回答的要求，通过精确、具体的指令引导 AI。

公式：明确任务+设定范围+提出要求。

正确实例："请帮我查找并列出过去五年内，人工智能领域取得的三项重大技术突破。"

这个提问明确了任务（查找技术突破）、时间范围（过去五年）和领域（人工智能），以及所需信息的数量（三项），是一个清晰、具体的指令式提问。

不正确实例："你能告诉我一些关于人工智能的信息吗？"

这个提问过于宽泛，没有具体说明想要了解哪方面的信息，也没有设定明确的任务或目标，因此是一个不清晰的指令式提问。

（2）角色扮演式提问

赋予 AI 特定身份，让它匹配更符合该身份的数据库信息，从而更好地完成一项特定任务。

公式：定义角色+设定情境+明确任务。

正确实例："假设你是一名历史老师，请为我讲解一下二战时期欧洲战场的主要事件。"

这个提问通过设定角色（历史老师），明确了回答者的身份和专业知识领域，设定情景（二战时期欧洲战场），明确任务（讲解主要事件）。

另一个正确实例："请给出一个适用于学生学习的在工业场景中应用数字孪生技术的实例。"

与上例不同的是，本例设定角色（学生）是提问者的身份，这种提问方式有助于人工智能理解讲解的难度和形式，根据学生角色可能给出学习价值、简单仿真数据等个性化回答。

（3）关键词提问

在问题或指令中放置关键词，帮助 AI 更准确地理解提问者的问题，让回答更具针对性。

公式：关键词+设定领域+明确任务。

正确实例："'深度学习'和'机器学习'的本质区别是什么？"

这个提问通过放置关键词"深度学习""机器学习""本质区别"，明确了问题的焦点和范围，该设定有助于 AI 更准确地理解提问者的意图。

（4）示例式提问

如果提问者能给出示例，AI 给出的回答将会更加贴合提问者的需求。

正确实例："我喜欢这种风格的图片（上传示例图片），请帮我再画几个类似的图片。"

这个提问通过提供示例，明确了所期望的输出风格，有助于 AI 生成更符合提问者需求的回答。

（5）5W1H 法提问

每次提问时都说明原因（Why）、内容（What）、时间（When）、人物（Who）、地点（Where）和方法（How）。如果能把这些信息给足，AI 就能很好地理解用户想要表达的意思。

正确实例："为什么（Why）这个产品在市场上受欢迎？它有什么特点（What）？是谁（Who）设计的？它是在什么时候（When）发布的？主要面向哪些市场（Where）？以及它是如何（How）实现这些功能的？"

这个提问通过明确五个 W 和一个 H 的问题，可以全面而具体地了解该产品的相关信息。

2. 对话理解的本质

对话理解将用户输入的自然语言文本转换为计算机可理解的语义表示；识别用户的意图，即用户想要通过对话实现什么目的；提取对话中的关键信息，如实体、属性、关系等。

1）语义解析。对话理解本质上是对自然语言的语义解析过程，将自然语言文本转换为计算机可处理的语义表示，如意图、槽位等。

2）意图识别。通过对话理解，系统能够识别用户的真实意图，为后续对话管理和回复生成提供基础。

3）信息提取。对话理解还需要提取对话中的关键信息，这些信息对于后续对话的推进和回应的生成至关重要。

6.2.2 对话管理

对话管理是自然语言人机交互中的关键组件，负责处理和控制对话的过程，确保对话的流畅性和有效性。

1. 对话管理的基本任务

（1）对话流程的控制

对话管理负责控制对话的整体流程，确保对话能够按照预期的方向进行。这包括决定对话的起始、推进、结束等各个环节，以及处理对话中的异常情况。例如，在智能客服系统中，对话管理需要决定何时向用户进一步推进对话以获取必要信息，何时结束对话并提供最终答案或解决方案，以及如何处理用户的误解或错误输入。

（2）对话状态的追踪与更新

对话管理需要实时追踪和更新对话状态，包括用户的意图（此处的意图追踪虽然与对话理解相关联，但是在此处更侧重于状态管理层面）、已经进行的对话步骤、系统采取的各种行动等。通过有效的状态追踪，系统能够理解对话的历史背景，从而为后续的对话管理提供基础。

（3）对话策略的制定与优化

对话管理需要根据当前状态决定系统下一步的行动，即制定对话策略。这包括决定何时向用户提问以获取更多信息、提出什么问题以引导对话、如何解释系统的行为以增强用户理解等。对话策略的优化是对话管理的核心任务之一，旨在提高对话的效率和用户满意度。

（4）多轮对话的处理

在实际应用中，许多对话任务需要多轮交互才能完成。对话管理需要处理多轮对话中的上下文关系、依赖关系等问题，确保对话的连贯性和一致性。例如，在订票对话中，系统可能需要与用户进行多轮交互，以逐步确认出发地、目的地、日期、座位等信息，最终生成订单。

（5）与后端系统的交互

对话管理还需要与后端系统进行交互，以获取必要的信息或执行相应的操作。例如，在智能客服系统中，对话管理可能需要调用知识库以获取回答用户问题所需的信息，或者调用订单系统以处理用户的订单请求。

（6）用户体验的优化

对话管理的最终目的是优化用户体验。通过有效的对话流程控制、状态追踪、策略制定与优化、多轮对话处理以及与后端系统的交互，系统能够更准确地把握用户的需求，提供更顺畅、高效的对话体验，从而提高用户的满意度和忠诚度。

2. 对话管理的本质

对话管理根据对话历史、用户意图和上下文信息，决定下一步的对话策略；维护对话状态，包括已识别的意图、已提取的信息和当前的对话上下文；处理对话中的异常情况，如用户输入错误、意图不明确等。

1）策略决策。对话管理本质上是一个策略决策过程，系统需要根据当前对话状态和用户意图，决定下一步的对话策略，如提问、确认、回答等。

2）状态维护。对话管理需要维护对话状态，确保对话的连贯性和一致性。这包括对已识别意图和信息的管理，以及对当前对话上下文的跟踪。

3）异常处理。在对话过程中，系统需要能够处理各种异常情况，以确保对话的顺利进行。

6.2.3 回复产生

在对话管理系统中，“回复产生”指的是根据当前的对话状态、用户输入以及系统的决策，生成并发送给用户的具体回应。

1. 回复产生的关键技术

以下是回复产生的几个关键技术。

1）自然语言生成（natural language generation，NLG）。自然语言生成是指将计算机可理解的信息转换为自然语言文本的过程。例如，当用户询问天气时，生成如“明天的天气是晴天，气温在 20～25℃之间”这样的自然语言回应。

2）回复模板选择。为了提高回复的效率和准确性，系统通常会预设一些回复模板。例如，在查询天气的场景中，系统可以预设一个“××天的天气是××，气温在××到××之间”的模板，并根据用户的输入进行填充。

3）回复内容生成。在一些复杂的场景中，系统可能需要整合多个知识库的信息，并新生成一个详细、准确的回应。

2. 回复产生的本质

回复产生是根据对话管理模块输出的对话策略，生成自然语言文本作为对用户输入的回应；确保生成的回应准确、流畅、自然，并符合上下文信息；对生成的回应进行质量评估，必要时进行调整和优化。

1）语言生成。回复生成本质上是一个自然语言生成过程，系统将对话策略转换为自然语言文本，作为对用户输入的回应。

2）质量评估。生成的回应需要经过质量评估，以确保其准确性、流畅性和自然性。必要时，系统需要对生成的回应进行调整和优化。

3）用户体验。回复生成的目标是提供符合用户期望的回应，以提高用户满意度和对话体验。

6.2.4 AI 问答过程

按照答案生成方式的不同，自动问答系统可分为检索式自动问答和生成式自动应答。检索式自动问答从预先构建的知识库中检索与用户问题最相关的答案，如法律咨询、电商产品、银行服务等问答。生成式自动应答系统采用深度学习模型对大量问答语料进行训练，如文心一言、通义千问、DeepSeek 等 AI 大模型。

在实际应用中，是选择检索式自动问答还是生成式自动应答，取决于具体的应用场景和需求。如果答案明确且已存在于知识库中，或者对效率和准确性要求较高，可以选择检索式自动问答。如果需要创造性解答或答案不在现有知识库中，或者对内容的丰富性和多样性有较高要求，可以选择生成式自动应答。

在 AI 问答过程中，通过不停地“追问”进行多轮对话交互，问答系统可以通过上下文管理更准确地理解提问者的复杂意图。

在多轮对话中，提问者的意图可能会随着对话的深入而逐渐清晰。上下文管理能够捕捉并整合这些逐渐显现的信息，帮助系统更准确地理解提问者的真实意图。例如，当提问者首先询问某个主题的基本概念，然后逐渐深入探讨该主题的细节时，上下文管理能够将这些信息串联起来，形成一个完整的理解框架。

【例 6-4】 假设用户想要了解关于“如何在家通过网络学习编程，高效提升技能并维持良好学习习惯”的详细信息。用户可能一次性提出一个非常复杂的问题：“如何在家通过互联网学习编程，并有效提升自己的编程技能，同时保持高效的学习习惯？”

这个问题包含了多个方面的内容：一是学习编程的方式，二是提升编程技能的方法，三是保持高效学习习惯的策略。可以看出，由于一次性提问过于复杂，问答系统难以全面且准确地回答。

为了更好地理解问题，用户可以采用多次追问的形式，将复杂问题分解为更具体、更易于理解的小问题。以下是一个可能的多次追问技巧和追问过程。

1）追问 1：“在家通过互联网，可以利用哪些重要的编程学习资源或平台？”

技巧说明：具体化技巧——明确学习途径。通过具体化问题，将焦点集中在“学习途径”上，使系统能够更精确地提供相关资源。

2）追问 2：“学习编程时，有哪些技巧或方法可以帮助我快速提升编程技能？”

技巧说明：层次化技巧——细化技能提升方法。通过层次化问题，引导系统提供从基础到进阶的技能提升策略，避免过于笼统的回答。

3）追问 3：“相比传统学习方式，利用互联网学习编程时，有哪些特定的学习习惯能够帮助维持高效？”

技巧说明：对比分析法——探讨高效学习习惯。运用对比分析法，强调互联网学习的特点，促使系统提供针对性的学习习惯建议。

4）追问 4：“结合前面的信息，您能为我制定一个个性化的学习计划，既包含学习资源，又涵盖技能提升方法和高效学习习惯吗？”

技巧说明：综合归纳法——整合信息与个性化建议。通过综合归纳法，将之前获取的信息整合起来，请求系统提供一个综合的解决方案，同时强调个性化需求。

通过这样的追问过程，用户不仅能够获得更全面、更准确的回答，还能够逐步构建出一个适合自己的学习计划。同时，这也展示了在 AI 问答中，通过运用不同的追问技巧，可以有效提高问答系统的理解能力和回答质量。

说明：当面对复杂问题时，采用多次追问的形式是一个有效的策略。每次追问都聚焦在一个具体的子问题上，使系统能够更准确地理解并提供答案；通过层次化、具体化的问题，引导系统提供更深入、更详细的回答；最后通过个性化需求问答过程，使系统能够根据用户的具体情况提供定制化的建议。

图 6-4 所示是“智齿博创”海外客服机器人的 AI 问答流程图，该流程图从智能交互问答和理解的应用角度出发，为用户展示了 AI 问答过程的一般实现与部署方式。

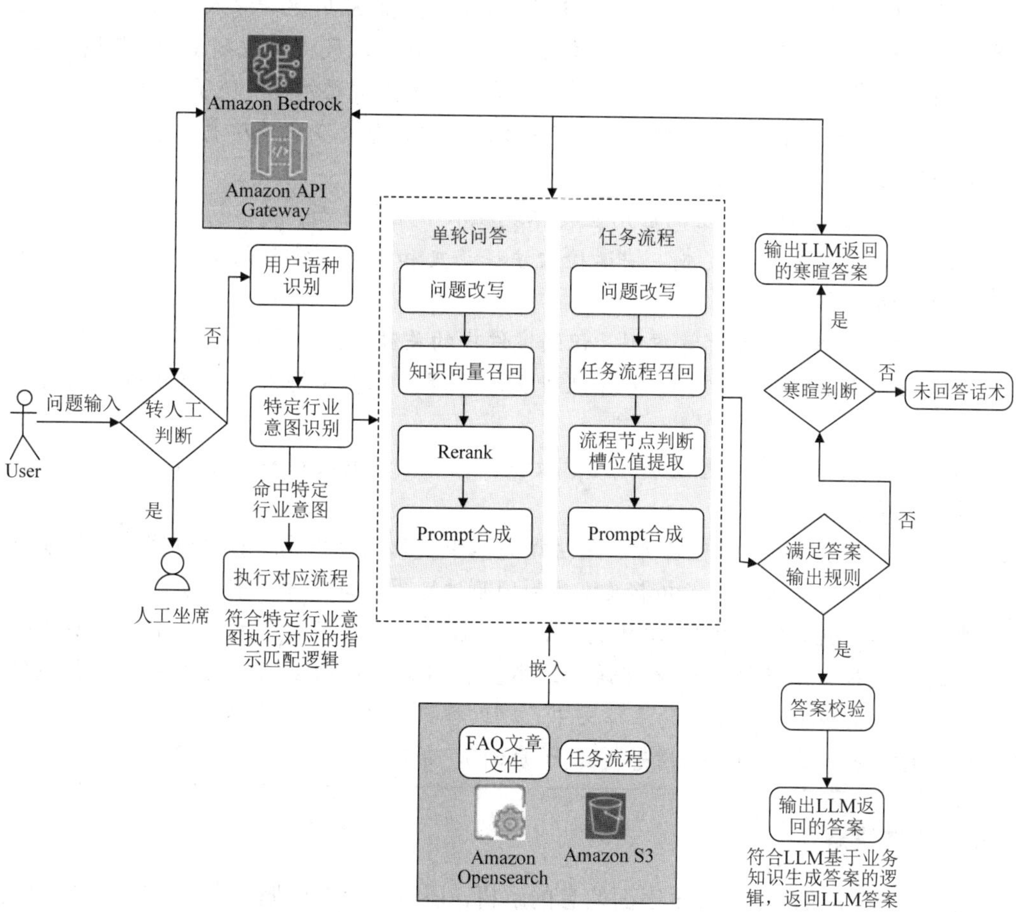

图 6-4　客服机器人的 AI 问答流程图

其中，Amazon API Gateway 和 Amazon Bedrock 是亚马逊云科技公司提供的两项互补的完全托管生成式人工智能服务，分别聚焦于 API 管理和生成式人工智能应用开发；Rerank（重排）是指对初步检索或生成的结果进行二次排序，以提升结果的相关性、准确性或质量；Prompt 合成是通过组合、优化或动态生成提示词引导人工智能模型输出更符合预期、高质量或多样化的结果；Amazon OpenSearch 用于分布式数据检索，Amazon S3 用于存储服务；大型语言模型（large language model，LLM），是处理和理解自然语言的大型人工智能模型。

6.3 自然语言处理的核心任务

导读案例

智能司法——法律条文与案例推荐

随着科技的飞速发展，人工智能技术在司法领域的应用逐渐深入。它不仅可以提高司法效率，还能在一定程度上促进司法公正。苏州市人民检察院研发的“苏检智翼”大模型融合多模态解析与生成式 AI 技术，通过学习办案思维，实现了多项功能集成。该模型能够快速分析案件，辅助检察官高效工作，并探索在案件质量评查、类案推送等多个检察场景中的应用。

自然语言处理在司法上的应用主要体现在以下几个方面。

1）法律研究与文书生成。快速检索法律条文和案例，提升效率，为法律从业者提供便捷的法律服务。

2）案例分析。处理大量案例，识别案件中的关键因素，为法官提供裁判参考。

3）法律解释与漏洞填补。在条文冲突或法律存在漏洞场景时，提供辅助性解释建议。

4）司法决策支持。通过分析大量数据，为司法决策提供科学依据，提高决策的科学性和精准性。

自然语言处理的文本理解可以从法律文本中提取关键信息、识别意图、分类或标注内容。例如，自动识别《中华人民共和国刑法》第 264 条中“盗窃公私财物”的构成要件（如“数额较大”“多次盗窃”），并标注相关司法解释。文本生成可以基于输入信息生成符合法律规范的自然语言文本。机器翻译在跨国法律协作国际仲裁案件中，可以快速翻译不同语言的法律文书，辅助律师或法官理解内容。情感分析可以监测公众对某热点判决的舆论情感（正面/负面），帮助司法机关回应社会关切。

6.3.1 文本理解

文本理解不仅涉及对文本表面信息的解析，还需要深入挖掘文本背后的意义。本小节将结合文本分析、文本挖掘、文本相似度及语义相似度计算等技术，说明如何全面理解和分析文本，揭示其蕴含的深层信息和知识。

◆ 要　点 ◆

> 文本分析：对文本内容进行解析、理解、分类或评估的过程。
>
> 文本挖掘：有时也称为文本数据分析，是指从大量文本数据中发现之前未知的、有用的模式、趋势和知识的过程。
>
> 文本相似度：两个或多个文本在内容、词汇、结构等方面的相似程度。
>
> 语义相似度：两个或多个文本在意义或意图上的相似程度。

1. 文本分析与文本挖掘

文本分析通常用于理解和解释文本内容，而文本挖掘则是为了发现之前未知的知识或模式。

文本分析包括词汇分析、句法分析、语义分析等步骤，旨在提取出文本的基本信息或特征，如词频统计、关键词提取、情感分析等。

文本挖掘是指从大量文本数据中发现之前未知的、有用的模式、趋势和知识的过程。它不限于简单的信息提取，而是结合自然语言处理、数据挖掘和机器学习等多种技术，识别隐藏在数据中的有价值的信息，如主题建模、文档聚类、关联规则等。

（1）文本分析在“类案推荐”系统中的应用

在类案推荐系统中，文本分析主要用于理解法律文本（如判决书、裁定书等）中的案件事实、争议焦点、法律适用等关键信息。通过对这些信息的分析，系统可以识别出案件之间的相似性和差异性，从而为类案推荐提供基础。

（2）文本挖掘在“类案推荐”系统中的应用

在类案推荐系统中，文本挖掘技术用于处理海量的法律文本数据，从中挖掘出案件之间的关联规则、特征模式等，以提高类案推荐的准确性和效率。例如，系统可以利用机器学习算法对文本数据进行分类、聚类等操作，从而发现案件之间的相似性和关联性。

2. 文本挖掘的关键任务

文本挖掘涵盖了多种任务和技术，其中文本分类、主题建模和关联分析在实际应用中具有显著的重要性、广泛性以及各自独特的功能和价值。

（1）文本分类

采用朴素贝叶斯、支持向量机、随机森林、深度学习等模型，实现多维度分类。例如，在类案推荐中，可以从作案手法、盗窃目标、盗窃金额范围、犯罪地点、时间特征、受害者特征、嫌疑人身份特征、案件处理结果、法律适用等方面进行分类分析。多维度的分类方法，可以提高智能系统对问题的理解深度。

（2）主题建模

通过主题建模旨在发现文档集中出现的主题。潜在狄利克雷分配（latent Dirichlet allocation，LDA）是一种常用的主题建模技术，该算法试图从文档集中挖掘出一组主题，并确定每个文档中各个主题的比例。在类案推荐中，可以根据案件所属的主题，快速归类和查找相似案例。主题也可被广泛应用于市场营销、学术研究、新闻媒体和医疗健康等领域。在市场营销中，同时可用于消费者洞察和市场细分；在学术研究中，主题有助于文献综述和跨学科探索；在新闻媒体方面，主题可用于支持内容推荐和舆情监控；在医疗健康上，主题可分析病历和监测公共卫生状况。

（3）关联分析

关联分析旨在寻找文本中元素之间的关联规则。在类案推荐中，可以通过关联分析识别出作案手法、嫌疑人身份特征、案件处理结果等因素之间的潜在联系。

首先，生成项集。基于预处理后的数据，创建所有可能的作案手法、嫌疑人身份特征、案件处理结果的集合。

然后，计算支持度。对于每个项集，计算其在整个数据集中出现的频率。高支持度意味着该组合非常普遍，可能是值得关注的模式。

最后，评估置信度和提升度。针对每一对或多对相关联的因素，计算它们之间的置信度和提升度，以确定是否存在显著的相关性。例如，当犯罪嫌疑人具有特定的身份特征 A（如其是未成年人）时，使用某种特定的作案手法 B（如入室盗窃），最终导致案件处理结果 C（如较轻的处罚或教育感化措施）的概率较高。

其中，置信度是指在先决条件 A 发生的情况下，由关联规则“$A \to B$”推出 B 的概率，即 A 出现的条件下出现 B 的概率。

3. 文本相似度和语义相似度

智能系统在理解句子深层含义时，可以采用多种算法和技术，如深度学习（卷积神经网络、循环神经网络等）、文本相似度计算、语义相似度计算、知识图谱推理和常识推理等算法。

其中，文本相似度计算和语义相似度计算是两个重要的分析任务。文本相似度通常被用来进行初步筛选，快速过滤明显不相关的信息。语义相似度分析对初选结果进行精细化处理，确保最终理解不仅在关键词上匹配，而且在含义上也高度相关。

【例 6-5】 文本相似度示例。

句子 1：今天天气真好，阳光明媚。

句子 2：今天的阳光真明媚，天气不错。

这两个句子在文本相似度方面表现出较高的一致性，因为它们使用了相似的词汇和结构，如“天气”“阳光明媚”等，来表达相同的意思。

【例 6-6】 语义相似度示例。

句子 1：这本书很值得一读。

句子 2：我强烈推荐这本书。

这两个句子在词汇和结构上存在差异，但它们在语义上是相似的，因为它们都表达了推荐这本书的意思。

文本相似度计算常使用词袋模型（bag of words，BOW）、词频-逆文档频率（term frequency-inverse document frequency，TF-IDF）等方法进行特征提取，这些方法主要关注文本中词汇的出现频率。

语义相似度计算常用词嵌入（如 Word2Vec、GloVe、BERT 等）、句子嵌入（如 SBERT）等方法提取特征。这些方法能够捕捉词汇之间的语义关系和上下文信息，将文本表示为包含丰富语义信息的向量。

【例 6-7】 重新思考在“类案推荐”系统中的文本理解过程。

在实际应用中，类案推荐系统通常会结合文本相似度和语义相似度进行综合评估。例如，可以先使用文本相似度方法进行初步筛选，快速排除明显不相关的案例；然后使用语义相似度方法对剩余的候选案例进行深入分析，提高推荐的准确性和相关性。

在技术上，虽然文本挖掘过程中会用到自然语言处理的技术和方法，如分词、词性标注、语义分析等，但是文本挖掘更侧重于从文本数据中挖掘出隐藏的信息，如模式、关联关系和趋势。这意味着文本挖掘不仅仅是理解和处理文本内容的过程，更重要的是通过分析发现有价值的知识。

6.3.2 机器翻译

机器翻译利用自然语言处理、深度学习等技术，对大量文本数据进行学习和分析，从而掌握语言的规律和特点，实现自动翻译。

◆ 要　点 ◆

> 机器翻译：使用计算机系统将文本或语音从一种自然语言自动翻译为另一种语言的过程。
>
> 基于规则的机器翻译：这种方法依赖于语言学规则和词典来执行翻译任务，需要语言专家制定详细的语法规则和词汇表。
>
> 统计机器翻译：这种方法利用大量的双语对照文本（平行语料库）来训练模型，学习源语言到目标语言的映射关系。
>
> 神经机器翻译：使用深度学习模型，直接从输入文本生成输出文本。

在翻译过程中，系统可以根据用户的输入和反馈，提供多种翻译建议，辅助翻译人员做出更准确的翻译决策。

机器翻译系统主要采用三种方式工作，即基于规则的机器翻译（rule-based machine translation，RBMT）、统计机器翻译（statistical machine translation，SMT）和神经机器翻译（neural machine translation，NMT）。

【例 6-8】 假设现在有一个翻译任务，将“我正在读一本关于人工智能的书”这句话翻译成英文，下面分析三种机器翻译方法的工作原理及翻译步骤。

（1）基于规则的机器翻译

基于规则的机器翻译系统，首先解析源语言文本，根据预先定义的语言学规则将其分解为更小的部分，用语法规则解析句子的结构；然后应用预定义的翻译规则，将中文词汇和结构转换为英文对应词汇和结构；最后将翻译后的英文词汇和结构组合成完整的句子。具体实现过程如下。

词法分析：“我 / 正在 / 读 / 一本 / 关于 / 人工智能 / 的 / 书”

我	正在	读	一本	关于	人工智能	的	书
代词	动词	动词	量词	介词	名词短语	助词	名词

句法分析：“我　正在读　一本关于人工智能的书”

主语　谓语（进行时态）　宾语

规则应用：“我”翻译为“I”，“正在读”翻译为“am reading”，“一本关于人工智能的书”翻译为“a book about artificial intelligence”。

句子组合：“I am reading a book about artificial intelligence.”

（2）统计机器翻译

统计机器翻译系统，首先使用大量英文文本训练语言模型，学习英文句子的结构和词汇搭配；同时，使用双语语料库（中文-英文对齐的句子）训练翻译模型，学习中文词汇和句子结构如何对应到英文。然后，将输入的中文句子分词，并尝试在双语语料库中找到相似的句子或片段。最后，对每个可能的英文翻译计算其出现的概率，考虑词汇翻译的准确性、句子结构的流畅性以及语言模型的偏好。具体实现也可以简单表示为：语言模型训练→翻译模型训练→句子分词与对齐→概率计算。

根据概率计算结果，选择概率最高的英文翻译作为输出：“I am reading a book on artificial intelligence.”。其中，“关于”可被翻译为“on”或“about”，具体采用哪一种译法取决于统计模型的偏好和训练数据。

（3）神经机器翻译

神经机器翻译是目前最先进的机器翻译技术，使用深度神经网络（如编码器-解码器架构）来直接学习从中文到英文的映射。其翻译过程如下。

1）分词：“我/正在/读/一本/关于/人工智能/的/书”。

2）词嵌入：假设有一个简单的词嵌入表，其中每个词语都被映射到一个二维向量（实际中通常是高维向量）。模拟词嵌入结果见表 6-1。

表 6-1　模拟神经机器翻译中的词嵌入结果

词语	嵌入向量	词语	嵌入向量
我	[0.1, 0.2]	关于	[0.9, 1.0]
正在	[0.3, 0.4]	人工智能	[1.1, 1.2]
读	[0.5, 0.6]	的	[1.3, 1.4]
一本	[0.7, 0.8]	书	[1.5, 1.6]

3）编码器处理：使用一个神经网络模型，如一个简单的循环神经网络作为编码器，将输入句子的词嵌入序列逐步处理，生成一个固定长度的上下文向量。这个向量捕捉了源语言句子的整体语义信息。

4）解码器处理：使用另一个神经网络模型，如长短时记忆网络，作为解码器，根据上下文向量逐步生成目标语言句子。

最终翻译结果：“I am reading a book about artificial intelligence.”。

NMT 系统采用注意力机制，注意力机制是一种允许模型在处理信息时，动态地调整其注意力焦点的机制。它模仿人类在处理信息时的选择性关注能力，使模型能够专注于输入数据的关键部分，忽略不重要的信息。例如，允许解码器在生成每个单词时，关注源语言句子的不同部分，从而提高翻译质量。

清末著名学者严复提出的“信、达、雅”翻译准则，为翻译实践指明了明确方向。“信”指译文要忠实于原文，准确传达原文的意义；“达”要求译文通顺流畅，使读者能够轻松理解；“雅”强调译文语言要优美，体现出原文的风格和韵味。当代机器翻译技术已经基本达到了“信”的要求，并正在逐步向“达”的阶段迈进。然而，在“雅”这一层面，机器翻译仍有较大的提升空间。

随着深度学习、神经网络等技术的不断发展，机器翻译与情感分析的结合将日益紧密。通过对机器翻译结果进行情感分析，可以评估翻译文本是否准确且恰当地传达了原文的情感倾向。这一评估过程将为机器翻译模型的优化提供有力指导，帮助其在确保准确性和流畅性的基础上，进一步提升翻译的文采和风格，从而达到“雅”的翻译标准。

6.3.3　内容生成

内容生成是自然语言处理的核心任务之一，与传统的自然语言处理任务（如文本分类、机器翻译等）不同，其主要目标是创建新的、有意义且语法正确的文本。

要　点

内容生成：指利用计算机技术和算法，自动生成符合人类语言习惯和语义逻辑的文本内容的过程。

预定义语法规则：通过人工编写的语法模板、句法树或有限状态自动机（finite state machine，FSM），严格规定句子的结构和词汇组合方式。

统计语言模型：一种通过概率统计方法对自然语言的序列进行建模的工具。其核心目标是计算一个词序列（如句子或短语）出现的概率，或预测下一个词的可能性。

注意力机制：一种基于权重分配的动态特征选择方法。其核心是通过计算输入元素间的相关性，为不同位置的元素分配不同的重要性权重，从而实现对关键信息的聚焦。

举例来说，智能写作助手可以根据用户提供的主题和要求生成文章、故事、新闻报道等文本内容；聊天机器人能够实时生成回复来与用户进行对话。

1. 内容生成的核心技术与方法

（1）基于规则与模板的方法

基于规则与模板的方法通过预定义语法规则或填空式模板，结合关键词替换来生成内容。

模板填充：固定句式+可替换变量{}。

例如，电商商品描述的内容生成模板：“这款{产品名称}采用{材质}，适合{场景}使用。”

例如，有限状态自动机的应答预定义语法规则：

```
状态转移 = {
    "问候": ["你好", "您好"],
    "回复": ["需要帮助吗？", "请问有什么问题？"]
}
```

基于规则与模板的方法的优点是简单可控，缺点是难以处理复杂语义，其常与深度学习结合。

（2）统计语言模型

统计语言模型基于历史语料统计词语共现概率，生成符合语言习惯的文本。

【例 6-9】 请生成一个简单的天气预报句子。

第一步，训练语料（假设模型从以下句子中学习）。

"今天天气晴朗。"

"明天可能会下雨。"

"今天可能会刮风。"

"明天天气晴朗。"

第二步，统计词语共现频率。

P("天气" | "今天") = 2/2（“今天”后接“天气”2 次）。

P("可能" | "明天") = 1/2（“明天”后接“可能”1 次，“晴朗”1 次）。

P("晴朗" | "天气") = 2/3（“天气”后接“晴朗”2 次，“刮风”1 次）。

第三步，生成句子。

输入开头词：“今天” → 模型根据统计选择概率最高的后续词。

"今天" → "天气"（概率 100%）→ "晴朗"（概率 66.7%）。

最终输出：“今天天气晴朗。”（与训练语料一致）

输入开头词："明天" → "可能"（概率 50%）→ "会"（固定搭配）→ "下雨"（概率 100%）。或 "明天" → "天气"（概率 50%）→ "晴朗"（概率 66.7%）。

可能生成：“明天可能会下雨。” 或 “明天天气晴朗。”

统计语言模型的优点是无须复杂模型，直接统计词频即可，缺点是长文本连贯性差。例如，输入“人工智能是”，生成“未来的趋势”，但继续生成时可能丢失“人工智能”的上下文，变成“未来的趋势是经济增长”，出现语义跳跃。

（3）神经网络

神经网络主流模型有 RNN、LSTM 网络、Transformer、LLM 等。

1）RNN、LSTM 网络：早期序列生成模型，适合短文本。

例如，输入“春江潮水连海平”→模型记住“春江”意象，生成下一句“海上明月共潮生”。保持“春天+江水”的主题，避免偏离到“秋雨”。

2）Transformer：基于自注意力机制，生成长文本更流畅。自注意力机制通过计算词之间的相关性（即注意力分数），帮助模型在生成文本时关注最重要的上下文信息，忽略不相关的部分。这种机制使得生成的文本更加连贯且符合逻辑，能够构建出合理的故事情节。

例如，故事续写“很久以前，森林里住着一位老巫师，他……”

生成输出：“……掌握着古老的魔法，但从不轻易使用。直到有一天，村庄来了一个迷路的孩子。”

Transformer 的自注意力机制把输入的每个词转换为词向量，表示词的语义信息，如“老巫师”“森林”等都有各自的词向量。计算输入序列中每个词与其他词的注意力分数，表示它们之间的相关性。像“老巫师”和“魔法”分数高，因为关系紧密，与“迷路的孩子”分数相对低，但也有一定关联。然后，对注意力分数进行处理，综合处理后的信息，生成输出向量，助力模型理解上下文以续写。

3）大语言模型（LLM）：如 GPT-3、ChatGPT、文心一言、通义千问等，通过海量数据训练，支持复杂创作。

以 GPT 模型为例来说明 LLM 内容生成的方式。其采用自回归的方式生成文本，即从第一个词开始，每个词的生成都依赖前面所有已生成的词，通过多层神经网络结构来捕捉文本的深层次语义和语法关系，从而生成较为自然流畅的文本。

2. 内容生成的常见应用

以下是内容生成的常见应用。

（1）营销与广告

广告文案：自动生成产品描述、社交媒体广告语。

个性化推荐：根据用户行为生成定制化内容（如邮件营销）。

（2）媒体与新闻

新闻快讯：基于结构化数据生成体育赛事、财经报道（如美联社的 AI 记者）。

标题党检测：生成或识别吸引眼球的新闻标题。

（3）创意写作

故事、诗歌生成：辅助作家构思情节或风格模仿。

剧本、对话生成：为游戏、影视角色设计台词。

（4）企业自动化

报告生成：将数据分析结果转换为文字报告（如财报、周报）。

客服响应：自动生成邮件或聊天回复。

（5）教育辅助

题目生成：自动生成考试题目或练习题。

作文批改：提供语法修正和内容建议。

6.3.4　情感分析

情感分析（sentiment analysis）主要面向文本数据，通过对文本中表达的情感倾向进行深入分析和分类，揭示文本作者或说话人的情感状态。本节将详细介绍情感分析的主要任务和相关技术基础。

◆ 要　点 ◆

情感描述模型：一类专注于识别、量化或生成人类情感表达的 AI 模型，其核心目标是从文本（或语音、图像等多模态数据）中解析情感状态。

情感分析：又称情感挖掘或意见挖掘，是一种自然语言处理技术，旨在从文本数据中提取、识别和分类情感信息。

情感词典：包含正面和负面情感词汇及其对应的情感分值。情感分析可以通过将文本中的单词与情感词典中的情感词进行匹配，从而判断文本的情感倾向。

情感分析的主要任务：情感极性分类、情感强度评估、情感目标识别、情感趋势分析。

情感分析的主要技术基础：自然语言处理技术、机器学习与深度学习、文本挖掘、数据挖掘技术等。

1. 情感分析的描述模型

情感描述模型是情感分析的基础，常用的情感描述模型主要分为两大类：离散情感模型和维度情感模型。

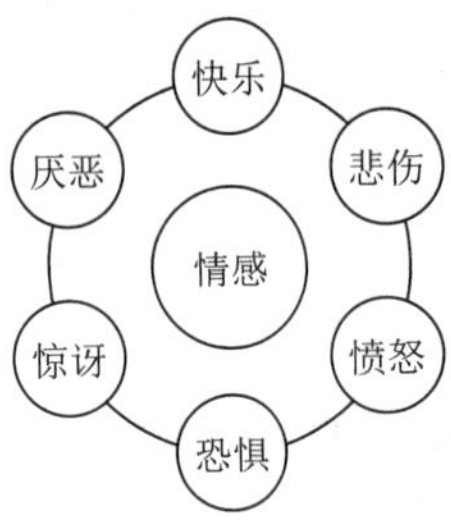

图 6-5　埃克曼六大基本情感

离散情感模型将情感分为独立的类别或标签，每个类别或标签代表一种特定的情感状态。美国心理学家保罗•埃克曼提出六大基本情感理论，如图 6-5 所示，在情感研究领域具有广泛影响。这六大基本情感包括快乐、悲伤、愤怒、恐惧、惊讶和厌恶。离散情感模型易于理解和应用，适用于需要将情感简化为几种基本类型的场景：情感分类任务（如社交媒体文本情感分类、电影评论情感分析）和情感识别任务（如面部表情识别、语音情感识别等）。

维度情感模型将情感看作连续变化的系统，通过一组数值来描述情感在多维空间中的位置，如采用詹姆斯•A. 罗素（James A. Russell）的双极圆周模型，也被称为二维情感模型，如图 6-6 所示。该模型通过愉悦度、唤醒度两个维度构成了一个二维情感空间，表示大多数基本的情感状态。维度情感模型通过调整各个维度上的值，生成无限多种情感状态。适用于情感计算任务（如情感机器人、情感智能客服）和人机交互任务（如根据用户的情感状态调整交互策略、提供个性化服务等）。

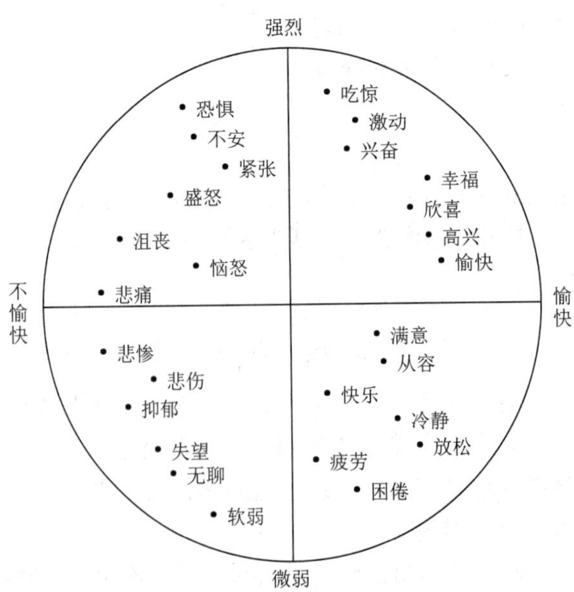

图 6-6　罗素的二维情感模型

离散情感模型和维度情感模型各有优缺点，适用于不同的应用场景。在实际应用中，可以根据具体需求选择合适的模型或结合两种模型进行情感分析。通常，离散情感模型适用于朴素贝叶斯、支持向量机、决策树等算法，用于进行情感分类；维度情感模型适用于聚类、回归等算法，用于捕捉情感的连续性。两者都可用于深度学习的情感分析任务。

2. 情感分析的主要任务

1）情感极性判断。将文本或语音内容划分为不同的情感类别，如积极、消极、中性或其他更细化的情感类别（如快乐、悲伤、愤怒等）。通常使用自然语言处理技术或机器学习模型来分析和理解文本或语音中的情感表达。

2）情感强度评估。除了判断情感的正负或类别外，还可能评估情感的强度或程度。例如，区分“有点高兴”和“非常高兴”之间的情感强度差异。

3）情感目标识别。在某些情况下，情感分析还可能涉及识别情感表达的目标或对象。例如，在句子“我对这部电影感到失望”中，情感的目标是“这部电影”。

4）情感趋势分析。对于时间序列数据（如社交媒体上的评论或新闻文章），情感分析还可以用于跟踪情感随时间的变化趋势，从而了解公众对某个话题或事件的情感反应。

3. 情感分析的技术基础

以下是用于情感分析的基础技术。

1）自然语言处理。这是实现情感分析的核心技术之一，涉及如何让计算机理解和生成人类语言。

2）基于情感词典的方法。通过构建和使用情感词典来判断文本中的情感倾向，这种方法简单直观，但受限于情感词典的覆盖率和准确性。

3）机器学习与深度学习。机器学习模型如朴素贝叶斯分类器，以及更复杂的深度学习模型如循环神经网络、长短期记忆网络等，都是进行情感分类的常用方法。

选择哪种模型取决于具体的应用场景、数据规模和性能要求。对于简单的情感分析任务，可以考虑使用简单的机器学习模型（如朴素贝叶斯）；对于复杂的情感分析任务，则可以使用深度学习模型（如卷积神经网络、循环神经网络、长短期记忆网络等）。

在 Python 环境中，可以直接调用已有的情感分析库来加速实现过程，如 scikit-learn、TensorFlow、Keras、PyTorch 和 Transformers 等。

【例 6-10】　假设有一家手机产品品牌公司，在电子商务平台（如淘宝、京东、拼多多等）和新媒体平台（如抖音、小红书等）上收集了大量关于新发布产品的用户评论。现在需要从这些评论中量化用户对产品的满意程度，以便精准把握用户对产品是否真正满意，以及是否满足了用户的期望和需求。

手机产品品牌公司有一些模拟数据，是用户的评论数据，见表 6-2。

表 6-2　手机用户的产品评论数据

用户 ID	评论内容	评论时间
100001	这款新手机真的太棒了！电池续航超强，摄像头也很清晰，强烈推荐！	2025.3.14

续表

用户 ID	评论内容	评论时间
100002	手机的外观设计很时尚，但系统操作有点复杂，不太容易上手。	2025.3.14
100003	刚刚收到手机，屏幕显示效果惊艳，运行速度也非常快，很满意！	2025.3.14
100004	手机的信号接收能力有点差，在地铁里经常没信号，很失望。	2025.3.15
100005	总体来说，这款手机性价比很高，值得购买，但希望下次能改进信号问题。	2025.3.15
100006	哈哈哈	2025.3.16

以下是具体实现过程。

（1）数据收集

使用 API 或网络爬虫工具，从平台上收集相关评论数据。对收集到的数据进行清洗，去除无关评论（如评论 100006），再对评论进行分词，将句子拆分成单个的词汇或短语，以便后续进行特征提取。可能的分词结果：这款、新手机、真的、太棒、了、电池续航、超强、摄像头、也、很、清晰、强烈推荐。

（2）构建情感字典

构建的情感字典如表 6-3 所示。

表 6-3　情感字典

词语	情感极性	情感强度
好用	正面	1
快	正面	1
慢	负面	−1
购买	正面	0.5
复杂	负面	−1
性价比	正面	0.5

情感字典可以通过手工构建，也可以通过自动方法从大量的标注数据中学习得到。随着深度学习技术的发展，现在也有许多基于机器学习的方法来动态地理解文本情感，而不仅仅依赖于预定义的情感字典。

（3）特征提取

除了情感词汇，还可以提取其他特征，如产品属性（如电池续航、摄像头、外观设计等）、用户行为（如推荐、满意、失望等）。使用词袋模型、TF-IDF（一种用于信息检索和文本挖掘的常用加权技术）、词嵌入等方法将文本数据转换为计算机可理解的形式，见表 6-4。

表 6-4　提取的用户评论特征

用户 ID	产品属性	用户体验	分析结果
100001	手机	推荐	正面
100001	电池	续航超强	正面
100001	摄像头	清晰	正面
100002	外观	时尚	正面
100002	系统操作	复杂	负面

续表

用户 ID	产品属性	用户体验	分析结果
100002	系统操作	不容易	负面
⋮	⋮	⋮	⋮

例如，编号 100001 的用户评论特征提取结果，正面情感词汇有太棒了、超强、很清晰和强烈推荐；产品属性有电池续航和摄像头；用户行为为推荐。

（4）情感分类模型构建与训练

选择合适的情感分类算法，情感分类算法又分为传统机器学习算法和深度学习算法。传统机器学习算法包括朴素贝叶斯、支持向量机等；深度学习算法包括长短期记忆网络、基于转换器的双向编码器表征（bidirectional encoder representations from transformers，BERT）等。使用标注好的情感分析数据集（已有的公开数据集或自己标注的数据集）对模型进行训练。对训练好的模型进行验证和调优，以提高其分类的准确性和泛化能力。

（5）情感分析

对收集的评论数据逐条进行情感分析，判断其情感倾向（正面、负面或中性）。可以进一步对情感分析的结果进行统计和分析，如计算正面评论和负面评论的比例，识别用户关注的重点问题等。此外，如果增加时间维度上的分析，通过考察不同时间点的评论数量及情感倾向，可以揭示评论的热度变化趋势，以及可能存在的时效性话题或事件影响。

评论 100001：正面情感（电池、镜头）。

评论 100002：负面情感（外观设计正面，但系统操作负面）。

评论 100003：正面情感（屏幕、速度）。

评论 100004：负面情感（信号）。

评论 100005：正面情感（性价比正面，信号负面）。

（6）结果应用与反馈

根据情感分析的结果，制定相应的市场策略和产品改进计划。同时，在官方社交媒体账号上分享评论 1 和评论 3 等正面评论，吸引更多潜在用户的关注和购买。

产品和服务的评论分析可以帮助企业更敏锐地捕捉市场动态，为制定更具针对性和前瞻性的技术升级和营销方案提供坚实的数据支持，并且能够让企业迅速甄别出用户反馈中的负面情绪和事态的严重性，从而及时启动必要的公关机制，有效应对潜在危机，保障公司的稳健发展。

6.4　预训练大语言模型

导读案例

智能大模型——数据报表分析

图 6-7 所示为三张企业的运营管理数据报表。计划借助大语言模型，辅助完成对

多个报表数据的处理工作，并在此基础上撰写自己的学习报告。最后，需要把这一过程制作成 PPT，用于学科答辩。

产品名称	地区	销售量（件）	销售额（元）	销售利润（元）
产品A	北京	100	50000	10000
产品A	上海	80	40000	8000
产品A	广州	60	30000	6000
产品B	北京	120	60000	12000
产品B	上海	90	45000	9000
产品B	广州	70	35000	7000
产品C	北京	90	45000	9000
产品C	上海	110	55000	11000
产品C	广州	85	42500	8500

销售数据报表

（a）销售数据报表

产品名称	库存量（件）	进货量（件）	出货量（件）
产品A	200	150	130
产品B	250	200	180
产品C	300	250	220
产品D	150	100	90
产品E	100	80	70

库存数据报表

（b）库存数据报表

客户编号	满意度评分（1-5）	投诉情况	建议
客户1	4	无	提高产品质量
客户2	5	无	增加产品种类
客户3	3	有	改进售后服务
客户4	2	有	降低产品价格
客户5	5	无	加强品牌宣传
客户6	4	无	优化产品包装
客户7	3	有	提高发货速度

客户反馈数据报表

（c）客户反馈数据报表

图 6-7 运营管理数据集

针对任务的需求，在众多大语言模型中采用了“通义千问”大模型。

用户第一次提问：“我有三张表如下，请检查并纠正这些销售数据中可能存在的错误或不一致之处。”然后，用户将三张报表上传到“通义千问”的对话框。

通义千问回答：“为了检查并纠正销售数据中的错误或不一致之处，我们可以从多个角度进行分析，包括但不限于库存量、进货量、出货量以及销售量之间的逻辑关系。接下来，我会逐一分析每张表，并指出可能存在的问题。”

大模型应答后的部分结果如图 6-8 所示。

...	...	...	...	...

结合库存数据报表来看，我们可以发现：

- 对于产品A，总销售量为100+80+60=240件，而库存数据中显示的产品A的出货量是130件，这表明要么销售数据中包含了非最近进货批次的销售，要么就是数据录入有误。
- 类似地，产品B和产品C的销售量分别为280件(北京120+上海90+广州70)和285件(北京90+上海110+广州85)，而库存数据中的出货量分别是180件和220件，这也提示了类似的问题。

结论

1. **销售量与出货量不匹配**：销售数据中的销售量大于库存数据中的出货量，这可能是由于数据统计的时间段不同导致的，也可能是数据记录时出现了遗漏或错误。
2. **缺乏初始库存信息**：库存数据报表中没有提供初始库存量，这对判断当前库存数据是否准确造成了一定困难。

图 6-8 用户与“通义千问”的第一次问答

用户第二次提问：“根据三张表，分析不同区域的销售趋势，并找出销售额最高的前三个产品类别。”

通义千问回答：“根据提供的销售数据报表，我们可以分析不同区域的销售趋势，并找出销售额最高的前三个产品类别。以下是详细的分析：”……具体如图 6-9 所示。

用户第三次提问：“基于上述分析，你能否提供一些提升销售额的建议？”

通义千问回答：“基于对销售数据、库存数据以及客户反馈的分析，以下是提升销售额的一些建议：”……具体建议如图 6-10 所示。

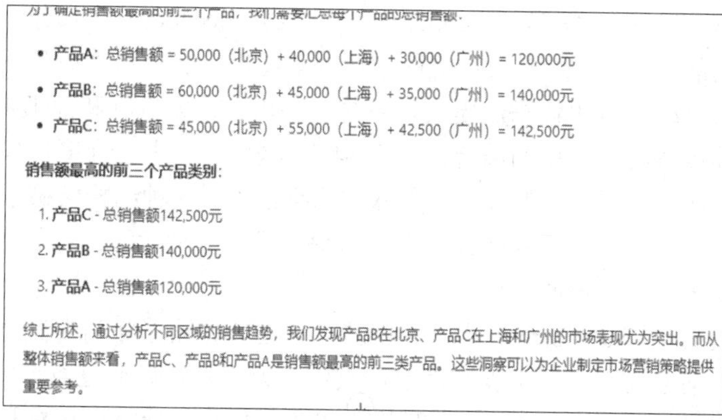

图 6-9　用户与“通义千问”的第二次问答

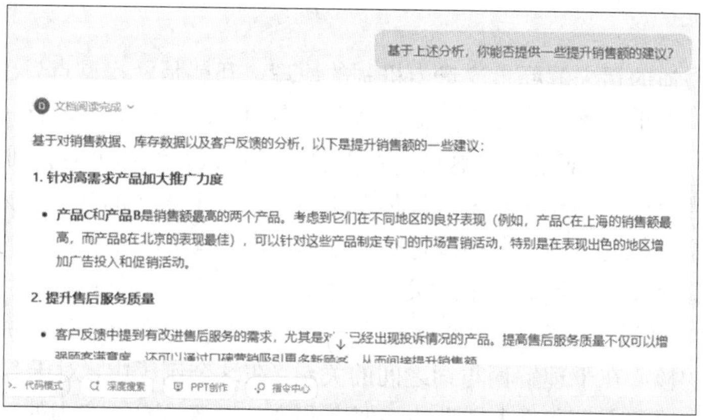

图 6-10　用户与“通义千问”的第三次回答

大语言模型（large language model，LLM）是一种人工智能模型，旨在理解和生成人类语言。它们通过在大量的文本数据上进行训练，可以执行广泛的任务，包括文本总结、翻译、情感分析等。

1. 大语言模型的核心特点

大语言模型具有以下核心特点。

1）模型参数量巨大，通常达到数十亿甚至数千亿，能捕捉复杂的语言模式。

2）通用性强，能够处理多种自然语言任务，如文本生成、翻译、问答等。

3）多模态扩展，部分大语言模型已支持图像、音频等多模态数据的处理。

2. 基于 Transformer 架构的大模型

很多大语言模型主要基于 Transformer 架构，该架构于 2017 年由 Google 首先提出。Transformer 架构的提出，极大地推动了自然语言处理领域的发展，并成为现代大语言模型的基础。

（1）Transformer 模型的基本架构

Transformer 模型由编码器（encoder）和解码器（decoder）两部分组成。编码器负责理解输入序列的信息，通过多层堆叠的模块提取特征；解码器则基于编码器的输出生成目标序列。每个编码器和解码器模块均包含多头自注意力机制和前馈神经网络子层，模型通过残差连接和层归一化的结合，有效缓解了深层网络中的梯度消失和梯度爆炸问题，进而优化了训练过程，并支持构建更深的网络结构。这种结构突破了传统循环神经网络的序列依赖限制，实现了并行计算，显著提高了计算效率。

（2）自注意力机制的核心作用

自注意力机制是 Transformer 的核心创新，通过计算输入序列中每个位置与其他位置的关联权重，动态捕获全局上下文信息。具体来说，每个词通过查询向量（query）、键（key）向量和值（value）向量的交互计算注意力分数，最终加权求和生成新的特征表示。多头注意力机制进一步将这一过程拆分到多个子空间，使模型能同时关注不同层次的语义信息。

用更通俗易懂的话来解释自注意力机制的原理，那就是“找重点”。

想象一下，你正在读一篇文章，文章里有很多句子，每个句子都有一些词。当你读完这篇文章后，如果有人问你：“这篇文章主要讲了什么？”你可能会回答说：“哎呀，主要就是讲了那个……还有那个……”你会挑出文章里最重要的几个点来回答。自注意力机制做的就是类似的事情，只不过它是在处理一串词（如一个句子）的时候，自动地找出哪些词是最重要的，然后更多地关注这些词。

【例 6-11】 通过一个句子：“小猫爬上了大树。” 来解释自注意力机制的原理。

自注意力的核心在于理解词与词之间的关系。在这个例子中，对于“小猫”这个词，模型会计算它与“爬上”和“大树”的相似度。这一步骤是自注意力的开始，因为它让模型开始“注意”到句子中其他词与“小猫”的关系。

接下来，模型将相似度分数转换为概率分布。这些概率反映了每个词相对于“小猫”的重要性。例如，如果“大树”与“小猫”的相似度很高，那么“大树”在理解“小猫”的含义时就会显得非常重要。这一步是自注意力的核心，因为它确定了哪些词应该被更多地“关注”。

在得到重要性概率后，模型会用这些概率作为权重，对词的值向量进行加权求和。这样，对于“小猫”来说，它的新向量就会包含更多来自“大树”和“爬上”的信息，因为它们与“小猫”的关系紧密。这一步体现了自注意力的“动态调整”特性，即模型会根据词与词之间的关系来动态地调整每个词的“贡献”。

（3）位置编码与序列建模

由于自注意力机制本身不具备位置感知能力，Transformer 引入了位置编码来注入序列中词的位置信息。通常采用正弦函数生成编码，与词向量相加后输入模型。这种设计使模型既能利用全局上下文，又能区分不同位置的词。

例如，在翻译任务中，位置编码帮助模型正确对齐源语言和目标语言的词序。

（4）预训练和微调

Transformer 的成功促进了“预训练+微调”这一范式的普及与发展。在这种模式下，大语言模型首先在大量未标注的数据上进行预训练，学习通用的语言标识；然后在特定任务的小型标注数据集上进行微调。这种方法显著提高了各种自然语言处理任务的性能，并降低了对大规模标注数据的依赖。

（5）与传统模型的对比优势

循环神经网络和卷积神经网络在处理序列数据时，都有一些限制。循环神经网络处理长序列时，容易出现梯度消失的问题，导致信息在长传递中丢失，使得网络难以有效学习长距离依赖关系。卷积神经网络虽然能并行计算，但它看序列时，只能看到一小块一小块的，不能看到整个序列的关系。Transformer 采用并行计算，避免了循环神经网络的梯度消失问题和卷积神经网络的局部感受限制，在处理序列数据方面显示出显著的优势，而大语言模型主要处理的就是序列数据。

3. 国内 AI 大语言模型简介

截至 2025 年 3 月，我国 AI 大语言模型进入高速发展阶段，国产大模型如深度求索（DeepSeek）通过技术创新实现了低成本、高性能的突破，其推出的 R1 模型采取开源策略推动技术普及，迅速覆盖政务、医疗、教育等领域。同时，国产大模型呈现多元化趋势，字节跳动的豆包、阿里的通义千问、百度的文心一言、华为的盘古大模型、月之暗面的 Kimi 等大模型在技术研发和商业应用上展现出各自优势。这些模型不仅在文本处理方面表现出色，还在多模态领域取得突破，如文生视频、文生音乐等。同时，国内大模型在算力、数据质量等方面仍面临挑战，但随着政策支持和技术优化，其应用正逐步向垂直领域拓展，为传统行业数字化转型提供了动力。

国内部分通用型 AI 大语言模型见表 6-5。

表 6-5 国内部分通用型 AI 大语言模型

模型名称	研发机构/公司	分析
文心一言	百度	中文场景中的知识问答、多模态生成能力领先，尤其在金融与教育领域应用成熟度高
讯飞星火	科大讯飞	具备领先的语音识别技术和丰富的行业词库，支持多种语言，特别适合专业领域写作的用户（如教师、医生、律师）
通义千问	阿里巴巴	不仅仅限于文本处理，还支持图像、视频等多媒体数据，适用于创意文案、办公助理、学习助手等多种场景
DeepSeek	深度求索	高效的计算资源利用与任务优化能力，支持智能代码补全、跨语言代码转换（如 Python 转 Java）等功能
天工 AI	昆仑万维	支持图文对话、文生图等多模态应用，提供了一键生成 PPT、Excel 生成、AI 音乐创作、视频转绘等功能
智谱清言	智谱 AI（清华大学知识工程实验室技术成果转化）	情感表达细腻，拟人化程度高，在智能客服、个性化助手、教育、心理健康支持等领域具有广泛的应用潜力
豆包	字节跳动	提供全能写作助手（如故事写作、诗歌创作等），与小米生态系统深度整合，提供更便捷的智能家居控制功能
混元-lite	腾讯	适合处理长文本（如大量的工业数据、技术文档或研究报告），与腾讯的其他服务和产品进行了深度整合

续表

模型名称	研发机构/公司	分析
Kimi	月之暗面	适合创意性内容、个性化内容定制、跨模态信息处理、长文本处理（如学术论文）或特定领域知识辅助创作等任务
日日新融合	商汤科技	跨模态交互，在图文场景、推理等场景中表现出色，能够解读复杂图表，通过逻辑推理梳理图表和内容的内在关系
盘古	华为	适用于科学计算、跨模态生成与应用、面向产业智能化转型以及对语言风格多样化要求较高的任务

用户可以根据具体的应用场景和需求，结合各模型平台的特点来选择 AI 大模型平台，以下是几个具体的例子。

中华有为

（1）当需要处理中文语言理解和生成任务时

应用场景：假设你是一家中文教育机构的研发人员，需要开发一款能够辅助中文学习、提供中文知识问答和文本生成功能的智能助手。

选择建议：在这种情况下，可能会选择文心一言或通义千问。文心一言是百度推出的知识增强大语言模型，在中文语言理解、知识问答和文本生成方面表现出色。通义千问是阿里巴巴推出的一个大规模预训练模型系列，用于帮助解决各种问题和提供信息查询，且提供智能体功能。

（2）当需要解决科学计算问题并应用于特定行业时

应用场景：假设你是一家制药企业的研发人员，需要利用 AI 技术进行药物分子筛选和模拟实验，以提高药物研发的效率。

选择建议：在这种情况下，建议选择盘古大模型。盘古大模型中的科学计算大模型专为解决科学计算问题而设计，能够更好地处理药物分子筛选和模拟实验等任务。

（3）当需要处理多语言翻译和跨语言交流任务时

应用场景：假设你是一家国际贸易公司的市场人员，需要频繁地与不同国家和地区的客户进行沟通，处理多语言文档和邮件。

选择建议：在这种情况下，可能会选择讯飞星火。讯飞星火拥有领先的语音识别技术，支持多种应用场景，如多语言翻译的语言理解和生成等，能够很好地满足国际贸易公司的需求，更便捷地实现多语言翻译和跨语言交流，提高工作效率。

（4）当需要处理长文本和进行学术分析时

应用场景：假设你是一名研究生，需要阅读和分析大量的学术论文，希望利用 AI 工具来辅助完成这一任务。

选择建议：在这种情况下，可能会选择 Kimi 智能助手。通过 Kimi 智能助手，研究生可以快速地提取论文的核心内容、研究方法和主要发现，大幅提高阅读和分析效率。

（5）当需要为短视频创作提供 AI 支持时

应用场景：假设你是一名短视频内容创作主播，希望利用 AI 技术来辅助创作过程，包括脚本生成、内容创意、视频剪辑建议等，从而提高创作效率和视频质量。

选择建议：在这种情况下，可能会选择天工 AI。天工 AI 具备优秀的语言生成和创意激发能力。它可以辅助生成短视频的脚本，提供新颖的内容创意，甚至根据视频内容和风格给出剪辑建议。通过天工 AI，短视频创作者可以更高效地完成视频创作，同时保持内容的新鲜度和吸引力。

综上所述，在选择 AI 大模型平台时，应根据具体的应用场景和需求，结合各模型平台的特点进行综合考虑。以上例子仅供参考，实际选择时还需要根据具体情况进行进一步的分析和评估。

小　　结

自然语言处理（NLP）技术作为人工智能的核心支柱，通过赋予计算机理解、生成和操作人类语言的能力，正在深刻重塑人机交互的范式。

其核心价值体现在多个维度：文本理解技术让机器能够精准解析语义，支撑起智能问答系统和知识图谱构建；机器翻译技术打破了语言藩篱，使跨文化沟通成为可能；内容生成技术则展现出惊人的创造力，从自动化新闻写作到个性化内容推荐都彰显其潜力；情感分析技术赋予 AI 感知情绪的能力，使客服系统和心理健康应用更具人性化温度。这些技术并非孤立存在，而是形成紧密协同的生态——文本理解为机器翻译提供语义基础，情感分析优化交互系统的共情能力，内容生成与翻译技术结合则催生出多语言创作的新模式。这些技术相互协同，共同推动人机交互领域的发展与创新，未来将使人们的生活变得更加智能、高效和便捷。

当前，预训练大语言模型正推动自然语言处理技术向通用人工智能迈进，其在各个领域的应用已初见成效。展望未来，自然语言处理将在保持语言精准性的同时，进一步解决文化差异和低资源语言等挑战，最终实现真正自然、智能且具有情感认知的人机交互，让技术更无缝地融入人类生活与社会发展的方方面面。

习　题　6

1. 人机交互和自然语言处理在智能助手（如智能音箱、智能手机助手）中是如何协同工作的？

2. 什么是自然语言处理？并列举一个其在实际应用中的场景。

3. 角色扮演式提问在人机交互中有什么作用？请给出一个正确的角色扮演式提问实例，并解释其构成。

4. 请解释自然语言处理中内容生成的关键技术，并给出它们在实际应用中的一个例子。

5. 请简述文本相似度和语义相似度的区别。

6. 情感分析除了判断情感极性外，还有哪些主要任务？任选其一简述其在自然语言处理中的应用。

7. 在进行人工智能任务处理前，数据获取的方式有哪些？

8. 大语言模型架构中的 Transformer 结构起到了什么作用？

第7章 计算机视觉

教学目的和要求

计算机视觉是人工智能领域的重要分支，通过模拟人类视觉系统的功能，使计算机能够像人类一样“理解”和“解释”视觉信息。本章将介绍计算机视觉的基本概念、核心技术以及与其相关的经典深度学习模型。通过对本章的学习，学生应掌握计算机视觉和机器视觉的关系、计算机视觉处理的一般流程以及典型应用场景，了解数字图像处理、特征提取与识别、目标检测与跟踪、三维视觉和动态视觉等关键技术，掌握计算机视觉与深度学习模型之间的协同进化关系。

- 计算机视觉
  - 内容描述
    - 计算机视觉概述
    - 计算机视觉处理的一般流程
    - 计算机视觉技术
    - 计算机视觉的经典深度学习模型
  - 案例分析
    - 智慧工业——Tunicorn通用视觉平台
    - 智慧医疗——肺结节检测与分类
    - 智能交通——自动驾驶系统中的视觉感知与决策
    - 深度学习驱动的智能视频监控系统
  - 知识目标
    - 了解计算机视觉和机器视觉的关系
    - 掌握计算机视觉处理的一般流程
    - 掌握数字图像处理的常见操作
    - 能完成特征提取与匹配任务
    - 能完成目标检测与跟踪任务
    - 掌握三维视觉的核心目标
    - 掌握计算机视觉与深度学习模型之间的协同进化关系
  - 能力目标
    - 熟悉计算机视觉处理关键技术
    - 熟悉计算机视觉领域核心方向应用
    - 熟悉计算机视觉的经典深度学习模型

智慧医疗——肺结节检测与分类

7.1 计算机视觉概述

导读案例

智慧工业——Tunicorn 通用视觉平台

在科技飞速发展的当今时代，计算机视觉作为人工智能领域中极具活力与潜力的分支，正以前所未有的速度改变着人们的生活。从最初对简单图像识别的探索，到如今能够实现复杂场景中的精准理解与智能分析，计算机视觉经历了从萌芽到蓬勃发展的蜕变。

计算机视觉赋予计算机“看”和“理解”世界的能力，将图像和视频等视觉信息转换为有意义的数据，进而为决策提供有力支持。在智慧工业的生产线上，计算机视觉系统如同不知疲倦的“质检员”，为产品质量检测、生产线自动化与监控、设备故障预测与维护、人员管理与安全监控、物流与仓储管理等多个环节把关，保障生产的安全与稳定。

在2020年11月19日的2020深圳国际全触与显示展上，图麟科技公司首次发布了工业级Tunicorn通用视觉平台（图7-1）。这一平台的推出，标志着图麟科技在工业质检机器人领域的重大技术进步，同时也打破了国际企业在工业外观瑕疵检测领域的技术垄断，填补了国内相关领域的技术空白。

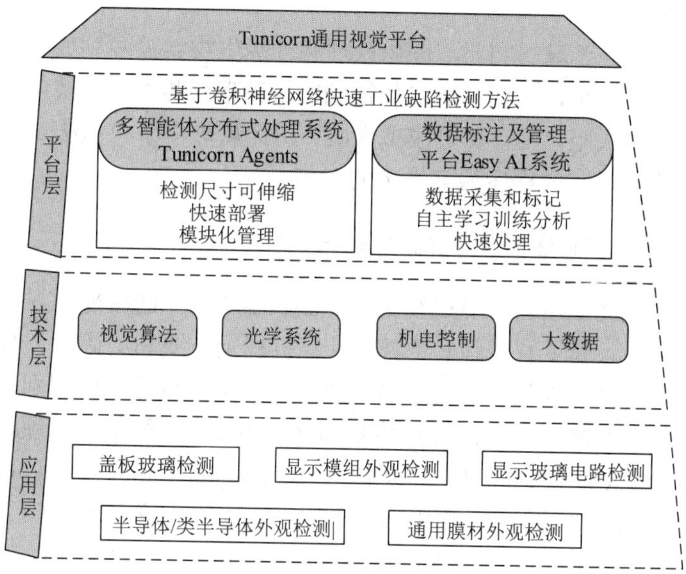

图7-1 Tunicorn通用视觉平台

Tunicorn通用视觉平台采用自主设计的带有自学习注意力机制的卷积神经网络，实现了基于实例分割和物体检测的快速工业缺陷检测算法突破。通过数据库分表分区技术、分布式海量小文件存储技术等，解决了海量数据存储和检索问题，保证了数据的稳定可读性。自主设计的超高稳定的电磁传动与采集控制系统，确保检测物体传输精度控制在微米级别。

Tunicorn 通用视觉平台不仅提供了强大的视觉算法和数据处理能力，还设计了Tunicorn Agents分布式处理系统、数据标注及管理平台Easy AI系统。这两个系统的结合，使得平台能够实现分布式快速处理与数据智能管控，从而有效应对复杂的检测场景与大量缺陷数据的处理。

图麟科技基于Tunicorn通用视觉平台，为玻璃外观、显示触摸屏、柱体360°表面、半导体材料四大领域存在的瑕疵检测问题提供软硬一体化的AI视觉解决方案。

特别是在盖板玻璃检测领域，搭载该平台的工业质检机器人已入驻苹果、华为等终端相关的盖板厂商实际生产线，显著提升了检测效率和产品质量。

计算机视觉（computer vision，CV）是人工智能领域的重要分支，也是深度学习领域最热门的研究方向之一。计算机视觉让计算机能够更好地理解现实世界并与之交互，在推动科技进步和改善人们生活方面发挥着重要作用。

1. 什么是计算机视觉

计算机视觉是一门研究如何使计算机能够从图像或视频中获取、处理、分析和理解视觉信息的科学和技术。具体来说，计算机视觉利用图像传感器获取物体的图像，将图像转换为数字图像，并利用计算机模拟人的判别准则去理解和识别图像，从而达到分析图像和作出结论的目的。

计算机视觉技术是计算机科学、图像处理和神经生物学等多领域交叉的学科，通过模拟人类视觉系统的机制，实现对图像和视频的自动理解和处理。换句话说，计算机视觉技术用摄像机模拟人眼，用计算机模拟大脑，用计算机程序和算法来模拟人对事物的认识和思考，替代人类完成程序为其设定的工作。

2. 计算机视觉：智能感知与自主系统的关键技术

从人工智能的视角来看，计算机视觉要赋予机器“看”的智能，与语音识别赋予机器“听”的功能类似，属于智能感知范畴。计算机视觉主要利用摄像头等视觉传感器获取图像或视频数据，然后通过算法对这些数据进行处理，进行图像识别、目标检测、图像分割等操作，属于智能感知中的视觉感知部分。例如，在智慧医疗领域，计算机视觉可以对医学影像[如 X 射线、计算机体层扫描（computed tomography，CT）等]进行感知和分析，帮助医生发现病灶、判断病变的性质等。另外，在智能安防领域，计算机视觉可以对监控摄像头拍摄的视频进行实时分析，从而感知画面中是否有可疑人员出现（如通过目标检测算法识别出陌生面孔或者异常行为的人）、是否有物体被盗（如通过图像对比发现物品的缺失）等情况。

从人工智能的视角来看，计算机视觉也是自主系统的重要组成部分。自主系统是指能够在没有人类直接干预的情况下，自主完成特定任务的系统。它通常需要具备感知环境、决策和行动的能力。例如，在自动驾驶汽车自主系统中，车辆通过车载摄像头获取道路图像，利用计算机视觉算法识别交通标志、车道线、其他车辆和行人等，根据这些视觉信息，汽车的控制系统可以做出加速、减速、转向等决策，以实现安全、高效的自动驾驶。另外，在无人机自主飞行系统中，计算机视觉不仅可以帮助无人机感知周围环境，进行障碍物检测和避障，还可以用于地形测绘等任务。

3. 计算机视觉与机器视觉的关系

计算机视觉与机器视觉既有联系又有区别，二者边界逐渐模糊。

（1）计算机视觉与机器视觉的联系

1）基础技术相似。一方面，计算机视觉与机器视觉都以图像或视频作为输入数据源，依赖图像获取设备（如摄像头）来采集视觉信息。另一方面，在图像预处理、特征提取等初始步骤上，两者的方法和算法也有很多共通之处。例如，边缘检测、滤波等图像处理技术都是二者常用的手段。

2）目标识别与分析的共性。计算机视觉与机器视觉都致力于对视觉信息中的目标进行识别、分类、定位等操作。无论是在计算机视觉的自动驾驶场景中识别车辆和行人，还是在机器视觉的工业质检场景中识别产品缺陷和类型，其核心任务都包含对目标的视觉特征分析和判断。

3）人工智能技术的融合。计算机视觉与机器视觉都借助人工智能技术，尤其是深度学习算法来提升视觉分析的性能。例如，卷积神经网络在计算机视觉的目标检测以及机器视觉的缺陷分类等领域都发挥着重要作用。

（2）计算机视觉与机器视觉的区别

1）概念范畴与应用领域方面的区别。计算机视觉研究如何让计算机从图像或视频中提取、分析和理解信息，模拟人类视觉的认知能力，应用领域广泛，包括图像识别、视频分析、三维重建、增强现实等，涵盖安防、医疗、自动驾驶等多个行业。机器视觉主要应用于工业自动化和制造领域，侧重于以视觉技术为基础，结合传感器技术和自动化控制技术，实现对物体的自动检测、测量、识别和控制等功能，如外观检测、尺寸测量、机器人视觉引导等。

2）视觉信息处理的深度方面的区别。计算机视觉往往需要对视觉信息进行深度理解和语义解析，例如，在自动驾驶场景中，不仅要识别道路和车辆，还需要理解交通规则、预测其他交通参与者的意图等。机器视觉更注重对视觉信息的精准测量和快速判断，以满足工业生产中的高精度和实时性要求，例如，在芯片制造中，要求芯片尺寸和焊点质量的检测精度达到微米级或纳米级。

3）对系统集成的要求方面。计算机视觉的系统集成具有高度灵活性，灵活性源于其算法驱动的本质，深度学习框架（如 PyTorch、TensorFlow）的跨平台特性、开源工具链（如 OpenCV）的通用性，使其能够快速适配不同硬件环境（从手机到 GPU 集群）。计算机视觉的应用形态可分为两类：一是独立系统，如人脸识别 API、医学影像分析软件、图像内容审核平台等，通常基于通用计算设备（如服务器、云端）运行；二是嵌入式模块，如无人机视觉导航、自动驾驶环境感知模块、AR 眼镜的即时定位与地图构建（simultaneous localization and mapping，SLAM）功能，需要与硬件深度协同但无须完全绑定工业流程。机器视觉通常需要深度嵌入工业自动化系统中，与生产线上的其他设备（如机器人、传感器、控制器等）紧密集成，以实现整个生产流程的自动化和智能化控制。

随着技术融合趋势的不断加深，计算机视觉和机器视觉的边界逐渐模糊，这一融合趋势不仅推动了技术的进步和创新，也为工业生产和制造领域带来了更高效、更智能的解决方案。一方面，计算机视觉不断向工业领域渗透，基于深度学习的视觉质检（如表面缺陷检测）在很多场景中开始替代传统机器视觉的规则算法。例如，在屏幕检测过程中，借助定制化 GPU 工控机运行 YOLO 算法，不仅能快速精准地检测出屏幕的各类缺陷，而且可以与机械臂等设备协同工作，实现自动分拣等操作。然而，这一过程仍需满足机器视觉的实时性和硬件集成要求，以确保整个生产流程的高效、稳定运行。另一方面，机器视觉也在积极进行“软硬分离”的尝试和探索，部分机器视觉系统采用模块化设计，如基于开放平台通信统一架构（open platform communications unified architecture，OPC UA）协议的视觉服务，允许算法更新独立于硬件，这使得机器视觉系统能够更灵活地适应不同的生产任务和需求，同时也便于算法的优化和升级。不过，尽管如此，机器视觉系统的核心控制逻辑仍然与生产流程紧密相连，以确保生产的连续性和稳定性。

7.2 计算机视觉处理的一般流程

导读案例

智慧医疗——肺结节检测与分类

在智慧医疗领域，计算机视觉技术的应用日益广泛。利用计算机视觉技术进行医学影像分析，不仅可以辅助医生进行疾病诊断，提高诊断效率和准确性，还有助于早期发现和治疗疾病。下面以肺结节检测与分类为例，说明其主要流程。

首先，医院的 CT 扫描设备对疑似有肺部疾病的患者进行胸部扫描，生成一系列高分辨率的 CT 影像。由于 CT 影像可能存在噪声、对比度不足等问题，需要对原始影像进行预处理，可能包括调整对比度、去除噪声（如使用非局部均值滤波）、影像标准化等操作，以便更好地突出肺部区域。然后，计算机视觉算法会自动从每张 CT 影像中提取特征，包括纹理信息、形状特征、位置信息等，这可以利用基于深度学习的卷积神经网络等模型实现。虽然深度学习模型能够在训练过程中自动选择有用的特征，但是在某些情况下，仍然需要人工或半自动的方法来选择最相关的特征，以提高模型性能和效率。接下来，使用包含标注信息的大规模 CT 影像数据集（即已知是否存在肺结节及其类型的图像）来训练深度学习模型，常用的架构包括 ResNet、DenseNet 等，它们能够有效地识别 CT 影像中的肺结节并区分良性和恶性结节。将训练好的模型应用于新的患者 CT 影像上，自动检测出其中的肺结节，并对其进行分类。根据模型输出的结果，可能会进一步分析结节的位置、大小及形态学特征，评估其生长速度和潜在风险，为临床决策提供支持。最后，系统会生成一份详细的报告，指出检测到的所有肺结节及其分类结果（良性或恶性），以及建议的后续步骤（如定期复查、活检等）。这份报告可以直接整合到电子健康记录系统中，供医生参考。

在计算机视觉处理过程中，每个步骤都可能涉及复杂的算法和技术，且实际流程可能会根据具体的应用场景有所变化。

计算机视觉处理的一般流程主要包含以下步骤。

1. 图像采集

这是计算机视觉处理的第一步，涉及通过摄像头、扫描仪或其他图像捕获设备来获取数字图像或视频帧。采集方式可以是单张图像采集，也可以是视频序列采集。例如，从多家医疗机构采集历史数字放射（digital radiography，DR）影像数据，涵盖胸部、腹部等不同部位，确保数据多样性。

2. 图像预处理

在这一阶段，通常会对原始数据进行一系列操作，目标是消除噪声、增强有效信息，为后续处理提供高质量输入。这些操作包括灰度变换（将彩色图像转换为灰度图像）、降噪（通过滤波等方法去除图像中的噪声，如高斯滤波、中值滤波）、几何校正（如畸变矫正、旋转/缩放对齐）、色彩空间转换[RGB 颜色空间的值转 HSV（即用色相-饱和度-明度描述色彩）/Lab（即用明度-绿红轴-蓝黄轴描述颜色）颜色空间的值，便于分离亮度与颜色信息]、对比度调整和直方图均衡化等。例如，在医疗影像分析中，采用高斯滤波消除噪声、直方图均衡化增强对比度，突出病灶区域（如肺部结节）。

3. 特征提取

特征提取其核心任务是从图像或视频数据中识别出对特定分析任务有价值的特征信息。这些特征可以是颜色（如皮肤病变的颜色分布，用于医学诊断）、形状（如交通标志的几何结构，用于智能交通系统）或纹理（如肺结节的毛刺状边缘，用于医学影像分析）。

【例 7-1】 在医学影像分析中，精确的特征提取是实现高效诊断的基础。

通过边缘检测技术（如经典的 Canny 算子），可以有效提取器官轮廓并准确定位关键解剖结构（如肋骨、肺叶）。Canny 算子通过计算图像梯度和非极大值抑制，能够检测出清晰且连续的边缘曲线，为后续的器官分割和结构识别提供重要依据。与此同时，基于深度学习的先进模型（如 ResNet 和 U-Net）可以进一步自动提取病灶区域的复杂特征，包括纹理和形状特征（如肿瘤边界、钙化点）。ResNet 通过其残差模块设计，能够学习病灶区域的多层级语义特征，而 U-Net 则结合编码器-解码器结构，实现在高分辨率医学影像中精准提取病灶的形态特征，为病变的早期诊断和分类提供了强大的技术支持。

后续，通常会从众多提取出的特征中挑选出最有助于解决当前问题的那些特征，目的是减少计算复杂度并提高模型性能。

4. 模型处理

目标是基于提取的特征完成特定任务，如分类、检测、分割等。如果任务涉及机器学习或深度学习，则需要使用标注的数据集来训练模型。训练的目标是让模型能够学会如何从输入图像中识别目标模式或类别。下面介绍其典型任务。

1）目标检测。识别图像中特定目标的位置和类别，通常使用 YOLO、Faster R-CNN 等基于深度学习的算法。例如，基于这些深度学习的目标检测算法，能够快速准确地在影像数据中识别出特定的病变或异常目标，如肺结节、肿瘤等，从而提高了早期肺癌的诊断效率。

2）图像分割。将图像分割为多个区域，可以将影像中的目标区域与背景区域分割，以便更精确地分析目标的大小、形状和边界等信息。例如，图像分割是医学影像分析中的关键技术之一，其核心任务是将影像分割为多个有意义的区域，从而将目标区域（如病变组织、器官等）与背景区域清晰分开，进而实现对目标区域特征的精确提取。传统分割方法（如 Canny 边缘检测、阈值分割等）在处理复杂医学影像时存在局限性，对边界模糊、形态多变的病灶分割效果不佳。基于深度学习的图像分割算法（如 U-Net），凭借其强大的特征学习能力，取得了显著突破。

3）目标识别与分类。目标识别与分类的关键任务是对检测到的目标进行更细致的分析，以确定其具体类别和属性。传统的目标识别方法通常依赖于手工提取的特征，通过 Softmax 分类器等手段进行类别判断。深度学习方法通过卷积神经网络的全连接层自动学习特征并进行分类。例如，对医学影像中的细胞图像进行分析时，深度学习模型能够学习到细胞的形态、纹理等特征，从而精准地确定癌细胞的类型（如腺癌、鳞癌）、性质（如良恶性）和程度（如分化程度），这为临床医生制定个性化的治疗方案提供了关键依据，有助于提高治疗效果和患者预后。

5. 后处理

后处理是计算机视觉工作流程中的重要环节，旨在根据特定的应用需求对模型的输出结果进行进一步的优化和处理，从而提升结果的鲁棒性（即稳定性）和可解释性。例如，在基于深度学习的肿瘤分割任务中，模型输出的分割掩码可能存在碎斑噪声或边界不连续的问题。通过形态学操作（如腐蚀、膨胀）去除小面积噪点，结合先验解剖知识（如肿瘤的最小尺寸限制）进行区域筛选，能够显著提升分割结果的准确性和鲁棒性。此外，后处理还可以通过结果可视化（如叠加分割轮廓、生成热力图）来提高模型输出的可解释性，便于临床医生理解和信任算法结果。

6. 应用与反馈

将处理结果应用于实际场景，并根据反馈优化系统。下面是主要实现方式。

1）实时控制。机器人根据视觉结果实时调整动作，如根据视觉伺服控制算法抓取物体，确保任务的准确性和时效性。例如，在医疗手术机器人领域，通过实时视觉反馈调整器械操作路径，避免损伤关键组织。

2）数据迭代。将误判样本加入训练集，通过持续学习或在线学习的方式更新模型，提升模型的准确性和泛化能力。例如，在安防监控中，将新型伪装行为样本反馈至训练集，使系统不断适应新的威胁模式。

3）可视化输出。生成易于理解的检测报告和可视化结果，如在医疗影像中标识病灶位置，在安防监控中绘制人员轨迹。同时，利用增强现实（AR）技术叠加信息，如某家具卖场的 AR 家具放置应用，支持用户通过手机摄像头将虚拟家具模型放置在实际环境中，直观展示效果。

这种应用与反馈的闭环机制对于提升计算机视觉系统的性能至关重要。它确保了系统能够动态适应实际环境的变化，持续改进其功能，以更好地满足用户需求和应对复杂多变的现实场景。

7.3 计算机视觉技术

导读案例

智能交通——自动驾驶系统中的视觉感知与决策

当下，计算机视觉技术在自动驾驶系统中实现了从图像处理到决策支持的全流程优化，显著提高了自动驾驶的安全性和可靠性，为未来智能交通的发展提供了重要支持。

在自动驾驶系统中，数字图像处理是基础步骤。车辆上的摄像头捕获的图像通常包含大量的噪声和干扰，需要进行预处理以提高图像质量。例如，通过直方图均衡化和高斯滤波等技术，可以有效去除图像中的噪声，同时增强车道线和交通标志的对比度，为后续的特征提取和分析奠定基础。

特征提取与匹配技术用于识别和定位道路标志、车道线和其他关键物体。例如，可以利用 Canny 算子提取车道线的边界，帮助车辆确定行驶路径；通过灰度共生矩阵（gray level cooccurrence matrix，GLCM）提取路面的纹理特征，区分不同类型的路面；识别交通标志的形状（如圆形、三角形）和颜色（如红色、蓝色），以确定标志的类型和含义。

目标检测与跟踪技术用于识别和定位道路上的其他车辆、行人和障碍物。可以使用深度学习算法如 YOLO 或 Faster R-CNN，实时检测车辆、行人和自行车等目标，并标记其位置和大小。也可以利用卡尔曼滤波或粒子滤波算法，对检测到的目标进行连续跟踪，预测其运动轨迹，帮助车辆做出避让或减速决策。

三维视觉技术用于构建车辆周围环境的三维模型，提供更全面的环境感知。一方面，利用车辆上的双目相机，通过计算视差获取深度信息，重建道路和障碍物的三维结构。另一方面，结合光检测和测距（light detection and ranging）数据，生成高精度的三维环境模型，帮助车辆更准确地定位和导航。

动态视觉技术用于处理和分析动态场景中的视觉信息，捕捉和理解运动和变化。一是通过光流法计算像素点的运动矢量场，捕捉车辆和行人的运动方向和速度。二是在视频序列中识别和提取运动目标，并分析其行为模式，如预测行人横穿马路的路径。三是构建能够描述动态场景演化（evolution）的模型，该模型通过预测与模拟环境动态变化，为自动驾驶系统提供“预演未来”的能力，为车辆的路径规划和决策提供支持。

在实际应用中，将上述处理结果应用于自动驾驶系统的决策模块，并根据反馈优化系统。根据视觉感知结果，自动驾驶系统实时调整车辆的速度和行驶方向，确保安全性和时效性。将误判的样本（如未识别的交通标志或误检的障碍物）加入训练集，通过持续学习或在线学习的方式更新模型，提升系统的准确性和泛化能力。最后，生成易于理解的检测报告和可视化结果，如在车辆的仪表盘上显示检测到的目标、车道线和导航路径，帮助驾驶员了解系统的决策依据。同时，利用增强现实技术在风窗玻璃上叠加相关信息，如导航指示和障碍物警告，提升驾驶体验。

计算机视觉技术的基础研究主要包括数字图像处理、特征提取与匹配、目标检测与跟踪、三维视觉、动态视觉等。

7.3.1 数字图像处理

数字图像为计算机视觉提供了数据基础，使机器能够“看懂”图像。换句话说，通过分析和处理数字图像中的像素信息，计算机视觉算法能够提取有用特征，实现对图像内容的理解和解释。

1. 什么是数字图像

数字图像处理中引入中国文化元素

数字图像是指利用数字摄像机、扫描仪等设备获得的并以数字形式表示的图像，通常由像素组成。它是一种将连续的图像信息离散化后的表示方式，能够被计算机存储与处理。

数字图像由像素构成，每个像素对应图像中的一个点。对于灰度图像，每个像素用一个数值表示，代表该点的灰度级，通常取值 0～255，其中 0 表示黑色，255 表示白色。彩色图像通常由三个通道组成，如 RGB（红、绿、蓝）图像，每个通道分别表示红、绿、蓝三种颜色的强度，像素值同样在 0～255 之间。

数字图像可以用一个二维矩阵来表示。例如，一幅大小为 640 像素×480 像素的 RGB 图像可以表示为三个 640 像素×480 像素的矩阵，每个矩阵存储对应通道的像素值。

2. 图像的数字化过程

要在计算机中处理图像，必须先把真实的图像（照片、画报、图书、图纸等）转换为计算机能够记录和存储的数字图像，然后再用计算机进行分析处理，这个过程就是图像的数字化过程。整个主要分为采样、量化与编码三个步骤，如图 7-2 所示。

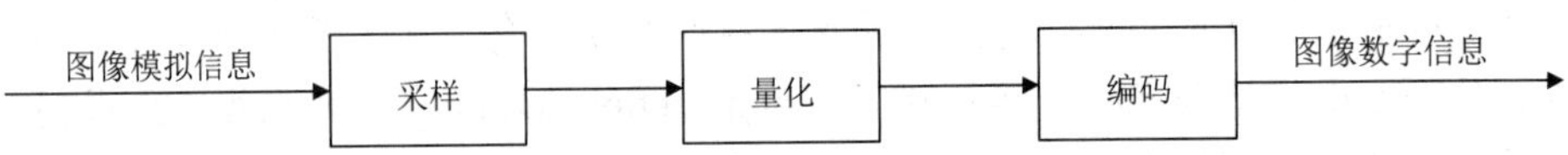

图 7-2 图像的数字化过程

（1）采样

图像在空间上的离散化过程称为采样。具体来说，将二维空间上连续的图像在水平方向和垂直方向上等间距地分割为若干个网格，每个网格点对应一个像素的位置，用一个亮度值表示。在灰度图像中，亮度值和灰度值是等同的概念。在彩色图像中，亮度值是由各颜色通道的灰度值综合计算得到的，表示该像素整体的明亮程度。

（2）量化

在确定了像素的位置后，还需要对每个像素点的亮度或颜色信息进行量化。量化是将连续的亮度或颜色值转换为离散的数字值。例如，将亮度值量化为 0～255 之间的整数。

（3）编码

编码是将量化后的数字图像数据转换为适合存储和传输的二进制代码的过程。通过编码，将图像数据转换为计算机能够识别和处理的二进制格式（如生成 JPEG、PNG 等文件），以便于存储和传输。同时，编码还可以通过压缩技术减少数据量，提高存储和传输效率。

3. 数字图像处理的目的

数字图像处理是指利用计算机实现对数字图像的处理。

根据数字图像处理所获结果的不同，数字图像处理通常分为两类，即图像到图像的处理和图像到非图像的处理。图像到图像的处理是指图像经过处理后变成新的图像，从而获得需要的效果，如图像增强技术、图像修复技术、图像去噪技术及三维虚拟生成技术等。图像到非图像的处理是指图像经过处理后变成一种非图像的表示，如图像特征的提取、图像检测、图像测量等。

数字图像处理的目的主要有以下几种。

1）提高图像视觉质量，如图像的增强、图像的去噪、图像的畸形矫正等。

2）获得图像的某些特征，为计算机的分析提供依据，如人脸识别、边缘检测、图像分割、纹理分析等。

3）信息可视化，将人眼无法看到的信息，通过数字图像处理使之能够直接呈现。信息可视化已广泛用于大数据分析、医学信息处理等领域。

4）信息安全的需要，主要涉及数字图像水印和图像信息隐藏。

4. 数字图像处理的常见操作

数字图像处理的常见操作包括图像增强、图像复原、图像分割、图像分类等。

（1）图像增强

图像增强的作用在于提升视觉效果、突出细节、改善图像质量等，从而使图像更适合人眼观察或机器感知。其主要技术手段包括直方图均衡化、锐化处理和对比度增强等。

1）直方图均衡化。提升图像对比度，通过将图像灰度值均匀分布，增加图像整体清晰度和细节可见性，让暗部和亮部细节更突出。

2）锐化处理。突出图像中的边缘和细节信息，使图像看起来更加清晰。例如，在文档扫描图像中，锐化处理可使文字边缘更清晰，便于阅读和识别。

3）对比度增强。调整图像的对比度，突出目标物体。

（2）图像复原

图像复原是一种旨在恢复图像原始信息的处理技术，其基于退化模型，通过数学方法和算法，从退化图像估计原始图像。其常用方法有以下几种。

1）几何变换。对图像进行平移、旋转、缩放等操作，以纠正图像的几何畸变。例如，在拍摄倾斜的物体时，可以通过几何变换将物体扶正。

2）逆滤波。用于恢复被模糊的图像，假设图像的模糊过程可以用一个点扩散函数来描述，通过求解逆问题来恢复原始图像。

（3）图像分割

图像分割是指将一幅图像分解为多个有意义的区域或物体实例。图像分割要求对物体的每个像素进行分类，能够提供更细粒度的信息。图像分割包括语义分割、实例分割等。

1）语义分割。为每个像素分配一个类别标签，将图像中的每个像素都分类到相应的语义类别中，如将图像中的像素分为天空、草地、人物、车辆等不同类别，实现对图像的精细化理解。

2）实例分割。在语义分割的基础上进一步区分不同实例，不仅要将图像中的每个像素进行分类，还要将不同的实例区分开来。例如，在一幅包含一群羊的图像中，将每只羊作为一个独立的实例进行分割和识别。

（4）图像分类

图像分类是指根据一定的分类规则将图像自动分到一组预定义类别中的过程。例如，将动物图像分类为猫、狗或鸟。根据图像语义内容的不同层次，可以将图像分类划分为对象分类、场景分类、事件分类、情感分类等。图像分类的核心技术是深度学习，尤其是卷积神经网络，它能够自动学习图像中的特征，进行高效的特征提取和分类。

图像分类的一般过程：首先进行图像内容的描述；然后利用机器学习方法学习图像类别；最后利用学习到的模型对未知图像进行分类。

7.3.2 特征提取与匹配

在计算机视觉领域，特征提取与匹配在图像拼接、目标识别与定位、立体视觉、目标跟踪、场景重建和增强现实等应用中发挥着重要作用。

1. 特征提取

特征提取是指从图像中提取有意义的特征，这些特征能够表示图像的关键信息，便于后续的分析和处理。其目的是减少数据量、提高处理效率，同时保留图像中对任务最有价值的信息。

（1）传统特征提取方法——依赖人工设计的特征描述器

传统的特征提取方法有以下几种。

1）尺度不变特征变换（scale-invariant feature transform，SIFT）：一种基于局部特征的图像处理算法，其核心思想是通过构建尺度空间来检测图像中的关键点，并提取具有尺度和旋转不变性的特征描述。因其出色的稳定性和区分性，其被广泛应用于图像匹配、三维建模等场景。

2）方向梯度直方图（histogram of oriented gradients，HOG）：通过统计图像梯度的方向分布来描述物体的形状特征，这一方法在行人检测和目标识别任务中表现出色。

（2）基于深度学习的特征提取方法——自动学习层次化特征

基于深度学习的特征提取方法主要有以下几种。

1）浅层卷积：主要捕捉图像中的边缘、角点、纹理等低级特征。

2）深层卷积：能够逐步组合低级特征形成高级语义概念，如识别出“车轮”“人脸”“肺结节”等具有明确语义含义的特征模式。这种层次化特征学习能力使深度学习模型在复杂视觉任务中具有显著优势。

随着深度学习的发展，基于深度学习的特征提取方法成为主流，能够更好地处理复杂场景和大规模数据。

2. 特征匹配

在计算机视觉领域，特征匹配是连接“特征提取”与“高层任务”（如三维重建、目标识别）的桥梁。其本质是通过局部特征的相似性建立跨图像的对应关系，并结合几何约束提升鲁棒性。

（1）特征匹配的目的

特征匹配基于提取的特征，在两幅或多幅图像之间寻找具有相似特征的点或区域，以建立图像之间的对应关系。其目的是确定不同图像中同一物体或场景部分的位置，为图像拼接、立体匹配、目标跟踪等任务奠定基础。

（2）特征匹配的关键步骤

以下是特征匹配的关键步骤。

1）特征检测。在每幅图像中检测具有显著性的特征点（如角点、边缘、斑点等）。

2）特征描述。为每个特征点生成一个描述子，编码其周围区域的局部信息（如梯度分布、颜色、纹理等）。

3）匹配策略。比较描述子的相似性（如欧氏距离、汉明距离），寻找对应点。

4）误匹配剔除。通过几何约束（如单应性矩阵、对极几何）过滤错误匹配。

（3）特征匹配算法

以下是一些常用的特征匹配算法。

1）暴力匹配。其核心是穷举所有可能的特征对，计算其描述子之间的距离，选择距离最小的作为匹配对。暴力匹配的局限性是计算复杂度为 $O(N^2)$，当特征点数量 N 较大时效率较低。

2）基于快速近似最近邻库（fast library for approximate nearest neighbors，FLANN）的匹配。利用索引结构和搜索算法，能够快速找到近似最近邻匹配，适用于大规模特征点匹配。

3）基于随机抽样一致（random sample consensus，RANSAC）的误匹配剔除。RANSAC 用于优化匹配结果，即在初步匹配后，通过随机采样和模型拟合，筛选符合几何约束的内点，有效剔除误匹配。其流程为：特征检测→特征描述→初步匹配（暴力/FLANN）→RANSAC 过滤误匹配。

【例 7-2】 在自动驾驶系统中，特征提取与匹配可以用于检测行人并分析其行为，请简单描述其工作原理。

在自动驾驶系统中，特征提取与匹配通过提取行人的关键特征并进行匹配，分析行人的行为和意图，为决策制定提供准确的信息，从而提高自动驾驶系统的安全性和可靠性。

（1）特征提取

1）姿态特征提取。提取人体姿态特征，分析人体关键点（如头部、肩部、四肢）的位置和姿态，识别行人的行走、奔跑、站立等行为。

2）动作特征提取。捕捉人体动作特征，分析动作的动态变化，识别行人的挥手、跨越等行为。

（2）特征匹配

1）特征点跟踪。可以采用光流法或特征点匹配算法，提取人体关键点并跟踪其运动轨迹，实现对行人行为的实时分析。

2）基于深度学习的特征提取。可以使用预训练的卷积神经网络（如 VGG、ResNet）来提取人体特征向量，表示人体外观和姿势信息，用于行人重识别和行为预测。

7.3.3 目标检测与跟踪

目标检测与跟踪是计算机视觉的核心任务，被广泛应用于自动驾驶、视频监控、运动分析等领域。在自动驾驶系统中，实时检测和跟踪道路上的其他车辆、行人、交通标志等，为自动驾驶汽车的决策和控制提供依据。在监控视频中，检测和跟踪特定目标（如可疑人员、车辆等），实现异常行为检测、人员计数等功能。在运动分析中，分析运动员的动作和姿态，检测和跟踪关键部位（如关节、肢体等），为运动训练提供反馈和指导。

1. 目标检测

（1）目标检测的任务

目标检测是计算机视觉中的更高级任务，不仅要求识别图像中的物体，还需要精确地确定物体的位置。目标检测的任务是在图像或视频帧中定位并识别特定类别的物体，输出每个目标的边界框及其类别标签。

（2）目标检测的核心步骤

目标检测的核心步骤如下。

1）定位：确定目标在图像中的位置（边界框坐标）。

2）分类：判断目标所属的类别（如行人、车辆、动物等）。

3）后处理：过滤重叠检测框（如非极大值抑制，NMS）以消除冗余结果。

（3）目标检测的方法

目标检测可以采用基于传统机器学习的方法，也可以采用基于深度学习的单阶段或双阶段检测算法。

1）基于传统机器学习的方法。先手工提取图像特征，然后使用支持向量机、决策树等机器学习算法进行分类和检测。例如，在人脸检测中，使用 Haar 特征结合 Adaboost 算法进行人脸的快速检测。

2）基于深度学习的方法。基于深度学习的方法又可分为单阶段目标检测算法和双阶段目标检测算法。单阶段目标检测算法包括 YOLO 系列、单阶段多框检测器（single shot multibox detector，SSD）等，直接在图像上进行一次预测，同时输出目标的类别和位置信息，具有速度快的优点，适用于对实时性要求较高的场景。双阶段目标检测算法包括 Faster R-CNN 等，先通过区域建议网络（region proposal network，RPN）生成可能包含目标的候选区域，然后对这些候选区域进行分类和位置精修，检测精度较高，但速度相对较慢。因此，在实时性要求高的场景（如视频监控），YOLO 系列更为常用；在需要高精度的任务（如医学病灶检测），Faster R-CNN 及其改进模型较为常用。

2. 目标跟踪

(1)目标跟踪的任务

目标跟踪是在视频序列中对一个或多个目标物体进行连续跟踪和定位，通常在第一帧给定目标位置后，在后续帧中预测其运动轨迹。

(2)目标跟踪的核心步骤

以下是目标跟踪的核心步骤。

1)初始化：在第一帧中通过检测或手动标注确定目标位置。

2)运动预测：根据目标的运动模型（如匀速、加速）估计下一帧的位置。

3)外观匹配：利用目标的外观特征（如颜色、纹理、深度学习特征）与候选区域匹配。

4)轨迹管理：处理目标消失、重现、遮挡等情况，更新轨迹状态。

(3)目标跟踪的方法

目标跟踪的方法基于不同的标准和考虑因素可划分为以下几类。

1)基于特征点的方法。通过提取目标物体的特征点（如角点、边缘等），利用特征匹配和光流法等算法在后续帧中寻找对应的特征点，从而实现目标的跟踪。例如，使用光流法跟踪车辆的运动轨迹。

2)基于模型的方法。构建目标物体的模型（如外观模型、运动模型等），根据模型预测目标在下一帧的位置，并根据实际观测对模型进行更新。常用的算法包括卡尔曼滤波、粒子滤波等。

3)基于深度学习的方法。利用深度学习模型提取目标物体的特征并预测其位置。例如，使用孪生网络（siamese network）对目标进行跟踪，通过训练网络学习目标的特征表示，实现在视频序列中的目标跟踪。

【例 7-3】 无人机可以用于交通违规车辆的实时追踪，请从目标识别与跟踪的角度简要说明其工作原理。

在城市交通管理中，需要对交通违规车辆进行实时追踪，以便及时采取措施。传统的固定摄像头监控范围有限，难以对高速行驶的违规车辆进行有效追踪，而无人机具有机动性强、监控范围广的优势，可弥补这一不足。

(1)目标识别

无人机搭载有高清摄像头和高性能图像处理器，摄像头具有高分辨率和快速帧率，能够捕捉清晰的车辆图像，图像处理器则具备强大的计算能力，可实时处理大量图像数据。采用深度学习中的 YOLO 算法进行目标识别。在无人机起飞后，摄像头开始捕捉道路场景图像，图像处理器对每一帧图像进行实时处理。YOLO 算法将图像划分为多个网格，每个网格负责预测中心点在该网格内的目标车辆的类别和位置，能够快速识别出图像中的车辆，并判断其是否为交通违规车辆。

(2)目标跟踪

一旦锁定违规车辆，无人机的飞行控制系统就能根据其位置和运动状态，动态调整无人机的飞行路径，使无人机保持在目标车辆的正上方或适当位置，确保目标车辆始终在摄像头的视场内。无人机根据深度数据实时计算与车辆的相对距离，判断下一步的机动行为。若目标车辆加速行驶，无人机会相应地调整飞行速度，保持与目标车辆的安全距离，同时通过调整飞行高度和角度，优化跟踪效果。在跟踪过程中，若目标车辆被其他车辆或建筑物遮挡，无人机能够依靠其搭载的智能算法和传感器融合技术，通过记忆目标车辆的特征和运动轨迹，预测其可能出现的位置，并在遮挡消失后迅速重新锁定目标，继续进行跟踪。

7.3.4 三维视觉

在计算机视觉领域，三维视觉作为前沿方向，目标是通过技术手段使计算机具备对三维环境的感知、理解与重建能力。

1. 三维视觉的定义与核心目标

三维视觉（3D computer vision）旨在通过二维图像、视频序列或主动传感器（如深度相机、激光雷达）等多源数据，恢复并理解物体与场景的三维信息，包括几何形状、空间姿态、位置关系、运动状态以及场景结构。其技术手段不仅模拟人类立体视觉机制（如双目视差），还结合多视图几何、深度学习与主动感知等方法，最终实现三维重建、动态场景分析与交互等应用。以下是其核心目标。

1）三维感知。从二维图像中推断深度信息，还原物体表面形状。

2）位姿估计。计算相机或物体在三维空间中的位置与朝向。

3）三维建模。生成点云、网格或体素化的三维模型。

4）场景理解。识别物体类别、分割场景区域，并赋予语义标签。

2. 三维视觉的主要任务

三维视觉的主要任务包括深度感知、三维重建和三维场景理解等。

1）深度感知。通过各种方法获取场景中每个像素点的深度信息，从而确定物体在空间中的远近关系。例如，利用双目视觉原理，基于视差原理计算深度，或者采用结构光、飞行时间（time-of-flight，ToF）等主动深度测量技术，为后续的三维重建等任务提供基础数据。

2）三维重建。三维重建可以分为两个主要步骤：首先，从二维图像中提取三维信息；其次，利用这些三维信息构建三维场景模型。例如，基于多视图几何的方法，通过提取图像中的特征点、匹配并进行三角测量，得到三维点云，再进行表面重建、纹理映射等操作，生成逼真的三维模型，被广泛应用于文物保护、虚拟现实、增强现实等领域。

3）三维场景理解。对整个三维场景进行语义理解和分析，包括场景布局、物体之间的空间关系以及场景的功能等。通过对三维场景的解析，可以让计算机更好地理解现实世界，为智能决策和复杂任务的执行提供依据。例如，在城市规划中，通过对场景的三维理解和分析，有助于生成更合理的规划设计方案。

3. 三维视觉的应用领域

三维视觉的应用领域非常广泛，包括但不限于自动驾驶、机器人视觉、增强现实

（AR）和虚拟现实（VR）、3D 建模与重建、医疗影像等。

1）自动驾驶。三维视觉为自动驾驶车辆提供了对周围环境的三维感知能力，能够准确识别和定位道路上的车辆、行人、障碍物等目标物体，同时实时感知车辆自身的三维位置和姿态，为路径规划和决策控制提供关键信息。

2）机器人视觉。三维视觉能够让机器人感知三维环境，实现自主导航、目标抓取、物体识别与分类等任务。例如，工业机器人通过对三维视觉的运用，可以精确地对零部件进行定位和抓取，从而提高生产效率和质量。

3）增强现实和虚拟现实。三维视觉技术可以在 AR 和 VR 应用中实时获取场景的三维信息，确定虚拟物体在场景中的位置和姿态，实现虚拟与现实的无缝对接，为用户带来更加真实和沉浸式的体验。

4）3D 建模与重建。在建筑、影视、游戏、文物保护等领域，可能利用三维视觉技术，通过对现实物体或场景的三维重建，生成高质量的 3D 模型。例如，利用三维视觉技术对历史建筑进行三维重建，为文物修复和保护提供依据。

5）医疗影像。从 CT 或磁共振成像（magnetic resonance imaging，MRI）数据中重建三维器官模型，已经成为辅助临床诊断、手术规划和医学研究的重要技术手段。

7.3.5　动态视觉

在计算机视觉领域，动态视觉作为研究视频或图像序列中时序信息处理的核心方向，旨在模拟人类对动态场景的感知与理解能力。

1. 动态视觉的定义与核心目标

动态视觉（dynamic vision）聚焦于分析视频或连续图像序列中的时序变化，通过捕捉物体的运动轨迹、速度、加速度等动态特征，实现对场景中事件、行为及交互关系的理解。以下是其核心目标。

1）运动分析。量化物体在时空中的位移与形变。

2）行为识别。分类视频中的人体动作或事件类型。

3）场景动态理解。推断物体间的交互关系及场景状态变化。

4）预测与生成。基于历史帧预测未来场景或生成虚拟动态内容。

2. 动态视觉的主要任务

动态视觉的主要任务如下。

1）运动估计与跟踪。确定目标的运动参数，如速度、方向、加速度等，以预测目标未来的位置和轨迹，为决策规划提供依据。

2）动作识别与行为分析。识别视频中的预定义动作，定位动作的起止时间，分析复杂交互行为（如打架检测、交通违规识别等）。

3）动态场景重建。根据多视角的动态视觉数据，重建出动态场景的三维结构及其随时间的变化，为虚拟现实等应用提供沉浸式体验。

3. 动态视觉的应用领域

动态视觉的应用领域十分广泛，包括但不限于智能交通、视频监控、自动驾驶、机器人视觉和影视特效等。

1）智能交通。实现交通流量监测、车辆识别与跟踪、行人检测等功能。

2）视频监控。对监控视频中的运动目标进行检测、跟踪和行为分析，实现异常行为的实时报警和事件检测（如商场盗窃、车站拥堵预警等）。

3）自动驾驶。实时检测行人、车辆的移动意图。

4）机器人视觉。使机器人能够感知和理解动态环境，实现自主导航、目标抓取、人机交互等任务，提高机器人的灵活性和适应性。

5）影视特效。动态物体追踪与虚实融合。

动态视觉通过捕捉时空关联性，赋予机器对动态世界的理解能力，是智能系统实现实时交互与环境适应的关键技术。动态视觉与三维视觉的结合（如动态 SLAM、运动场景重建）将进一步推动机器人、自动驾驶等领域的突破。

7.4 计算机视觉的经典深度学习模型

导读案例

深度学习驱动的智能视频监控系统

在现代城市安防领域，智能视频监控系统是一个典型的深度学习与计算机视觉协同进化应用案例。

在图像分类方面，基于深度学习的智能视频监控系统利用类似 AlexNet、ResNet 等卷积神经网络架构，能够精准识别监控画面中的各类物体类别，区分人物、车辆、动物等不同主体，对重点监控区域内的物体进行快速分类标记。

在目标检测任务上通常采用 Faster R-CNN、YOLO 等模型。以城市街道监控为例，Faster R-CNN 通过对监控视频逐帧分析，能够精准定位道路上每一辆车的位置、尺寸，以及行人所在区域，并将这些目标框选出来，方便后续的跟踪与行为分析。YOLO 凭借其快速检测能力，在实时监控场景中发挥作用。例如，在人员密集的商场、地铁站等场所，YOLO 能够瞬间捕捉到突然闯入禁区的人员或者异常放置的物品，及时向安防人员发出警报。

采用视觉变换器（vision transformer，ViT）来处理监控摄像头拍摄的视频序列。通过自注意力机制，ViT 模型能够捕捉到监控区域内不同位置物体之间的全局关联。在银行等重要场所，ViT 模型能综合分析不同人物之间的位置关系和行为互动，当出现疑似团伙作案等异常群体行为模式时，会及时预警。

三维卷积神经网络对视频数据进行时空维度的特征提取，分析目标在时间和空间上的运动轨迹。例如，在校园周边监控中，通过对学生上下学时段的视频分析，三维卷积神经网络能够精准描绘出每名学生和接送车辆的行动轨迹，发现异常徘徊等行为。时空注意力机制则重点关注潜在危险区域，如学校门口的马路中央、偏僻角落等。

综上所述，智能视频监控系统实现了从传统被动监控到主动智能预警的转变。在城市的大街小巷、商业中心、交通枢纽等关键位置部署智能视频监控系统，不仅能有效预防犯罪、及时发现安全隐患，还能在事故发生后快速回溯、精准定位关键证据，为公安机关破案等提供有力支持，提升了城市安防水平，保障了市民的日常生活安全。

计算机视觉与深度学习模型之间形成了紧密的协同进化关系。传统计算机视觉依赖手工设计特征和算法，难以应对复杂场景的泛化需求，而深度学习通过端到端的特征自动学习机制（如卷积操作、残差连接等），赋予模型从海量数据中提取多层次抽象特征的能力，极大地提升了图像分类、目标检测、语义分割等核心任务的性能。以 CNN 为基础的架构（如 AlexNet、ResNet）在图像分类任务中突破了人类水平的准确率，而基于区域提议的模型（如 Faster R-CNN）和单阶段检测器（如 YOLO）则将目标检测推向实时应用。此外，Transformer 架构的引入（如 ViT、Swin Transformer）进一步拓展了深度学习在视觉任务中的边界，通过自注意力机制捕捉全局上下文信息。这种深度学习驱动的方法不仅在静态图像分析中占据主导地位，还通过三维卷积神经网络（3D CNN）、时空注意力机制等技术延伸至视频理解和动态场景建模，最终使计算机视觉在自动驾驶、医疗影像、增强现实等领域实现规模化落地应用。

1. 卷积神经网络（CNN）

CNN 作为计算机视觉的基石，通过卷积层和池化层实现高效特征提取。卷积层通过局部感知和参数共享，自动学习图像的边缘、纹理等低阶特征，并逐步捕捉高阶语义信息。池化层降低数据维度，提高计算效率和模型的平移不变性。CNN 在图像分类、目标检测（如 Faster R-CNN、YOLO）、语义分割（如 U-Net）等任务中成为主流框架，其局部特征提取能力至今仍是视觉模型的核心组件。以下是其主要模型。

LeNet-5（1998 年）：验证了 CNN 在手写数字识别中的有效性。

AlexNet（2012 年）：引入 ReLU 激活函数和 Dropout 正则化，在 2012 年 ImageNet 竞赛中夺冠，开启深度学习热潮。

VGGNet（2014 年）：堆叠小卷积核深化网络深度，模块化设计影响深远。

ResNet（2015 年）：借助残差连接解决梯度消失问题，支持千层网络训练。

2. 循环神经网络（RNN）与长短期记忆（LSTM）网络

RNN 通过循环单元实现时序数据建模，隐藏状态存储历史信息，适配视频分析、动态场景理解等任务。但传统 RNN 存在梯度消失问题，难以捕捉长期依赖。LSTM 通过门控机制（输入门、遗忘门、输出门）选择性保留或遗忘信息，提升了长序列建模能力，解决了长期依赖问题。在计算机视觉中，RNN 系列模型常与 CNN 结合处理时空数据，如在视频目标跟踪中，CNN 提取单帧特征，RNN 建模目标运动轨迹；在行为识别任务中，LSTM 分析连续帧间的动作时序关系。由于 RNN 并行化能力较弱，逐步被 Transformer 取代，但其变体（如 ConvLSTM）仍在动态视觉领域具有独特价值。

3. 生成对抗网络（GAN）

GAN 通过生成器-判别器对抗实现无监督数据生成，核心贡献是生成逼真图像。生成器尝试伪造样本以欺骗判别器，判别器则努力区分真实数据与生成结果，二者迭代优化直至纳什均衡。GAN 被广泛应用于计算机视觉的图像修复、超分辨率（如 SRGAN）、风格迁移（如 CycleGAN）、数据增强等场景，其无监督学习特性缓解了标注数据稀缺问题。此外，GAN 的变体（如 Conditional GAN）通过引入条件约束，实现了图像到图像的精准转换。

尽管 GAN 存在训练不稳定、模式崩溃等挑战，但其对数据分布的强大建模能力持续推动着视觉生成技术的边界。在理想情况下，当 GAN 训练成功时，生成器能够学习到数据的潜在分布。以生成人脸图像为例，它能够捕捉到人脸的各个特征，如五官的形状、发色、表情等复杂的分布情况。通过这种方式，GAN 可以在生成新的样本时，按照所学习的数据分布规律来创造看似真实但实际上并不存在的数据样本，从而推动了视觉生成技术的边界，使得生成的图像、视频等视觉内容在质量、细节和多样性等方面不断取得新的进展。

4. 视觉变换器（ViT）

ViT 将自然语言处理中的 Transformer 架构迁移至图像领域，改变了以 CNN 为主导的视觉模型范式。ViT 将图像分块为序列，通过自注意力机制捕获全局依赖，突破了 CNN 局部性限制。其核心优势在于显式建模像素间长距离关系，提升复杂场景理解能力，且模型扩展性优异，随着数据量增长可以线性提升性能。ViT 在 ImageNet 分类任务中达到与 CNN 媲美的精度，在下游任务（如目标检测、分割）中表现优异。其后续改进模型（如 Swin Transformer）通过层次化结构和局部注意力优化，进一步解决了计算复杂度问题。

ViT 与 CNN 的融合模型通过结合两者的优势，弥补了各自在计算效率、局部感知与全局建模能力上的不足。ViT 与 CNN 的融合模型通过架构创新（如 ConvNeXt 的现代化卷积设计、VAN 的大核注意力）与训练策略优化，实现了局部感知与全局建模的平衡。这些模型不仅挑战了“Transformer 主导视觉领域”的固有观念，也为实际应用提供了更高效的解决方案。

5. 三维卷积神经网络（3D CNN）

3D CNN 扩展卷积核至时空维度，直接处理视频或体素数据中的动态信息。其核心设计在于 3D 卷积与 3D 池化操作，同时捕捉空间特征与时间维度上的运动模式。在行为识别任务中，3D CNN 通过端到端学习视频片段的时空表征，显著优于传统手工特征；在医学影像分析中，3D CNN 可处理 CT/MRI 体数据，实现病灶自动检测与分割。然而，3D CNN 的计算复杂度随输入维度呈立方增长，限制了实际部署应用。为此，研究者提出通道分离卷积或结合光流引导的混合模型，如双流网络（two-stream network），在保持性能的同时降低计算开销，推动动态视觉任务向实时化方向发展。

小　结

计算机视觉是人工智能领域的重要分支，是深度学习领域最热门的研究方向之一，同时也是智能感知和自主系统的重要组成部分。本章介绍了计算机视觉的基本概念、一般处理流程、关键技术以及与之相关的经典深度学习模型。

计算机视觉作为一项使计算机能够理解和分析视觉数据（如图像和视频）的技术，在安防监控、医疗影像分析、自动驾驶等行业得到广泛应用。计算机视觉的一般处理流程通常包括图像采集、图像预处理、特征提取、模型处理、后处理以及应用与反馈，每一步都至关重要，直接影响最终的视觉任务效果。

数字图像处理是计算机视觉的基础，涵盖了图像增强、图像复原、图像分割、图像分类等技术。特征提取与匹配技术能够从图像中识别出关键特征并精准匹配，是实现目标识别和图像拼接等功能的关键。目标检测与跟踪技术专注于确定图像中目标的位置和类别，并对运动目标进行持续跟踪，在安防和智能交通领域得到广泛应用。三维视觉致力于从二维图像中重建出物体的三维结构和空间关系，为虚拟现实和机器人导航等领域提供了重要的技术支持。动态视觉聚焦于动态场景的分析和理解，包括对视频序列中运动信息的提取和分析，助力实现复杂的视频内容理解。

经典的深度学习模型为计算机视觉的发展注入了强大动力。卷积神经网络（CNN）凭借卷积层和池化层高效提取图像特征，推动了图像分类、目标检测等任务性能的提升。循环神经网络（RNN）及其改进的长短期记忆网络（LSTM）在处理视频序列等时序数据方面发挥了重要作用，结合 CNN 可以建模目标的运动轨迹和动作时序。生成对抗网络（GAN）通过生成器和判别器的对抗训练生成逼真图像，在图像超分辨率、风格迁移等领域取得显著成果。视觉变换器（ViT）将自注意力机制引入视觉领域，打破了 CNN 的局限性，展示了强大的全局特征捕捉能力和模型扩展性。三维卷积神经网络（3D CNN）扩展了卷积操作到时空维度，能够处理视频和体素数据，实现对动态信息的有效捕捉和分析。

习　题　7

1. 什么是计算机视觉？计算机视觉和机器视觉的主要区别是什么？
2. 计算机视觉处理的一般流程包含哪些主要步骤？
3. 数字图像由像素构成，每个像素对应图像中的一个点，请从这个角度来说明灰度图像和彩色图像的区别。
4. 基于数字图像处理，请说明图像增强、图像复原和图像分割的主要任务是什么？
5. 基于深度学习，请说明图像分类的一般过程是什么？
6. 在计算机视觉领域，特征提取与匹配在哪些应用中发挥作用？其应用目的是什么？

7. 目标检测与跟踪是计算机视觉的核心任务，目标检测的任务是什么？目标跟踪的任务又是什么？请举例说明。

8. 在计算机视觉领域，什么是三维视觉？其核心目标是什么？

9. 在计算机视觉领域，什么是动态视觉？其目标是什么？

10. 请多角度说明计算机视觉与深度学习模型之间的协同进化关系。

第8章 智能机器人

教学目的和要求

智能机器人（intelligent robot）是具有依靠感知其环境、与外部资源交互、调整自身行为执行任务能力的机器人。它是将体力劳动和智力劳动高度结合的产物，构建能“思维”的人造机器。智能机器人是集机械学、力学、电子学、生物学、控制论、计算机、人工智能和系统工程学等多学科知识于一身的高新技术综合体。

- 智能机器人
  - 内容描述
    - 机器人中的人工智能技术
    - 智能机器人的应用
  - 案例分析
    - 人形机器人
    - 弘扬中国文化的和平友好使者——熊猫机器人优悠
  - 知识目标
    - 理解人形机器人发展的关键技术
    - 理解GPS导航定位技术原理
    - 理解SLAM（即时定位与地图构建）技术原理
    - 理解路径规划分类
  - 能力目标
    - 掌握智能机器人常用的人工智能技术
    - 掌握智能机器人的发展方向和趋势

工业机器人

8.1 机器人中的人工智能技术

导读案例

人形机器人

2025 年蛇年春晚，创意融合舞蹈《秧 BOT》中，机器人与舞者共舞，手绢花翻飞旋转，为观众呈现了一支别开生面的“赛博”秧歌。

这批机器人来自国内机器人企业宇树科技。传统机器人基本上按照人所编写的程序完成特定任务，具有专属性，也就是说一种机器人只能干一件事情；而人工智能驱动的人形机器人可以更准确地理解人类语言，听懂人的指令，识别环境信息，并做出更合理的决策和行动。

人形机器人集机电、材料、计算机、传感器、控制技术等多门学科于一体，是一个国家高科技实力和发展水平的重要标志之一，世界发达国家都不惜投入巨资进行开发研究。2023 年 10 月，中国工业和信息化部印发的《人形机器人创新发展指导意见》

提出，到2025年，我国人形机器人创新体系初步建立，到2027年，人形机器人技术创新能力显著提升，构建具有国际竞争力的产业生态，综合实力达到世界先进水平。2024年1月，工业和信息化部等七部门发布《关于推动未来产业创新发展的实施意见》，在部署重点任务时提到，要打造标志性产品、做强未来高端装备，其中，人形机器人排在第一位。

一台人形机器人，包含数千个零部件，涉及各种尖端技术，堪称人类生产制造的最先进硬件之一。《人形机器人创新发展指导意见》中列出了其关键技术。

（1）机器人"大脑"关键技术群

围绕动态开放环境中人形机器人感知与控制，突破感知-决策-控制一体化的端到端通用大模型、大规模数据集管理、云边端一体计算架构、多模态感知与环境建模等技术，提高人形机器人的人-机-环境共融交互能力，支撑全场景落地应用。

（2）机器人"小脑"关键技术群

面向人形机器人复杂地形通过、全身协同精细作业等任务需求，开展高保真系统建模与仿真、多体动力学建模与在线行为控制、典型仿生运动行为表征、全身协同运动自主学习等关键技术研究，提升人形机器人非结构化环境中全身协调鲁棒移动、灵巧操作及人机交互能力。

（3）机器肢关键技术群

面向人形机器人高动态、高爆发和高精度等运动性能需求，研究人体力学特征及运动机理、人形机器人动力学模型及控制等基础理论，突破刚柔耦合仿生传动机构、高紧凑机器人四肢结构与灵巧手设计等关键技术，为人形机器人灵活运动夯实硬件基础。

（4）机器体关键技术群

面向人形机器人本体高强度和高紧凑结构需求，研究人工智能驱动的骨架结构拓扑优化、高强度轻量化新材料、复杂身体结构增材制造、能源-结构-感知一体化设计以及恶劣环境防护等关键技术，打造具有高安全、高可靠、高环境适应性的人形机器人本体结构。

随着社会的不断发展和进步，智能化设备在人类社会中的应用越来越广，机器人作为现代工业生产的重要设备之一，几乎所有的人工智能技术都能应用于机器人，为机器人赋予了各种先进的功能和更强大的能力。

现阶段应用于机器人的人工智能技术主要包括智能感知技术、智能导航技术、智能路径规划技术、智能运动控制技术和智能交互技术等。

8.1.1 机器人智能感知

智能感知技术作为现代科技领域的关键力量，正驱动着众多行业发生深刻变革，赋予各类设备"感知世界"的神奇能力。它依托于多种先进的传感器以及复杂的算法体系协同运作。传感器如同敏锐的"触角"，负责收集周围环境的各类物理信息，如光线、声音、压力、温度等；算法则像是精密的"大脑"，对采集到的数据进行高速处理、分析与解读，从而提取出有价值的内容，为后续决策提供依据。

下面将重点介绍智能感知技术在机器人视觉、触觉和听觉这三类最基本的感知模态中的应用。

1. 机器人视觉

机器人视觉系统将客观世界中的三维物体经由传感器（如摄像头）转变为二维的平面图像，再经图像处理，最终输出该物体的图像。通常机器人判断物体位置和形状需要两类信息，即距离信息和明暗信息。当然，作为物体视觉信息来说，还有色彩信息，但它对物体的位置和形状识别不如前两类信息重要。机器人视觉系统对光线的依赖性很大，往往需要好的照明条件，以便使物体所形成的图像最为清晰，检测信息增强，克服阴影、低反差、镜反射等问题。

在硬件方面，机器人视觉系统通常由摄像机、图像处理装置、计算机等核心部件组成。摄像机作为视觉信息的输入装置，其性能直接决定了机器人视觉系统的质量。在软件方面，机器人视觉系统通常采用深度学习等先进技术进行图像识别和分析。深度学习技术通过模拟人脑神经网络的工作原理，能够自动学习图像中的特征信息，并据此进行分类、识别等操作。

在工业制造领域，机器人视觉技术被广泛用于生产线上的自动化检测、识别、定位和操作。工业机器人配备高精度摄像头，通过图像识别算法，能细致入微地审视产品表面，无论是电子元件上极其微小的焊点瑕疵，还是机械零件细微的划痕、裂纹，抑或是产品包装上的印刷偏差，都逃不过它的“法眼”，有效保障了出厂产品的质量。在物料分拣环节，机器人视觉助力机器人快速识别不同形状、尺寸、颜色的零部件，精准抓取并分类放置，提高了生产线上的物料处理效率。

2. 机器人触觉

人类的皮肤接触机械刺激产生的感觉，称为触觉。皮肤表面散布着触点，触点的大小不尽相同，分布不规则，一般情况下指腹最多，其次是头部，背部和小腿最少，所以指腹的触觉最灵敏，而小腿和背部的触觉则比较迟钝。若用纤细的毛轻触皮肤表面时，只有当某些特殊的点被触及时，才能引起触觉。

触觉是仅次于视觉的重要信息来源。广义的触觉包含接触觉、压觉、力觉、滑觉、冷热觉、痛觉等与接触有关的感觉，所能感知到的信息量很大。

机器人的触觉传感器本质上是将接触面形状、压力、摩擦力、温度等信息进行感知识别和转换的传感器，包括机器人与环境的交互情况，以及所接触目标的各种物理属性，如位置、形状、刚度、柔软度、纹理等。

2024 年 7 月 4 日，世界人工智能大会（WAIC 2024）在上海开幕，特斯拉二代人形机器人 Optimus 正式亮相。Optimus 先用左手的大拇指和食指抓取鸡蛋，之后传递给右手，右手的食指和拇指接到鸡蛋后将鸡蛋放到托盘上。其中的亮点包括：①精准力控，依靠触觉传感器反馈，力控恰到好处，双指捏起但不捏碎鸡蛋；②软硬件协同升级，机器人“大脑”知道何时加力、何时减力，并指导灵巧手进行操作，执行装置精准地完成大脑下达的命令并连贯完成动作。

触觉传感器是机器人精准力控的核心器件，是人形机器人仅次于视觉的重要信息源。与视觉不同，触觉本身有很强的敏感能力，能够直接测量对象和环境的多种性质特征，因此触觉不仅仅是视觉的一种补充，而是一种独立且重要的感知方式。触觉的主要任务是获取对象与环境信息，并在机器人与对象、环境相互作用时，对一系列物理特征量进行检测或感知，以完成特定的作任务。

3. 机器人听觉

人的听觉器官在声波的作用下产生的对声音特性的感觉，其适宜刺激物是声波。声波是由物体的振动所激起的空气的周期性压缩和稀疏。

机器人听觉传感器作为机器人感知外界的重要“耳朵”，主要负责采集声音信号，并将其转换为可供机器人处理的电信号。机器人听觉系统通过麦克风阵列模拟“人耳”，实现声音信号的获取及听觉信息感知。一切以声音为输入的机器学习任务，都可以纳入机器人听觉的范畴，特定的任务包括语音识别、听觉定位等。

2024 年 12 月，金科汤姆猫携手西湖心辰团队发布旗下首款儿童情感陪伴机器人——汤姆猫童伴。这款机器人旨在为 3～11 岁的儿童提供深度的陪伴和情感支持，功能包括情绪识别、主动聊天、双语互动、知识科普等。通过触摸感应和语音唤醒，孩子们可以与汤姆猫机器人进行互动聊天、听故事和兴趣问答。

在功能应用上，汤姆猫机器人有着丰富的表现。其语音交互功能极为出色，凭借高灵敏度的听觉传感器，能精准捕捉用户的语音指令，无论语速快慢、是否方言口音。接着迅速将语音转化为文字，再借助强大的语言处理技术，理解用户的真实意图，给出充满趣味和情感的回应。当孩子兴高采烈地分享学校里的趣事时，它会像亲密的小伙伴一样积极互动，适时地发出惊叹、欢笑，给出恰当的评论，让孩子感受到被重视和理解；当孩子心情低落倾诉烦恼时，它又会耐心倾听，用温暖的话语安慰鼓励，给予情感上的支持。

从技术层面剖析，这款机器人搭载了“汤姆猫情感陪伴垂直模型”，该模型经过大量聚焦于情感陪伴方向的语料数据训练，融入汤姆猫这一角色的独特声音和人设数据，让机器人能以鲜明的“汤姆猫”形象与用户展开交互。它还采用混合专家（mixture of experts，MoE）架构，可接入豆包、DeepSeek、讯飞星火等外部优秀大模型，有效增强了意图识别、响应速度以及数学计算等能力，确保在面对各种复杂问题和指令时，能快速且准确地理解并给出回应。

8.1.2 机器人智能导航

机器人智能导航是指机器人根据环境信息，自动规划路径，避开障碍物，达到目标地点的过程。这个过程涉及多个学科的知识，如计算机科学、人工智能和控制理论等。

智能导航系统的核心是机器人的环境感知、自主决策和自动控制三大模块，这三个模块需要相互协同工作，共同完成导航任务。

机器人智能导航定位技术主要有超声波导航定位技术、视觉导航定位技术、GPS 导航定位技术、光反射导航定位技术、即时定位与地图构建（SLAM）技术等。

（1）超声波导航定位技术

超声波导航定位的工作原理与激光及红外类似，通常由超声波传感器的发射探头发射出超声波，这些超声波在介质中遇到障碍物会发生反射，反射信号由接收装置接收。通过测量超声波从发出到接收的时间差及其在介质中的传播速度，即可计算出障碍物到机器人的距离。

在机器人的导航定位中，因为超声波传感器自身的缺陷，如镜面反射、有限的波束角等，难于充分获取周边环境信息。因此，通常采用多传感器组成的超声波传感系统，建立相应的环境模型，通过串行通信将传感器采集的信息传递给移动机器人的控制系统，控制系统再根据采集的信号和建立的数学模型，采取一定的算法进行对应数据处理，最终得到机器人的位置环境信息。

超声波传感器具有成本低廉、采集信息速率快、距离分辨率高等优点，长期以来被广泛应用于移动机器人的导航定位中。同时，超声波传感器也不易受到天气条件、环境光照及障碍物阴影、表面粗糙度等外界环境条件的影响。超声波导航定位已经被广泛应用于各种移动机器人的感知系统中。

（2）视觉导航定位技术

视觉导航定位系统的工作原理简单来说就是对机器人周边的环境进行光学处理，先用摄像头进行图像信息采集及压缩，然后反馈到一个由神经网络和统计学方法构成的学习子系统中，再由学习子系统将采集到的图像信息和机器人的实际位置联系起来，完成机器人的自主导航定位功能。

目前，国内外广泛应用的导航方式是基于局部视觉的车载摄像头导航。在这种导航方式中，控制设备和传感装置装载在机器人车体上，图像识别、路径规划等高层决策均由车载控制计算机完成。

（3）GPS 导航定位技术

在智能机器人的 GPS 导航定位技术中，一般采用伪距差分动态定位法，用基准接收机和动态接收机共同观测 4 颗 GPS 卫星，然后按照一定的算法求出某时某刻机器人的三维位置坐标。差分动态定位消除了星钟误差，对于距离基准站 1000km 的用户，可以消除星钟误差和对流层引起的误差，因而可以显著提高动态定位精度。

在移动导航中，移动 GPS 接收机定位精度受到卫星信号状况和道路环境的影响，同时还受到时钟误差、传播误差、接收机噪声等诸多因素的影响，因此，单纯利用 GPS 导航存在定位精度较低、可靠性不高的问题。为此，在机器人的导航应用中通常辅以磁罗盘、光码盘和 GPS 数据等进行导航。另外，GPS 导航系统不适用于室内或者水下机器人的导航，以及对于位置精度要求较高的机器人系统。

（4）光反射导航定位技术

光反射导航定位技术主要利用激光或红外传感器来进行导航定位。

其中，激光导航定位技术通过发射激光束并接收反射信号来感知周围环境，从而避免障碍物并规划路径。

由于激光具有极好的单色性、高亮度和良好的方向性，因此其自 1958 年被发现以来，得到了迅速发展和广泛应用，引起了科学技术的重大变化。同时，激光的方向性也受到了军事学家的关注，并在21世纪的新生代武器——导弹上得到了广泛应用，从而产生了激光导航（制导）导弹。之后又出现了航天器激光制导、机器人激光导航系统和民用激光导航设施。

在机器人领域，激光雷达传感器被用于帮助机器人完全自主地应对复杂、未知的环境，使机器人具备精细的环境感知能力。经过不断的优化，激光雷达传感器已经基本实现了模块化、小型化，应用范围广并开始向更多的民用领域延伸，智能扫地机器人便是一个热门的应用领域。

（5）SLAM技术

SLAM技术是指机器人在未知环境中从一个未知位置开始移动，在移动过程中根据位置和地图进行自身定位，同时在自身定位的基础上建造增量式地图，实现机器人的自主定位和导航，是机器人智能导航的核心技术之一。

SLAM 技术基于视觉传感器图像等信息，通过设置任意的基准点，再以该基准点为基础计算移动量，或者根据搭载在机器人上的惯性测量单元（inertial measurement unit，IMU）等计算移动量，确定自身的相对位置。通常，全球导航卫星系统能够精准定位机器人在地球上的绝对位置坐标，而SLAM则可以定位机器在局部环境中的相对位置坐标。

SLAM技术在众多领域展现出其独特的应用价值和广阔的发展前景。在无人驾驶汽车领域，SLAM技术堪称实现自动驾驶核心功能的关键一环。它能够实时构建车辆周遭的高精度三维地图，并精准估算车辆在地图中的位置，为路径规划、障碍物识别与规避以及车道保持等核心功能提供有力支持。在无人机飞行控制中，SLAM技术也发挥着不可或缺的作用。它允许无人机在未知环境中自主飞行，通过实时构建地形地貌与环境特征的地图，结合自身飞行姿态数据，实现自主定位、避障和路径规划。此外，SLAM技术在测绘、搜救、农业植保等多个领域也发挥着显著作用，提升了无人机的智能化水平和操作效率。同时，家庭服务机器人和商业服务机器人也广泛采用SLAM技术来实现自主定位和导航。在AR应用中，SLAM技术用于实现实时环境感知与虚拟内容的精确叠加。通过手机或 AR 头盔上的摄像头捕捉真实环境信息，并结合视觉 SLAM（visual simultaneous localization and mapping，VSLAM）算法建立用户视角下的局部地图，从而在用户视野中无缝融入虚拟物体，提供沉浸式的体验。不仅如此，SLAM技术在地下矿井与洞穴探索、城市空间管理与智慧城市建设以及智能家居等行业领域也发挥着重要作用。它有效推动了上述行业的智能化水平提升。总之，SLAM技术作为智能移动系统的基础支撑技术，正持续推动着无人驾驶、机器人技术、智慧城市、物联网等领域的创新发展，不断拓展着自主导航和环境理解的应用范围和应用深度。

8.1.3 机器人智能路径规划

移动这一简单动作，对于人类来说相当容易，但对机器人而言就变得极为复杂了。说到机器人移动，就不得不提及路径规划。路径规划是移动机器人导航最基本的环节，是指机器人在有障碍物的工作环境中，如何找到一条从起点到终点适当的运动路径，使机器人在运动过程中能安全、无碰撞地绕过所有障碍物。这不同于用动态规划等方法求得的最短路径，而是指移动机器人能对静态及动态环境作出综合性判断，进行智能决策。

根据对环境信息的掌握程度，机器人路径规划又可分为全局路径规划、局部路径规划和混合路径规划。

（1）全局路径规划

全局路径规划是指在已知的环境中，给机器人规划一条路径，路径规划的精度取决于环境获取的准确度。全局路径规划可以找到最优解，但是需要预先知道环境的准确信息，当环境发生变化，如出现未知障碍物时，该方法就无能为力了。它是一种事前规划，因此对机器人系统的实时计算能力要求不高，虽然规划结果是全局的、较优的，但是存在对环境误差和噪声有较高的鲁棒性。

（2）局部路径规划

局部路径规划是在环境信息完全未知或部分可知的情况下，侧重于考虑机器人当前的局部环境信息，以确保机器人具有良好的避障能力。通过传感器对机器人的工作环境进行实时探测，机器人可以获取障碍物的位置和几何性质等信息。这种规划方法需要搜集环境数据，并且对该环境模型的动态更新能够随时进行校正。局部规划方法将对环境的建模与搜索融为一体，要求机器人系统具有高速的信息处理能力和计算能力，对环境误差和噪声有较高的鲁棒性，能对规划结果进行实时反馈和校正。但是，由于缺乏全局环境信息，因此规划结果有可能不是全局最优的，甚至可能找不到正确路径或完整路径。

全局路径规划和局部路径规划并没有本质上的区别，很多适用于全局路径规划的方法经过改进也可以用于局部路径规划，反之也是如此。两者协同工作，机器人可更好地规划从起始点到终点的行走路径。

（3）混合路径规划

混合路径规划利用环境中的全局信息，在全局环境的栅格化地图下通过路径规划算法得出全局路径，指导机器人运动。机器人沿全局路径运行时，通过安装在机器人身上的局部摄像头，探测周围是否存在局部障碍物。检测到局部障碍物后，机器人会通过一定的方法分辨局部障碍物的类型，并针对不同类型的局部障碍物执行不同的避障策略。当检测到的局部障碍物为静态局部障碍物时，由于静态局部障碍物位置固定，检测之后可认为静态局部障碍物为已知信息，将其更新到全局地图之中。更新地图之后，机器人有两种避开静态局部障碍物的方法，一种是静态环境中的人工势场法，执行局部路径规划；另一种是基于栅格地图的方法。执行搜索全局路径规划。

路径规划在很多领域都有广泛应用。在高新科技领域的应用有机器人的自主无碰行动；无人机的避障突防飞行；巡航导弹躲避雷达搜索、防反弹袭击、完成突防爆破任务等。路径规划在日常生活领域的应用包括 GPS 导航、基于 GIS 系统的道路规划、城市道路网规划导航等；在决策管理领域的应用包括物流管理中的车辆路径问题（vehicle routing problem，VRP）及类似的资源配置问题；在通信技术领域的应用包括路由问题等。凡是可拓扑为点线网络的规划问题基本上都可以采用路径规划的方法解决。

8.1.4　机器人智能运动控制

智能运动控制是机器人及自动化领域的关键技术。智能运动控制是指利用先进的技术和算法，对物体的运动进行精确、灵活且自主的控制，使物体能够根据环境变化和任务需求自动调整运动状态，实现预期的运动目标。通常以微处理器或数字信号处理器为核心，借助传感器实时感知运动状态，如位置、速度、加速度等信息，再依据预设的算法和策略对这些数据进行处理，最后通过驱动器控制执行机构，如电机等，来实现精确的运动控制。

机器人智能运动控制技术主要包括运动规划技术、传感器技术和控制算法。

（1）运动规划技术

运动规划技术根据机器人的任务目标、环境信息以及自身的动力学和运动学约束，为机器人规划出一条合理的运动轨迹。路径规划通常包括路径规划，即寻找从起始点到目标点的无碰撞路径，这通常采用智能算法、Dijkstra 算法等搜索算法实现；以及轨迹规划，即对路径上的速度、加速度等进行规划，一般采用多项式插值、样条曲线等方法，以使机器人的运动更加平稳、高效。

（2）传感器技术

传感器用于获取机器人自身状态和周围环境信息，为运动控制提供依据。例如，视觉传感器可识别环境中的物体、障碍物和目标位置；激光雷达能精确测量机器人与周围物体的距离，构建环境地图；惯性测量单元（IMU）可实时监测机器人的姿态和运动状态；还有力传感器、触觉传感器等，帮助机器人感知与外界的接触力和压力等。

（3）控制算法

以下是一些代表性的控制算法。

1）比例积分微分（proportional integral differential，PID）控制：最基本的控制算法，通过比例（P）、积分（I）、微分（D）三个环节对机器人的位置、速度等进行闭环控制，使其能够快速、稳定地跟踪目标值。

2）模型预测控制（model predictive control，MPC）：基于机器人的动力学模型，预测未来一段时间内的运动状态，根据预测结果和目标状态，在线优化控制输入，以实现最优的运动控制。

3）强化学习算法：机器人通过与环境进行交互，不断试错学习，根据环境反馈的奖励信号来调整自己的运动策略，以实现最优的运动控制目标，如深度 Q 网络（deep Q-network，DQN）及其扩展算法等。

机器人智能运动控制技术应用范围非常广泛，在汽车制造、电子设备制造等行业，机器人可进行高精度的焊接、装配、喷涂等工作。例如，焊接机器人能精准地沿着焊缝轨迹运动，保证焊接质量和效率；装配机器人可快速、准确地抓取和安装零部件，提高生产的自动化程度和产品一致性；在物流与仓储领域，自动导引车（automated guided vehicle，AGV）和自主移动机器人（autonomous mobile robot，AMR）能在仓库中自主规划路径，将货物准确地运输到指定位置，实现仓储物流的自动化管理，提高物流效率，降低人力成本；在医疗康复领域，手术机器人能在医生的操作下，以极高的精度完成微创手术，减少手术创伤和风险；在教育科研领域，机器人可作为教学工具，帮助学生更好地理解科学知识和工程原理，如通过编程控制机器人的运动来学习编程和算法，或者在复杂环境中进行数据采集和监控。

8.1.5　机器人智能交互

机器人智能交互是指机器人与人类或其他机器人之间通过各种方式（如自然语言、图像、动作等）进行智能化的信息交换和互动的过程。这种交互不仅包括基本的命令执行，还涉及复杂的任务协作和情感交流。

机器人智能交互是机器人技术的一个重要组成部分。它使机器人能够理解人类的指令，执行任务，并与人类或其他机器人进行有效的沟通。随着人工智能技术的发展，机器人智能交互变得更加智能化和自然化，能够处理更复杂的交互场景。

机器人智能交互的实现需要大量前沿技术的支持，如自然语言处理、机器学习、语音合成等。借助这些技术，机器人能够更好地理解人类的语言、感受对话的情感色彩，进而根据不同的语境和使用场景，做出相应的智能应答和操作。这种基于技术的交互方式正在逐渐普及，被广泛应用于家庭服务机器人、智能客服等领域。

机器人智能交互正处于高速发展阶段，未来还有很大的进步空间。科学家们正致力于研发更加先进的人工智能技术，打造更加智能、更加自然的机器人交互方式。未来，机器人将更好地了解并适应人们的需求，这种交互方式有望促进人工智能技术的发展，为人们创造更多便利。

8.2　智能机器人的应用

导读案例

弘扬中国文化的和平友好使者——熊猫机器人优悠

在 2021 年 10 月 1 日召开的迪拜世博会上，中国深圳的优必选科技公司以大熊猫的形象为设计原型，在大型仿人服务机器人 Walker 的基础上，为迪拜世博会中国馆专属定制了熊猫机器人优悠。熊猫机器人优悠在中国馆的智慧生态分展区介绍中国熊猫生态长卷、智慧农业等展项，让观众了解中国历来倡导的绿色发展理念。优悠将中国特色软实力和前沿原创硬科技进行了完美融合，通过灵动和富有生命感的表情、拟人化的多模态设计、流动的身体形态，表达了创新、合作、进取、开放的精神。

熊猫机器人优悠融合文字、语音、视觉、动作、环境等多模态交互方式进行人机交互，模拟人的表达特征进行导览讲解。

熊猫机器人优悠具备自由度和运动控制能力，可以完成复杂灵活的动作，并通过平衡控制保证动作的稳定性。

熊猫机器人优悠通过由 41 个伺服关节构成的灵巧四肢，展示了其灵活度和自由度，可以同时实现多台机器人同步舞蹈表演，还可以通过对字形的在线轨迹规划、轨迹跟踪以及力位混合控制，实现书画任务。

世博会的 6 个月里，熊猫机器人优悠在高强度、高密度的真实商用场景中，进行了零失误的展示，实现了首个大型仿人服务机器人真正商业化落地应用。

智能机器人有相当发达的“大脑”，在脑中起作用的是中央处理器，可根据目的自主规划并执行相关动作。智能机器人通常具备内部信息传感器、外部信息传感器以及作用于周围环境的手段的效应器。这些传感器智能机器人至少要具备感觉要素、运动要素、思考要素三个要素；根据其应用领域的不同，可分为工业机器人、服务机器人、医用机器人和军用机器人等。

8.2.1 工业机器人

工业机器人是面向工业领域的多关节机械手或多自由度的机器装置，能自动执行工作，是一种靠自身动力和控制能力来实现各种功能的机器。它可以接受人类指挥，也可以按照预先编排的程序运行，现代工业机器人还可以通过人工智能技术进行自主学习和决策。

工业机器人作为现代制造业中的核心技术之一，凭借其高效、精准和可靠的特点，在多个行业中得到了广泛应用。随着自动化技术的不断发展，工业机器人的应用场景正在不断扩展，不仅显著提高了生产效率，而且深刻重塑了传统的制造流程。

工业机器人主要包括焊接机器人、分拣搬运机器人、管道检测机器人等。

1. 焊接机器人

焊接机器人主要承担焊接工作，根据不同的工业需求，又分为点焊机器人、弧焊机器人、激光机器人等类型。

汽车制造行业是焊接机器人应用最广泛的行业，在焊接难度、焊接数量、焊接质量等方面有着人工焊接无法比拟的优势。尤其在焊接、喷涂、装配等环节，工业机器人发挥了极大的作用。

在汽车生产线上，车身的焊接通常需要高强度和高精度，工业机器人凭借其精准控制和快速操作，能够在较短的时间内完成大量复杂的焊接任务。与人工焊接相比，机器人焊接不仅速度更快，而且误差更小，品质更高。车身的喷涂对均匀度和色彩的一致性要求很高，工业机器人可以精确控制喷涂的角度和速度，确保每一辆车的外观质量一致，同时避免浪费材料。

在汽车装配线上，工业机器人可用于安装零部件，如发动机、变速器等。通过自动化装配，生产速度大大提高，人工劳动力的投入显著减少。

2. 分拣搬运机器人

分拣搬运机器人是一种具备了传感器、物镜和电子光学系统的机器人，可以快速进行货物分拣和搬运工作。分拣搬运机器人是一种高效率的自动化设备，能够完成大量的分拣和搬运任务。它是一种基于先进的机器视觉技术和智能算法的智能设备，能够自动识别物品并进行分类、分拣和搬运。

在大型电商平台的仓库中，机器人能够通过视觉识别和传感器技术，快速分类和分拣货物，并将货物运送到指定的存储区域。这种自动化分拣系统不仅加快了处理速度，还能准确处理复杂的订单。

3. 管道检测机器人

随着城市化进程的加速和基础设施的不断扩展，管道系统在现代社会中扮演着越来越重要的角色。为了确保这些管道系统的安全和高效运行，管道机器人检测技术应运而生。

管道检测机器人利用基于视觉、声波、电磁等技术的传感器装置，通过远程遥控的方式，进入管道内部进行检测和调查，这些机器人可以深入到人类无法到达的地方。管道检测机器人广泛应用于城市供水、排水管道的日常维护和故障检测；在石油天然气领域中，用于检测石油管道和天然气管道的腐蚀、裂缝等问题；在工业制造领域中，用于检测生产管道的磨损和堵塞情况；在核电领域中，用于核电站内部管道的检测，确保其安全性。

在航空航天领域中，工业机器人还可以用于检测飞机和航天器的故障，快速完成维护任务。通过自动化检测系统，减少了人工操作的风险并提高了工作效率。

2025 年 1 月，中国的神十九飞船乘组开展了空间站管道检测机器人的在轨试验验证。这项试验验证了适应多种复杂管道的机器人机构设计，以及复杂管道环境中多级协调、全身运动控制等关键技术，为空间站管道自动检测奠定了技术基础。首先将管道检测机器人送入模拟管道内并上电，随后按下任务按钮启动机器人；完成检测后，机器人返回入口处由航天员取出。本次管道检测机器人在轨试验，是我国空间站开展的首个舱内特种作业机器人在轨试验，验证了适应多种复杂管道的大变径比管道机器人设计和多级协调全身运动控制等关键技术，证明了机器人在空间站管道复杂环境中的自主适应运动能力和安全性，为未来在空间站管道的实际应用积累了宝贵经验。

工业机器人凭借自身优势，已深度融入各行业核心生产环节，成为推动工业进步、提升产业竞争力的关键要素，未来其应用还将持续拓展深化，助力人类创造更多经济价值与社会福祉。

8.2.2　服务机器人

推广国产数据库

服务机器人通常可以替代人从事肮脏、乏味、远程、危险或重复性的工作，包括家务劳动。它们通常是自主的或由内置控制系统操作，具有人工控制选项。“服务机器人”的定义没有严格的技术定义。国际标准化组织将“服务机器人”定义为“为人类执行有用任务的机器人或除工业自动化应用以外的机器人设备”。

目前服务机器人可分为个人（家庭）服务机器人和专业服务机器人两大种类。个人（家庭）服务机器人包括家政服务机器人、休闲娱乐机器人和智能陪护机器人，而专业机器人则包括防护机器人、场地机器人和商用服务机器人等。

1. 家政服务机器人

家政服务机器人指的是能够代替人完成家政服务工作的机器人。它包括行进装置、感知装置、接收装置、发送装置、控制装置、执行装置、存储装置、交互装置等。所述感知装置将在家庭居住环境中感知到的信息传送给控制装置，控制装置指令执行装置作出响应，并进行防盗监测、安全检查、清洁卫生、物品搬运、家电控制，以及家庭娱乐、病况监视、儿童教育、报时催醒、家用统计等工作。

家政服务机器人不需要完全模仿人类的形态，而是更注重功能与家居环境的融合。美国机器人初创公司Weave Robotics发布的一款专为家庭服务打造的轮式驱动的双臂人形机器人Issca，能够自主且安全地在家中执行广泛的任务，包括整理杂物、折叠衣物、收拾玩具、喂宠物、照看家庭、充当安保，全天候保护家庭安全。这款人形机器人围绕机器人三大定律而设计：机器人不得伤害人类，或坐视人类受到伤害；机器人必须服从人类命令，除非命令与第一法则发生冲突；在不违背第一或第二法则的基地之下，机器人可以保护自己。

2. 智能陪护机器人

目前，全球老龄化趋势明显，老年人日常护理、情感陪伴等需求急速增长，护老型机器人存在巨大市场缺口。此外在育儿领域，家长们越来越需要科技手段助力。这些都为智能机器人在儿童教育、老人陪伴等领域的应用提供了新机会。

相比工业场景，家庭场景中的机器人需要具备很强的适应性，既要能够处理不同的任务，还要确保价格在用户可接受的范围内。

阿尔法蛋机器人是中国安徽淘云科技股份有限公司打造的专为儿童教育和陪伴设计的智能机器人。阿尔法蛋将人工智能与儿童教育结合，其功能融合教育内容、电视播放、视频通话和智能音箱，致力于能够为每个孩子提供人工智能学习助手。同时，针对不同年龄段儿童的成长特性，设计了科学的内容体系，为孩子提供精选的成长资源。依托淘云智能系统专为孩子定制的人工智能技术，为孩子提供学习方式，提高其学习兴趣和效率；同时家长可以通过APP掌握孩子的学习情况和所听所说，推送孩子成长所需的内容。

2019年12月，阿尔法蛋家族重磅推出智能学习机器人阿尔法蛋大蛋2.0。大蛋2.0拥有前置双摄功能，其中高清摄像头支持视频通话和视频监控，智能摄像头可以精准识别主流版本语文和英语教材，支持课本指读和查词；也可以准确识别经典绘本和纸质读物上的内容，做孩子阅读的伙伴。当孩子遇到学习难题，伸出手指即可查询字词解释、了解组词、造句、体验英语课文朗读评测等。大蛋2.0有助于培养孩子自主学习和阅读的好习惯。2020年8月，阿尔法蛋家族又添新成员——阿尔法蛋词典笔Q3，一款面向中小学生，通过扫描、语音等认字查词典的智能词典笔。

3. 商用服务机器人

商用服务机器人是指在非制造业的商用服务场景中，用来替代或辅助人类进行服务性质工作的机器人。商用服务机器人主要分为终端配送类机器人、商用清洁类机器人、引导讲解类机器人等，被广泛应用在餐厅、酒店、娱乐、商超等场所，辅助场景运营方实现数智化升级。

商用服务机器人的主要功能包括迎宾接待、业务咨询、智能对话、主动服务、互动对话等。

1）迎宾接待。商用服务机器人通过俏皮的交互词汇与客户轻松互动聊天，利用路径规划、功能分区定位、服务渠道识别等技术，识别并分流客户，将客户引导至指定的业务办理区域。此外，机器人无须语音唤醒词触发，智能识别用户意图，实时启动迎宾招揽，提供贴心服务。

2）业务咨询。商用服务机器人依托海量的知识库系统，能够快速以语音或弹屏形式回答业务咨询，并根据咨询的业务类别推荐相关产品进行营销。机器人通过大语言模型自动识别各类格式的商品数据，大幅提升了数据导入效率，支持打通商超内部产品管理系统，实现了商品数据快速导入和实时更新。

3）智能对话。商用服务机器人能够主动识别用户身份，如 VIP、重要领导、陌生访客等，并就相关业务主动发起会话。机器人还可以指定路线讲解、随时暂停继续讲解、更改播报内容，提供个性化的服务体验。

4）主动服务。当前用户不再需要服务时，商用服务机器人会主动转身识别其他用户，进而提供服务，实现一对多的主动服务，增强用户体验。

5）互动对话。商用服务机器人不再仅限于一问一答的交互模式，而是可以根据用户咨询的内容，主动引导用户进一步提问，精准解决用户的问题。这种互动对话模式使得机器人能够更深入地理解用户需求，提供更精准的服务。

8.2.3　医用机器人

医用机器人是指用于医院、诊所的医疗或辅助医疗的机器人。医用机器人种类很多，按照其用途不同分为临床医疗用机器人、护理机器人、医用教学机器人和为残疾人服务机器人等。

临床医疗用机器人包括外科手术机器人和诊断与治疗机器人，可以进行精确的外科手术或诊断；护理机器人是一种专门设计用于照顾和护理老年人、残障人士或其他需要长期护理的人的机器人，具备多种功能，旨在提高护理服务的质量和效率，以满足不同人群的多样化护理需求；医用教学机器人是指用于医学教育和培训的机器人设备，主要用于模拟手术、解剖和其他医学操作过程，帮助医学生和医护人员学习和掌握医疗技能；残疾人服务机器人是指专门设计用于辅助残疾人日常生活和行动的机器人设备，这些机器人通过先进的传感器、人工智能和机械技术，帮助残疾人完成各种日常任务，以提高他们的生活质量和独立性。

达芬奇手术机器人是一种高级机器人外科手术平台，由美国直觉外科公司研发并推广应用。它由手术操作系统控制台、机械臂系统、视频处理成像系统三大部分组成，是一种高级的腹腔镜系统。达芬奇手术机器人可以通过微创的方法实施各种复杂的外科手术，极大地推动了微创手术的发展。

达芬奇手术机器人的基本原理：通过机器人系统将外科医生的手部动作转化为机器人臂的精确操作。医生坐在控制台前，通过立体目镜观察手术视野，使用控制器传感遥控床旁机械臂和镜头完成手术。这种系统可以滤除人手的生理颤动，使动作更加精细，有利于手术的具体操作。

8.2.4　军用机器人

提到机器人，人们会想到工业生产流水线上的焊接机器人、组装机器人，或者看到过的各种服务性的机器人。但大多数人很少看到供军事作战使用的机器人，因为它是一种军事机密。

军用机器人是一种用于军事领域的具有某种仿人功能的自动机器，主要用于完成预定的战术或战略任务，可以通过智能化信息处理技术和通信技术实现自主或半自主的操作。军用机器人的使用范围广泛，适用于从物资运输到搜寻勘探到实战进攻等各种任务。

军用机器人根据军事用途又可分为地面机器人、空中机器人、水下机器人和空间机器人等。

1. 地面机器人

地面机器人主要是指智能或遥控的轮式和履带式车辆，分为自主车辆和半自主车辆。自主车辆依靠自身的智能自主导航，躲避障碍物，独立完成各种战斗任务；半自主车辆可在人的监视下自主行驶，遇到困难时操作人员可进行遥控干预。

机器狼是中国兵器装备集团自动化研究所有限公司自主研制的智能化无人装备，于2024 年第 15 届中国航展首次亮相。该型四足机器人，能够像野狼一样集群作战，可为特战分队和步兵分队提供集群式综合作战手段。机器狼相对于机器狗，侦察能力、打击能力、保障处置等各方面能力都有所提升。机器狼分工明确，协同配合，整个分队由综合指挥车、侦察探测机器狼、精确打击机器狼、伴随保障机器狼组成。“头狼”（侦察探测机器狼）负责对目标进行信息收集；“射手”（精确打击机器狼）挂载步枪，是编队中的火力担当；“辅助”（伴随保障机器狼）是后勤担当。运用集群作战的概念，可实现“人、车、狼”互联互通，信息共享和动态自主协同。在实际作战中，机器狼作战分队能在复杂地形上配合战士作战。机器狼的出现，不仅标志着中国在军事科技领域取得了重大突破，更为国家安全和国防建设提供了有力保障。

2. 空中机器人

这种机器人又称为无人机，可以自主飞行或通过遥控驾驶，常用于侦察、攻击等多种任务。

“彩虹-7”无人机由中国航天科技集团第十一研究院研制，是一型高空长航式隐身无人战机。

彩虹-7 无人机是基于先进的气动、隐身和控制技术研制的高空亚音速无人机，采用了独特的飞翼布局，翼展超过 27m，能有效压缩敌方雷达的探测距离，最大起飞重量 8t，实用升限约为 16000m，飞行性能十分强大。彩虹-7 无人机可在高对抗作战环境中执行侦察、情报获取以及为远距离武器打击提供目标指示等任务。“彩虹-7”无人机可在高危环境中执行持续侦察、警戒探测、防空压制、作战支援、发射或引导其他武器对高价值目标发动打击等作战任务。

3. 水下机器人

人们所说的水下机器人本质上是一个无人潜水器，它集成了推进、控制、导航等设备，常用于水下侦察、维修、攻击和排险等任务。

2016 年，西北工业大学研发出仿生“魔鬼鱼”水下机器人，其外形酷似蝠鲼，具备高机动性、超长续航和隐身性能，适用于科研侦察和军事攻击，未来有望大幅提升水下作战能力。

“魔鬼鱼”水下机器人着重模拟蝠鲼的生物特性。其外形高度仿生，翼状鳍与艇身浑然一体，仿生程度达 90%以上。这种设计巧妙地降低了水流阻力，同时增强了潜水器的水中机动性，使其能够高效地滑翔和进行扑翼式运动。此外，它采用柔性材料制造艇体，提升了灵活性，能有效规避敌方声呐探测。

4. 空间机器人

空间机器人是一种代替人类在太空中进行科学试验、出舱操作、空间探测等活动的特种机器人。空间机器人代替宇航员出舱活动可以大幅度降低风险和成本。

空间机器人工作的空间环境与地面环境差别很大，具有微重力、高真空、超低温、强辐射、照明差的特点。此外，由于空间机器人在一个不断变化的三维环境中运动并自主导航，几乎不能够在空间中停留，因此必须能实时确定其空间位置及状态，要能对其垂直运动加以控制，并为其星际飞行预测及规划路径。

“天问一号”探测器由中国航天科技集团公司下属中国空间技术研究院研制，负责执行中国第一次火星探测的任务。

“天问一号”探测器于 2020 年 7 月 23 日在文昌航天发射场由长征五号运载火箭发射升空，成功进入预定轨道。2021 年 2 月 10 日，天问一号与火星交会，成功实施捕获制动进入环火星轨道。对预选着陆区进行了三个月的详查后，其于 2021 年 5 月 15 日成功软着陆到火星表面。2021 年 5 月 22 日，“祝融号”火星车成功驶上火星表面，开始巡视探测。2021 年 11 月 8 日，“天问一号”探测器成功实施第五次近火制动，准确进入遥感使命轨道，开展火星全球遥感探测。“天问一号”探测器在火星上首次留下中国印迹，首次实现通过一次任务完成火星环绕、着陆和巡视三大目标。天问一号对火星的表面形貌、土壤特性、物质成分、水冰、大气、电离层、磁场等的科学探测，实现了中国在深空探测领域的技术跨越，进入世界先进行列。

小　　结

本章主要介绍了智能机器人的概念，重点讲解了智能机器人的人工智能技术和智能机器人在各个领域中的应用。智能机器人作为现代科技发展的重要成果，融合了多种先进的人工智能技术，正逐步改变人们的生活和工作方式。机器人的智能感知、导航、路径规划、运动控制以及交互能力是其核心技术。这些技术让机器人能够准确地感知周围环境，有效地进行自我定位与导航，并根据实际情况规划出最优行动路线。此外，通过精准的运动控制和自然的人机交互，机器人不仅能完成复杂动作，还能理解人类指令，实现高效互动。

在实际应用方面，智能机器人展现出了广泛的应用前景。工业机器人极大地提高了生产效率和产品质量；服务机器人在提升服务水平的同时也增加了生活的便捷性；医用机器人为医疗行业带来了革命性的变化，实现了更加精细和个性化的治疗方案；而军用机器人则增强了国家安全防御能力。智能机器人凭借其先进的技术和多样的应用场景，正成为推动社会发展的重要力量。

习 题 8

1. 什么是智能机器人？现阶段在智能机器人上应用的人工智能技术有哪些？
2. 机器人如何通过传感器实现环境感知？
3. 机器人视觉系统的作用是什么？
4. 什么是机器人自主导航？
5. 机器人在工业制造和医疗领域中的应用有哪些？

参考文献

黄姝娟，2021．物联网系统设计与应用[M]．北京：中国铁道出版社．

金军委，张自豪，2022．人工智能导论 [M]．北京：北京大学出版社．

金一宁，杨俊，韩雪那，等，2022．Python 简明教程[M]．北京：科学出版社．

兰朝凤，柳长源，2023．人工智能基础及应用（微课版）[M]．北京：电子工业出版社．

李德毅，2018．人工智能导论[M]．北京：中国科学技术出版社．

李雁翎，2022．大数据技术及应用[M]．北京：高等教育出版社．

李媛媛，2020．人工智能及其应用[M]．北京：中国铁道出版社．

罗娟，2022．计算与人工智能概论[M]．北京：人民邮电出版社．

吕云翔，2023．云计算导论[M]．3 版．北京：清华大学出版社．

马月坤，陈昊，2021．人工智能导论[M]．北京：清华大学出版社．

莫宏伟，2024．人工智能导论[M]．2 版．北京：人民邮电出版社．

嵩天，礼欣，黄天羽，2020．Python 语言程序设计基础[M]．2 版．北京：高等教育出版社．

王万良，2022．人工智能通识教程[M]．2 版．北京：清华大学出版社．

王伟，2018．云计算原理与实践[M]．北京：人民邮电出版社．

王志强，2023．计算思维与人工智能导论[M]．北京：高等教育出版社．

徐洁磐，2024．人工智能导论[M]．3 版．北京：中国铁道出版社．

许春艳，杨柏婷，2022．人工智能导论（通识版）[M]．北京：电子工业出版社．

杨俊，郭丹，高祥，2024．大学计算机基础教程[M]．3 版．北京：科学出版社．

周苏，杨武剑，2024．人工智能通识教程（微课版）[M]．2 版．北京：清华大学出版社．